广东科学技术学术专著项目资金资助出版

Deployment and Application of Small Cell in NGMN

D小基站（Small Cell）在新一代移动通信网络中的部署与应用

广州杰赛通信规划设计院◎编著

人民邮电出版社

北京

图书在版编目（CIP）数据

小基站（Small Cell)在新一代移动通信网络中的部署与应用 / 广州杰赛通信规划设计院编著. -- 北京：人民邮电出版社，2019.3（2023.1重印）
ISBN 978-7-115-50764-8

Ⅰ．①小… Ⅱ．①广… Ⅲ．①移动网－研究 Ⅳ．①TN929.5

中国版本图书馆CIP数据核字(2019)第026046号

内 容 提 要

本书首先对小基站的标准演进及网络架构和关键技术进行了概要分析，然后介绍了小基站产品形态和应用场景及电波传播特性，接着对小基站无线网络规划、仿真、传输设计、干扰及优化等进行了阐述，最后结合具体的典型案例进行分析和说明。

本书共分 10 章，第 1 章为概述；第 2 章介绍网络结构与关键技术；第 3 章讲述小基站产品形态及应用场景；第 4 章阐述电波传播与天线；第 5 章介绍小基站无线网络设计；第 6 章是室内外联合精细化仿真；第 7 章为小基站传输；第 8 章介绍小基站干扰分析与辐射安全；第 9 章讲解小基站优化，第 10 章是典型案例。

本书内容翔实、深入浅出、系统全面，适合从事小基站规划设计、优化维护以及工程管理的技术人员使用，同时也可以作为通信及电子类专业的大学生或者其他相关工程技术人员的参考书。

◆ 编　著　广州杰赛通信规划设计院
责任编辑　李　强
责任印制　彭志环

◆ 人民邮电出版社出版发行　北京市丰台区成寿寺路 11 号
邮编　100164　电子邮件　315@ptpress.com.cn
网址　http://www.ptpress.com.cn
北京虎彩文化传播有限公司印刷

◆ 开本：787×1092　1/16
印张：17.5　　　　　　　　　2019 年 3 月第 1 版
字数：323 千字　　　　　　　2023 年 1 月北京第 3 次印刷

定价：98.00 元

读者服务热线：(010)81055493　印装质量热线：(010)81055316
反盗版热线：(010)81055315

编辑委员会

序

1. 移动通信发展历程回顾

纵观移动通信的发展历程，从 1986 年第一套模拟移动通信系统在美国芝加哥诞生，到如今 4G 如火如荼、5G 方兴未艾，短短的 30 多年间，移动通信已从简单的替代有线电话到现在成为人们工作、生活和娱乐不可或缺的信息通信手段。为了满足覆盖和容量的需要，移动通信网络的基站布局结构也经历了 3 个主要阶段：大区制、蜂窝制和宏微协同异构制。

（1）大区制。第一代模拟移动通信系统采用大区制的基站布局结构，一般在较大的服务区内设置一个基站，负责移动通信的联络与控制。单基站覆盖范围半径一般为数十千米，天线高度约为几十米至百余米；发射机输出功率通常也较高。一个大区制系统仅提供一个到数个无线电信道，用户容量约为几十个到几百个。另外，基站与市话网络间通过有线连接，移动用户与市话用户之间可以进行通信。这种大区制的移动通信系统，网络结构简单、所需频道数少、无须交换设备、投资少、见效快，适合于用户数较少的场景。但是其缺点也非常明显——容量非常有限。

（2）蜂窝制。随着移动通信的迅速普及，大区制的局限也越来越突出，容量问题成为制约移动通信系统发展的重要因素。由于频谱资源的有限性，单个站点的容量扩展空间非常有限。为了提高覆盖区域的系统容量，贝尔实验室创造性地提出了小区制蜂窝网络的概念，即将一个大区制覆盖的区域划分成多个小区，每个小区中设立一个基站，采用较小的功率实现双向通信，在一定覆盖距离之外，相同的频率可以复用，从而为容量扩展提供了巨大的空间。蜂窝网络被广泛采用的原因源于一个数学结论，即以相同半径的圆形覆盖平面，当圆心处于正六边形网格的各正六边形中心，也就是当圆心处于正三角网格的格点时所用圆的数量最少。因此，出于减少重叠覆盖控制干扰和节约建网成本的考虑，正三角网格或者也称为简单六角网格是最好的选择。这样形成的网络覆盖在一起，形状非常像蜂窝，因此，被称为蜂窝网络。

（3）宏微协同异构制。随着移动互联网和物联网业务的迅速兴起和发展，移动用户的业务类型越来越丰富，卓越的移动宽带体验对移动通信网络的覆盖范围、覆盖深度、系统容量及数据速率等提出了更加严苛的要求。同构网络按照"均匀"的网络拓扑，所有基站采用相似的信号发射机制为所有移动用户提供无差别的接入策略，在加强网络覆盖、提升网络等方面表现乏力。因此，以立体分层为标志的异构网络架构被提出，以期从根本上解决网络建设中存在的热点容量、覆盖盲区、站址获取等一系列难题。异构网的核心是灵活运用宏基站及各类小基站，构建立体分层网络，实现"宏微协同"。异构网主要分为多点协同、内外协同、高低协同、网络和业务协同、运营商和业务协同等几个方面。宏基站作为底层网络用以构建移动接入网的基础骨架，实现广域连续覆盖；小基站作为叠加补充，覆盖小范围网络弱区与盲区，加强室内深度覆盖，同时提升局部网络容量。

2．小基站应用现状

相对于宏基站而言，小基站凭借体积小巧、选址灵活、部署灵活等优势，在宏微协同异构网络中日益扮演重要的角色，成为扩容、深度覆盖的首选，可以很好地解决局部热点对覆盖和容量的需求。

小基站设备的主要特征包括小型化、低功率、组网灵活、智能化等。

（1）在小型化方面，从质量上看，一般在 2 ～ 10 kg，从体积上看，一般在 10 dm³以内；

（2）在发射功率方面，一般在 50 mW ～ 5 W；

（3）在组网方式方面，通常支持网线、光纤、WLAN 及蜂窝技术等多种回传手段，可实现灵活组网；

（4）在智能化方面，具备自配置、自动邻区识别等 SON 功能，可简化设备的部署调测。

相对于宏基站而言，小基站体积小、部署灵活，可以灵活地部署在人群、建筑密集的地方，可以有针对性地补充宏基站信号弱覆盖区域和盲区，保证信号质量；在热点区域，小基站由于功率小，可以在更小的范围内实行频率复用，提升容量，有效实行容量分流。

相对于 Wi-Fi 而言，小基站能与宏网协调，支持高速移动场景，支持语音业务，更适合人口密集，或者人流量大的大中型会所、场馆，如飞机场、火车站、会展中心等。

相对于传统室分而言，小基站网络结构简单、施工容易，整个系统在网管监控范围内不存在盲区，扩容方便，小区可远程分裂，在一些高话务、高价值的区域相对于传统室分具有很大优势，符合网络演进的趋势，有望在 5G 时代成为室内覆盖的主流技术。

在国外，小基站市场自 3G 中崛起，快速增长，全面超越宏基站。在国内，小基站在 3G 中并未如国外一般得到规模发展，但是从 4G 时代开始，小基站已成为必要的补充建设方式。目前，4G 广覆盖进入尾声，移动数据业务流量也迎来爆炸式增长，主要业务流量来自于室内，深度覆盖和容量建设逐渐成为运营商的重点战略之一，但室内覆盖又恰恰是运营商网络覆盖的短板，因此，加大室内覆盖力度成为当下运营商的工作重点之一。小基站由于在室内覆盖方面具有独特的优势，开始进入快速发展的通道，建设量已经开始赶超宏基站，登上主流舞台。

3. 小基站未来发展

随着移动网络向 5G 的演进，无线网络覆盖从室外走向室内，精细化管理运营备受关注。随着高频的引入，"室外覆盖室内"的穿透方式将面临更多挑战。室外信号在穿透砖墙、玻璃和水泥等障碍物后只能提供浅层的室内覆盖，无法保证室内深度覆盖所需的良好体验。同样地，传统室分在面向 5G 演进时也存在工程实施、扩容、演进、管理和运维等方面的问题，业内人士普遍认为，数字化室分是室内覆盖面向 5G 演进的最佳途径。

5G 中的频谱资源分为高频、中频和低频。其中的中、低频资源主要用于连续广覆盖、低时延高可靠、低功耗大连接等应用场景，其主要载体是宏基站；而高频段资源则主要用于热点高容量。由于高频的覆盖能力非常有限，部署宏基站的成本过高，再加上宏基站部署困难，站址资源不易获取，因此，在 5G 中，高频段资源将不再使用宏基站，以小基站为主体进行超密集组网将成为主流。在 5G 超密集组网场景中，小基站之间的间距很小（10～20 m），对比宏基站最短间距一般也在 200 m 以上，可以测算出小基站要实现连续覆盖，其数量规模将远远高于宏基站。

短期来看，4G 后期室内覆盖将会拉动小基站市场的快速兴起。由于 5G 主要采用 3.5GHz 频段，原有的室内覆盖系统改造成本高和实施难度大，因此，5G 室分建设将主要采取新建系统方式。室内数字化架构以其头端有源化、线缆 IT 化和运维可视化的三大典型特征，以及所带来的体验提升和可管可控等价值已被全球运营商广泛认可。如今，不仅华为、爱立信等设备厂商大力推广室内数字化解决方案，国内外传统室分设备厂家也都转向了数字化室分阵营，纷纷推出了数字化的室内覆盖系统。室内覆盖数字化从 5G 开始，将促使小基站迎来一个发展高潮。

面对小基站如此广阔的应用前景，本书的推出恰逢其时。全书从小基站的基本概念出发，从网络结构与关键技术、产品形态及应用场景、电波传播与天线、无线网络设计、室内外联合精细化仿真、传送网、干扰分析与辐射安全、优化等多方面对小基站及其相关知识进行了较为详尽的介绍，最后给出了室内外综合覆盖网络规划及室外、室内小基站工程建设的典型案例。相信本书能够让移动通信网络建设人员比较全面地了解小基站的知识，尤其是小基站的部署应用，从而助力 5G 推广，促进我国的移动通信产业健康发展。

中国电子科技集团公司通信与传输领域首席科学家
中电网络通信集团有限公司总工程师
工业和信息化部 IMT-2020（5G）推进组专家
"新一代宽带无线移动通信网"国家科技重大专项总体组专家
新世纪"百千万人才工程"国家级人选

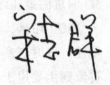

前 言

随着 4G 网络覆盖的不断完善以及移动通信技术向 4G+ 和 5G 的不断升级演进，移动通信网络的高速数据业务承载能力也在不断提升，助力了移动互联网业务应用的蓬勃发展。广大移动用户的数据业务消费习惯已基本养成，单用户 DOU（平均每户每月上网流量）呈现快速增长态势，人们随时随地高速接入无线网络的要求也越来越高，但单用户平均收入并没有随着业务增长而同比例增长。另外，由于大众对自身健康关注度的增加出现"谈辐射色变"的情况，居民阻挠移动通信基站建设或者逼迁基站的事情时有发生，这无疑使得移动通信运营商面临越来越大的成本压力和建设难度。而小基站（Small Cell）以其小巧灵活、因地制宜、便于安装施工的特点成为解决网络建设难题的利器。

本书基于当前小基站规划设计与优化工作的实际情况，首先对小基站标准体系架构进行了描述，然后全面详细地分析了小基站规划设计相关的技术原理和思路方法，包括设备及应用场景、电波传播特性、小基站网络规划设计、室内外联合精细化仿真及干扰分析。最后对小基站优化的思路和问题排查的流程顺序进行了分析梳理，并结合具体的场景给出了规划和优化的案例。

全书分为 10 章。第 1 章全面概述了小基站的基本概念、产生背景，以及技术标准的进展和产业进展，并对其在 5G 时代的发展进行了展望。第 2 章介绍了小基站的网络结构和关键技术，包括网络架构及网元功能和系统结构，以及典型的小基站部署方式和物理层技术增强。第 3 章系统地梳理了目前主流厂家生产的各种小基站产品，参考现有的微基站、皮基站、飞基站的分类标准，分别对不同厂家设备的尺寸、功耗、安装方式进行了对比分析，并总结了不同形态基站的适用场景和应用条件。第 4 章介绍了电波频段的划分以及电波的传播方式，并对不同的传播方式和影响因素进行了仿真，然后介绍了室外及室内的电波传播经验模型，并重点分析了射线跟踪模型的原理和应用。第 5 章阐述了小基站无线网络规划设计的方法和流程，包括总体流程、问题定位分析、覆盖分析、容量分析以及天馈系统设计要点，其中覆盖分析部分特别介绍了编者在测试研究分析基础上总结出的一种简单实用的室内外联合传播模型。第 6 章介绍了常规的规划仿真软件和室内外联合精细化仿真软件的总体流程及具体的操作环节和要点，重点针对精细化仿真和传统的宏基站室外仿真的差异化操作进行了细致说明，并特别介绍了多层立体仿真及结果3D呈现的方法。第7章对传输网络规划设计内容进行了论述，针对不同类型的小基站分别给出了传输解决方案建议，分析了无源波分、G.metro等新技术变革对传输网络规划建设的影响，结合编者的经验对光纤等传输管线施工中存在的问题进行了提示。第8章聚焦小基站干扰和辐射安全，简明扼要地分析了小基站面临的各种干扰并给出了干扰隔离度建议，介绍了小基站干扰协调技术原理，最后对电磁辐射对人体健康的影响进行了分析并量化计算基站和手机的电磁辐射强度，有助于人们正确认识基站辐射的实际影响。第9章结合翔实、丰富的案例，对小基站优化的分析方法和思路进行了详细阐述，包括关键性能指标优化、干扰优化、载波聚合调优思路方法，以及覆盖、接入、重选等问题经典案例的深入剖析。第10章主要介绍了小基站规划设计的典型案例，从现网分析、环境勘查、可用资源勘查、多方案比选和效果预测等方面对室内外综合覆盖、室外小基站工程、室内小基站工程等场景的规划设计进行了具体论述。

本书由广州杰赛通信规划设计院的程敏、张昕、朱李光、刘仲明、张振、丁超等共同编写。程敏编写第5、6（与张昕合著）、8章，并对全书进行统稿和资料收集整理；张昕编写第1、2、4、6章；朱李光编写第9章；刘仲明编写第7章；张振编写第3章；丁超编写第10章。

本书的相关研究工作得到了广州市科创委产学研协同创新重大专项的资助。本书的出版还受到了广东省科技厅科技学术专著出版资助。此外，本书在编写过程中得到了杰赛设计院总工程师沈文明、总工办主任孟新予的大力支持。同时，李建中、方慧霆、唐开华等也为本书的编写提供了大量的素材和建设性的意见及指导。王二军、米洪伟、吴亚楠、吴福如、查中泉等为本书第3章和第10章的内容编写提供了丰富的素材，陈三龙、廖松泉、袁有余、赵雁等也为本书的编制出版工作的顺利推进提供了帮助。在此，对所有给予我们帮助和支持的单位和个人表示衷心的感谢和敬意。

书中相关内容和素材除了引自参考文献以外，还紧密结合实际工程问题和实地调研数据，提供了大量翔实的案例，以期理论联系实际，使读者能在较短的时间内快速、有效地了解和把握小基站的规划设计和优化工作重点，以及充分认识新技术、新理念。因此，本书适合从事室内外综合覆盖系统和小基站规划设计工作的工程师、通信电子专业大类的大学生以及相关工程技术人员阅读。

由于编者水平有限，编写时间仓促，加之技术发展日新月异，书中难免有疏漏、不妥之处，敬请广大读者批评指正。

编者

目 录

Chapter 5   第5章   小基站无线网络设计 / 87

Chapter 10　第10章　典型案例 / 237

第1章
Chapter 1

概述

1.1 Small Cell 基本概念

Small Cell 起源于 Femto Cell。Small Cell 论坛和 3GPP（The 3rd Generation Partnership Project）等国际标准组织对 Femto Cell 进行了长期研究，在技术标准方面开展了大量的工作。随着 Femto Cell 从家庭基站应用走向企业、市内热点地区等多种场景应用，其名称改为 Small Cell。Small Cell 继承了 Femto Cell 的基本标准，又对各应用场景和新需求进行了拓展，形成了完善的 Small Cell 技术标准。

Small Cell 的定义主要有两种：在 3GPP 标准中将其定义为比宏基站具有更低发射功率的低功率设备节点，旨在解决室内外热点场景的容量提升以及应对数据流量的井喷式增长。Small Cell 论坛将 Small Cell 定义为工作在授权频段，由运营商部署的一种低发射功率、小范围覆盖的无线接入设备，助力宏蜂窝网络的覆盖和容量提升，成为运营商高效利用无线频谱资源和数据分流的有益补充。

Small Cell 实际上是低功率的无线接入节点的统称，包含 Femto Cell（飞蜂窝，又称家庭基站）、Pico Cell（皮蜂窝）、Micro Cell（微蜂窝）等不同类型的基站。Small Cell 具有体积小、成本低、易部署的特点，覆盖"能屈能伸"，既能满足室内 10 m 左右覆盖距离的需要，又可实现室外约 2 km 的覆盖距离。它与 Macro Cell（宏蜂窝）一起共同构成了 HetNet（异构网），实现网络的深度覆盖和容量提升。

异构网的结构如图 1.1 所示，网络中的各级节点说明如下。

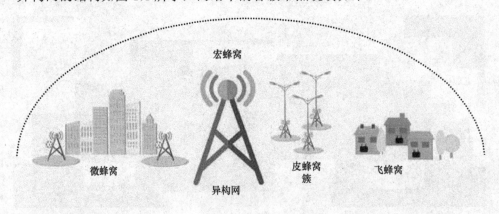

图 1.1　异构网结构

● Macro Cell：宏蜂窝，发射功率在10 W以上，用于小区级宏蜂窝连续覆盖。

● Micro Cell：微蜂窝，发射功率在10 W以下，用于热点地区的覆盖。

● Pico Cell：皮蜂窝，用于小范围的热点区域的覆盖，室外部署时发射功率为250 mW～2 W，室内部署时发射功率通常小于100 mW。

● Femto Cell：飞蜂窝，用于家庭或较小的商业机构的室内覆盖，发射功率通常小于200 mW。

1.2　Small Cell 产生背景

1.2.1　当前网络部署面临的挑战

智能终端的发展让人们能够享受到便利的移动互联网服务，对移动宽带互联网起到了巨大的推动作用。智能手机最早出现于 2007 年，初期只能支持一些低速的数据业务，比如网页浏览、音乐和普通的视频播放等。经过近几年的不断发展，智能手机在性能上得到了极大的提升，如今已经能够支持高清视频播放以及丰富多彩的App 等业务。移动互联网的发展给人们的日常生活带来便利，比如商务人士能通过移动终端便捷地处理业务；消费者可以随时随地购买自己所喜欢的物品；医疗以及教育机构也能够通过移动互联网开展各项业务，移动互联网已经与人们的日常生活紧密相连。移动互联网的发展使得数据业务流量急剧增长，相关资料显示，近年来，移动数据传输量呈现 108% 的复合年增长率，传统的宏基站覆盖方式遇到了前所未有的挑战，主要可以归纳为以下几个方面。

1. 深度覆盖需求强烈

移动互联网的一个主要特点是发生在室内的业务量占总业务量的比例非常高。根据调查显示 [1]，大约有 60% 的话音业务和 90% 以上的数据业务发生在室内。所以室内覆盖是数据业务发展的重要保障，良好的室内信号质量能够有效吸收大量的数据业务，并且有助于吸引用户，为运营商带来丰厚的利润。因此，室内覆盖对各大通信运营商来说就显得非常重要，成为通信运营商在市场竞争中保持领先的关键因素。

2．移动数据业务质量要求高

相对于传统的话音业务而言，数据业务不仅要求极高的数据速率，还要求极低的分组丢失率和时延，才能满足人们日益增长的高质量多媒体业务的需求。为了能够满足这些多媒体业务的指标需求，无线信号必须能达到较高的信噪比水平。

3．电波传播损耗大

随着无线通信技术的不断发展，号称黄金频段的低频资源已经被各种通信系统使用殆尽。这使得当前 LTE 商用网络主要工作在 1.8 GHz 以及 2.6 GHz 的高频，5G系统的工作频段更要用到 3.5 GHz 甚至 30 GHz 以上的毫米波频段。相对于低频段而言，高频段信号的传播损耗大、穿透性差，容易造成室内覆盖的深度不足，在住宅小区、商务写字楼等热点地区出现弱覆盖区或覆盖盲区，无法满足用户对数据业务的需求。

4．新增基站困难

为了克服建筑物穿透损耗的影响，使室外信号在到达室内后仍然达到一定的信号强度要求，就需要增加基站的数量，使基站贴近建筑物，从而减小信号在室外传播过程中的损耗。但是新增基站存在站点难以获取、建设周期长、缺乏传输资源等工程建设问题，并且基站数量的增加会带来网络建设成本以及运营成本的增加，同时容易引起基站之间的干扰，增加网络优化的难度。

1.2.2　改善网络覆盖的手段

1．分布式天线系统

分布式天线系统是一种传统的改善建筑物内无线信号质量的方案，其原理是利用分布式天线将无线信号均匀地分布在室内，从而达到理想的室内信号覆盖效果。建设分布式天线系统需要在建筑物内安装天线以及信源，天线的安装位置往往会受到物业等因素的限制，难以深入到房间，并且大型的建筑物会存在房间的纵深较深、隔断较多的情况，造成离天线较远的区域形成弱覆盖区。另外，LTE 系统采用了 MIMO 技术来提高系统的容量，MIMO 技术需要双通道的室内分布系统才能发挥性能，这涉及对原有室内分布系统的双通道改造，进一步增加了施工的难度。

2. 中继器（直放站）

中继器是通过在信源与信宿之间引入中继节点，从而增强信源对小区边缘以及信号较差区域的覆盖，进而拓展信号的覆盖范围。中继器可以分为两类：放大转发（AF，Amplify and Forward）中继和解码转发（DF，Decode and Forward）中继。AF 中继仅仅将收到的信号进行放大后转发出去，DF 中继对收到的信号进行解码并重新编码后转发。AF 中继在放大有用信号的同时，会同比放大噪声信号，因此，造成噪声的逐级叠加，而 DF 中继不会造成噪声的叠加，能够提供更好的性能。中继可用于现有蜂窝系统中的多种场合，如小区边缘、隧道与地铁等无线信号无法有效覆盖的区域。

3. 泄漏电缆

泄漏电缆是一种沿同轴电缆外导体纵向、按照一定的间隔和形状开槽而成的特制电缆，电磁能量可以通过同轴电缆进行传输，在一定范围内产生均匀的信号场强，具有通信可靠性高、接收电平稳定的特点。但泄漏电缆的传输损耗较大，要求输入能量强度较高的信号，因此，泄漏电缆的应用范围有限，只能用于隧道、地铁或走廊等又窄又长的内部环境。此外，在安装时，并不是总能找到合适的地方去安装泄漏电缆，即使有合适的位置，敷设电缆还不能紧挨墙壁进行安装，必须在电缆和墙壁之间留有一定的空间，留作安装一些空间自适应器，这会给工程实施造成一定的困难。

4. Small Cell

Small Cell 设备的发射功率低、体积小、工作在授权频段，能够提供十几米到百米内的信号覆盖，能够为用户提供语音与数据业务，适用于家庭、办公场所以及热点地区的覆盖场景，具有以下优点。

● 改善室内信号质量。由于 Small Cell 的覆盖范围较小，可以贴近用户部署，能够避免建筑物穿透损耗的影响，有效提升弱覆盖区域的信号强度。

● 提升系统容量。建筑物的穿透损耗给室内外基站之间提供了一定的隔离度，减少了室内信号向室外泄漏的情况，因此，能够提升信号的信噪比水平，提升系统的容量。

● 节能。由于 Small Cell 的路径损耗小，因此，无论是基站还是终端的发射功率都较低，有助于降低能耗。另外，当人们离开家后，可以将 Small Cell 关闭，进一步降低网络的运营成本，实现绿色通信。

各种覆盖增强技术的对比如表 1.1 所示 [2]。通过对比看出，小基站具有工程造价便宜、施工难度低、覆盖效果好的优点。这使得 Small Cell 成为改善网络覆盖的主要手段，并得到了广泛的应用。

表 1.1   各种覆盖增强技术的对比

评价指标＼技术手段	室外宏基站	分布式天线系统	中继器	泄漏电缆	小基站
工程造价	高	适中	适中	适中	便宜
施工难度	困难	困难	方便	困难	方便
室内覆盖效果	一般	较好	一般	好	好

1.3 Small Cell 技术进展

1.3.1 Small Cell 标准进展

3GPP 是目前全球最重要的移动通信标准化组织之一。3GPP 制定的 LTE（Long Term Evolution）已经成为目前全球最主流的宽带无线移动通信标准。随着 LTE 的全球化部署，LTE 标准化工作也不断加快，目前，LTE 标准演进已经进入 R16 阶段。

3GPP 对 Small Cell 的标准化工作开始于 R8 版本，在 R8 标准中引入 Home NodeB（HNB）、Home eNodeB（HeNB）的概念，明确了 HNB 和 HeNB 的基本功能，并且实现了闭合用户组（CSG，Closed Subscriber Group）接入模式。在 R9 中提出混合接入模式（可以允许部分非注册用户接入），并且实现了室外基站与 HeNB 之间基于 S1 接口的切换。在 R10 中实现了属于同一个 CSG 的家庭基站之间基于 X2 接口的切换，支持 LIPA 和 SIPTO 技术，并且实现了基于 ABS 的干扰消除技术。在 R11 中对移动性管理和干扰消除技术进行了增强，提出了室外基站与 HeNB 之间基于 X2 接口的切换，减轻了核心网的信令开销，并且实现了低功率 ABS 的干扰消除技术，提升了系统的容量。

在 R12 版本阶段，Small Cell 标准化工作迎来了飞速的发展。由于全球各大移动设备厂商和运营商都预见到无线数据业务在未来的迅速增长，在 R12 版本中，Small Cell 技术成为 3GPP 标准化工作中的重要组成部分，几乎获得 3GPP 所有参与公司的支持，是 R12 最核心的立项。在 R12 中对 Small Cell 的研究统称为（SCE，

Small Cell Enhancement），共分 3 个阶段进行。第一阶段是 2012 年 9 月～ 12 月，对 Small Cell 增强的需求阶段进行讨论，对 SCE 典型应用场景、需求等关键问题进行了定义，形成了相关的技术报告 TR36.932。第二阶段是 2013 年 1 月～ 12 月，分别进行了 SCE 物理层及高层的研究立项。在物理层（RAN1）的研究目标是提升频谱效率和运营效率，主要的研究内容包括 256QAM 高阶调制、降低开销、跨子帧调度、动态小区开关、小区发现、空口同步增强等。高层（RAN2）主要研究用户面 / 控制面增强，包括用户面和控制面的协议设计、移动性和测量增强、优化的移动性控制方案、优化的无线承载管理机制、宏基站和小小区的层间协调和交换过程等。第三阶段是 2013 年 9 月～ 2014 年 6 月，R12 版本冻结，对 SCE 研究阶段的相关研究内容进行相关的标准化立项[4]。

1.3.2 Small Cell 面临的挑战

1. 异构网的干扰

采用异构网的架构进行组网能够在很大程度上改善边缘用户的吞吐量，从而提高整个网络的系统容量。但是由于频率资源有限，小基站和宏基站工作在相同的频段上，这就使两种类型的基站工作时使用相同的频段进行数据传输，引起相互间的干扰。异构网中的干扰主要分为跨层干扰和同层干扰两类：跨层干扰是指小基站和宏基站之间的干扰；同层干扰是指小基站之间以及宏基站之间的干扰。

如图 1.2 所示，跨层干扰可分为两类场景。为了便于说明，我们将接入宏基站的 UE 称为 MUE，将接入小基站的 UE 称为 SUE。第一类场景为 MUE 与小基站之间的干扰。当 MUE 处于宏基站边缘或进入小基站覆盖区域，小基站下行链路将对其造成干扰。特别地，属于 CSG 的小基站会在宏基站中形成一个覆盖空洞，MUE 接近此区域时所受干扰较大。由于 MUE 与宏基站距离增大或障碍物遮挡等因素，MUE 加大发射功率与宏基站通信，也会影响小基站的上行链路。第二类场景为 SUE 与宏基站之间的相互干扰。当 SUE 移动至小基站的覆盖边缘，为确保自身的 QoS，会尽可能以较大功率与小基站通信，因此，会影响宏基站的上行链路，这在小基站与宏基站距离较近时较为明显，同时 SUE 也受到宏基站下行链路的干扰。通常，跨层干扰管理包括两方面：一是抑制给宏基站造成的干扰，二是滤除宏基站给小基站带来的干扰，以提高两层网络间频谱、功率等无线资源的利用率，最大化网络性能。

小基站之间的同层干扰指的是由属于同一层的小基站之间引起的干扰，如图 1.3 所示。当处于小区边缘的 UE 1 与 Small Cell 1 进行通信时，Small Cell 2 的下行信号会对 UE 1 产生干扰，同时 UE 1 的上行信号也会干扰 Small Cell 1 的上行链路。小基站的部署很大程度上是根据用户的需要随机进行部署，没有进行合理的规划和设计，在实际中这样的部署会造成小基站之间的距离非常短，使得小基站之间的干扰情况更加严重。

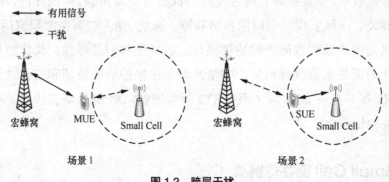

图 1.2　跨层干扰

2．移动切换频繁

切换是保证用户移动通信的连续性、保障用户体验的重要手段。对于 LTE 系统来说，切换时主要涉及两个参数：门限和触发时间。具体来说，就是当另外一个小区的信号强度超过服务小区信号强度一定门限的时间持续若干个 TTI 以上，

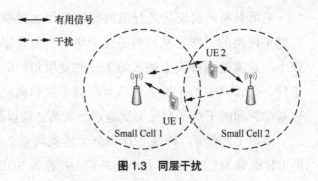

图 1.3　同层干扰

则触发测量上报并由网络触发切换。在切换机制方面，可以采用基于覆盖、负荷和频率选择性的切换机制。基于覆盖的切换是基于对覆盖的测量，优先切换到覆盖好的频段。基于负荷的切换是当两个小区负荷差值大于门限时，触发异频切换。频率选择性切换是 UE 优先驻留在一个频段上，待达到某一条件后切换到另外一个频段。

目前，LTE 的切换参数主要是为同构网络的环境而设计的。但是随着小基站的演进，出现了更多非连续部署的小基站和宏基站之间特殊的移动性场景，使得不同类型基站间的切换场景更加复杂。首先，由于小基站的覆盖范围小，用户在小区内驻留的时间短，尤其是高速移动用户，造成切换更加频繁。另外，由于小基站覆盖范围变小，小基站的覆盖边界更多、更加不规则，在用户发生移动时，造成切换乒乓效应。并且，在小基站可以利用休眠降低基础功耗时，用户如何准确地发现相邻的休眠基站，并激活相应的基站，进行切换操作，仍有待进一步的研究。

3. 回传网络

回传网络（Backhaul）又称回程网络，是部署在蜂窝系统基站与核心网之间用于用户数据和信令交互的网络。基站下行发送的数据以及基站间协作过程中需要共享的信息都需要通过回传网络进行传输。

回传网络的传输介质主要可分为有线和无线两种。有线回传主要包含铜线、光纤等传输介质。有研究指出，现行蜂窝移动通信网络中有线回传的使用比例在 85% 以上。但是，在超密集小基站系统中，若为所有小基站配置有线介质回传网络，网络的部署成本将大幅增加。因此，研究具有低成本、高可靠性的新型回程网络是小基站系统面临的挑战之一。

无线回传技术无须额外部署专用的光纤电缆，可以提高节点部署的灵活性，降低部署成本，满足小基站超密集组网对回传网络灵活、经济的要求，因而受到了学术界越来越多的关注。无线回传技术按照其部署的频带可以分为带内自回传和带外无线回传两类。其中，带内自回传技术是指回传链路与接入链路使用相同的频带，通过时分或频分的方式复用无线传输资源的回传网络技术。而带外无线回传主要是指利用与无线通信接入链路不同的频带进行回程数据传输的回传网络技术，其能够利用的频段包括微波频段和毫米波频段。

有研究指出，将无线回传技术与毫米波和大规模 MIMO 技术结合是一种应对超密集小基站回传网络部署挑战的有效手段。利用大规模 MIMO 技术，无线回传网关能够与小基站间形成点对多点的海量无线回传链路。而毫米波频段可以提供更宽的传输带宽，大幅提升无线回传链路的容量。此外，在小基站处配置缓存，将最受欢迎的内容缓存在小基站内，也被认为是一种有效降低回传网络容量要求的技术。

1.4　Small Cell 产业进展

自 2007 年 Sprint 公司推出首个 Femto Cell（家庭基站）服务以来，Femto Cell 得到了广泛的应用，并且从家庭基站走向了企业、城市热点地区、农村等应用场景。随着 Femto Cell 的发展壮大，2012 年将其名称改为 Small Cell。Small Cell 的内涵更为广泛，包含了 Micro、Pico 以及 Femto 等低功率的无线接入节点。Small Cell 沿用了 Femto Cell 的基本标准，并且对各种应用场景和新需求进行了拓展。

从全球 Small Cell 发展来看，伴随着越来越多的运营商启动 Small Cell 部署，Small Cell 产业正在被"引爆"，步入一个前所未有的爆发式增长期。市场分析公司

Mobile Experts 的数据显示，目前，全球范围内 Small Cell 的部署量超过 1 400 万。

在国外，2013 年年初 Small Cell 达到数十万的有沃达丰、软银、SFR、Sprint 等。美国的 Sprint 部署了 90 万个 Small Cell，日本软银的 Small Cell 数目超过 12 万个，美国电话电报公司（AT&T）Small Cell 数超过 60 万，英国沃达丰也建设了数十万个 Small Cell，其范围不仅覆盖英国，而且覆盖了超过 6 个国家的通信市场，其中包括希腊、西班牙、澳大利亚、爱尔兰、英格兰等。

在国内，三大电信运营商均大力推动 Small Cell 的部署。中国移动对 Small Cell 部署最为积极，部署数量也最多。因为中国移动 4G 部署已经从"广度"到"深度""厚度"的覆盖，侧重室内。在 LTE 基站设备集采中，中国移动均将 Small Cell 列为集采基站类型之一。中国联通也在 2015 年提出了 LIGHT Net 计划，而 Small Cell 与宏基站协同部署 4G 网络是其中的重要部分。中国联通将 Small Cell 产品列入联通集团内部设备统一采购平台，各个省份均可按需采购。中国电信已在 2015 年年底完成了 Small Cell 设备的单独集采工作，目前已广泛部署了 Lamp Site 分布系统（Small Cell 的一种）。

运营商的诉求刺激了设备商的热情，据预测，微蜂窝设备市场规模在未来 5 年内将达到 200 亿美元，产生千万个站点的市场需求，成为未来无线市场新的增长点。作为无线领域的领军者，华为很早就推出了 Small Cell 产品，其 Lamp Site 近几年表现出色。基于 Small Cell 产品的华为室内全联接方案 ICS 在全球部署了 4 万多个热点网络，涉及 75 个国家、120 多家运营商。爱立信也在发力 Small Cell，其 Small Cell 方案无线点系统荣获 2016 MWC（移动世界大会）"创新解决方案与应用杰出贡献奖"。该解决方案可以帮助运营商改善室内覆盖，目前已经在全球 100 多个运营商网络中部署。纵观整个设备市场，大型电信设备企业依然占据 Small Cell 市场的主体，但在一些运营商压低价格的策略下，一些小厂商开始中标运营商 Small Cell 采购。据 Small Cell 论坛预测，到 2020 年移动运营商大约 85% 的蜂窝基站将是 Small Cell。

3G 时代，Small Cell 曾一度被热议，但是因为未找到合适的商业模式等，之后的发展举步维艰。到了 4G 时代，移动应用异常丰富，移动视频业务兴起，消费者对于移动宽带网络的随时随地需求不断提升。这导致现有网络的压力巨大，包括容量压力、建设运维成本压力以及站址难找的压力等。在此背景下，体积小、部署灵活且可以支持大容量诉求的 Small Cell 重新崛起。Small Cell 除了本身具有体积小、部署灵活的特点之外，在频谱资源紧张的 4G 时代，不仅可以解决深度覆盖问题，还可以带来热点分流的效果。

相比传统 DAS 或者 Wi-Fi 方案，Small Cell 可以解决运营商室内无线网络部署寻址难、部署周期长等问题，在高密度场景下，Small Cell 解决数据流量集中爆发问题的表现突出。除了满足用户日益增长的高速移动宽带需求外，运营商还能借此联合第三方应用开发商，推出增值业务以及物联网业务，增加收入。如华为提出了"众包 Small Cell"的理念，将电信运营商、设备商、互联网企业甚至开发者等各方联合起来，不仅帮助运营商节约了建设成本，还使得基站建设"入场难"的问题迎刃而解。在这样的模式下，一个以 Small Cell 为核心的生态圈得以形成，产业界各方都将受益。展望未来，Small Cell 也是运营商数字化转型的支撑点，将助力运营商移动网络向 4.5G/5G 快速演进 [2]。

1.5　Small Cell 在 5G 中的展望

1.5.1　5G 的应用场景与关键技术

随着 4G 进入规模商用，5G 移动通信系统的研发工作已经全面启动。5G 是面向 2020 年以后移动通信需求而发展的新一代移动通信系统，将具有超高的频谱利用率和能效，在传输速率和资源利用率等方面较 4G 移动通信提高了一个量级或更高，其无线覆盖性能、传输时延、系统安全和用户体验也将得到显著的提高。国际电信联盟（ITU）从 2013 年开始组织全球业界开展 5G 愿景、未来技术趋势和频谱等 5G 国际标准化的前期研究；3GPP 也于 2015 年启动了 5G 的需求研究和架构研究，并在 2018 年 6 月完成了 5G 标准的第一版本（R15）。5G 的正式商用版本将在 2020 年推出。5G 标准化工作进展情况如图 1.4 所示。

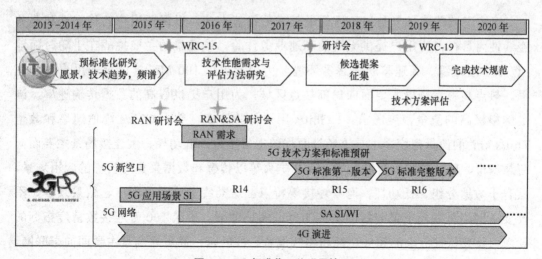

图 1.4　5G 标准化工作进展情况

在我国，IMT（International Mobile Telecommunication）-2020（5G）推进组对5G 需求、主要场景和关键技术进行了深入研究，提出了 5G 概念白皮书。白皮书中指出，5G 将满足人们在居住、工作、休闲和交通等各种区域的多样化业务需求，即便在密集住宅区、办公室、体育场、露天集会、地铁、快速路、高铁和广域覆盖等具有超高流量密度、超高连接数密度、超高移动性特征的场景，也可以为用户提供超高清视频、虚拟现实、增强现实、云桌面、在线游戏等极致业务体验。与此同时，5G 还将渗透到物联网及各种行业领域，与工业设施、医疗仪器、交通工具等深度融合，有效满足工业、医疗、交通等垂直行业的多样化业务需求，实现真正的"万物互联"。

5G 最大的特点在于应用场景的多样性，不同的应用场景有着不同的性能指标。依据移动互联网和物联网的主要应用场景，在白皮书中归纳了连续广域覆盖；热点高容量；低功耗、大连接以及低时延、高可靠等 4 个主要的技术场景[5]，如图 1.5 所示。

图 1.5　5G 主要技术场景

连续广域覆盖场景是移动通信最基本的覆盖方式，以保证用户的移动性和业务连续性为目标，为用户提供无缝的高速业务体验。该场景的主要挑战在于随时随地（包括小区边缘、高速移动等恶劣环境）为用户提供 100 Mbit/s 以上的用户体验速率。热点高容量场景主要面向局部热点区域，为用户提供极高的数据传输速率，满足网络极高的流量密度需求。1 Gbit/s 用户体验速率、数十 Gbit/s 峰值速率和数十 Tbit/s/km^2 的流量密度需求是该场景面临的主要挑战。低功耗、大连接场景主要面向智慧城市、环境监测、智能农业、森林防火等以传感和数据采集为目标的应用场景，具有小数据分组、低功耗、海量连接等特点。这类终端分布范围广、数量众多，不仅要求网络具备超千亿连接的支持能力，满足每平方千米 100 万连接数密度指标的要求，还要保证终端的超低功耗和超低成本。低时延、高可靠场景主要面向车联网、工业控制等垂直行业的特殊应用需求，这类应用对时延和可靠性具有极高的指标要求，需要为用户提供毫秒级的端到端时延和接近 100% 的业务可靠性保证。

为了满足 5G 技术场景的具体需求，5G 在无线技术领域主要采用以下关键技术，包括大规模天线阵列、超密集组网、新型多址和全频谱接入技术等。大规模天线阵列在现有多天线的基础上通过增加天线数，可以支持数十个独立的空间数据流，有效提升系统的频谱效率，对满足 5G 系统容量和速率的需求起到了重要的支撑作用。超密集组网通过增加基站部署，可以实现频率复用的巨大提升，在局部热点区域实现百倍量级的容量提升。新型多址技术通过发送信号在空、时、频域的叠加输出来实现多种场景下系统频谱效率和接入能力的显著提升。全频谱技术通过有效利用各种移动通信频谱（包括高低频段、授权与非授权频段、对称与非对称频段、连续与非连续频段频谱等）资源来提升数据传输速率和系统容量。

针对不同的场景，应该选择合适的技术来满足不同的需求。对连续广域覆盖场景，应该采用大规模天线阵列与新型多址接入技术相结合的方法来提高系统的频谱效率和多用户接入能力。在热点高容量场景，应该采用超密集组网技术提升单位面积内的频率复用效率，满足用户速率和流量密度的要求。在低功耗、大连接场景，海量的设备连接、超低的终端功耗与成本是该场景面临的主要挑战。这时应该采用新型多址技术通过多用户信息的叠加来提升系统的连接能力，此外还可以采用终端直接通信（D2D）技术来避免终端与基站的长距离传输，降低功耗。对于低时延、高可靠场景，极高的时延要求（1 ms 空口时延）以及可靠性（接近 100%）是该场景的主要需求，应该采用更短的帧结构和更优化的信令流程以及 D2D 技术来减小数据传输时延，同时采用更先进的调制编码技术和重传机制来提高数据传输的可靠性。5G 主要场景与关键技术的对应关系如图 1.6 所示。

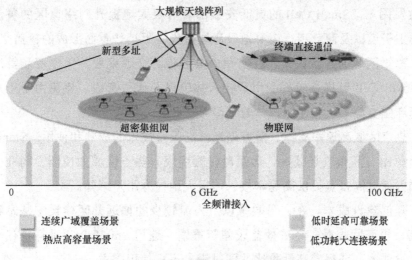

图 1.6　5G 主要场景与关键技术的对应关系

1.5.2 超密集组网技术与 Small Cell

在热点高容量场景中，用户的体验速率要求是 1 Gbit/s，峰值速率为数十 Gbit/s，流量密度达到数十 Tbit/s/km²，较 4G 增长了 1 000 倍以上。为了达到这个性能指标，需要极大地提升系统的容量。根据统计，在过去的 50 年间，靠语音编码技术、MAC 和调制技术的改进带来的频谱效率的提升不到 10 倍，增加带宽能够带来的容量提升为几十倍，而由于小区半径的缩小而带来频谱资源的空间复用使频谱效率提升的增益达到 2 700 倍以上 [6]。因此，减小小区半径、提高频谱资源的空间复用率，以提高单位面积的传输能力，是保证未来支持 1 000 倍业务量增长的核心技术。在以往的无线通信系统中，减小小区半径是通过小区分裂的方式完成的，但随着小区覆盖范围变小，往往不能得到最优的站点位置，进一步进行小区分裂难以实现，只能通过部署小基站的方式来增加小区的数量。根据预测，未来无线网络中，在宏基站的覆盖区域中，各种无线传输技术的 Small Cell 节点的部署密度将达到现有站点部署密度的 10 倍以上，站点之间的距离达到 10 m 甚至更小，支持高达每平方千米 25 000 个用户，从而形成超密集异构网络 [6]。

由 Small Cell 构成的超密集异构网络，使得网络节点离终端更近，带来了功率效率、频谱效率的提升，大幅度提高了系统容量，以及业务在各种接入技术和各覆盖层次间分担的灵活性，在未来的 5G 移动通信系统中具有广阔的应用前景。

通过在不同场景使用各种 Small Cell 设备，完成超密集网络搭建从而进行热点区域分流，缓解宏基站压力以及网络盲区覆盖，实现无缝连接的优质用户体验。就其具体的应用场景而言，主要包括以下几种。

（1）城镇区域宏基站盲区覆盖。由于站址获取和相关配套资源等限制，新建宏基站已愈发困难，Small Cell 的灵活安装部署可极大地提升网络盲区的覆盖率。如市区中非主干道以及商业步行街等地段房屋密集、阻挡严重而形成的覆盖空洞。

（2）密集区域的容量提升。在密集办公区域、交通枢纽、大型赛场等地域，通过部署 Small Cell 可提供较好的用户接入体验以及信号覆盖，避免由于用户数量过于庞大而产生资源不足和使用户体验下降。

（3）热点区域高速率支撑。随着毫米波高频段技术的成熟和使用，Small Cell 将侧重在小范围（高频段衰减大、远距离传输受限）热点区域如校园、商业中心、办公写字楼内通过高带宽提供高速率接入，极大地提升用户感知。

（4）降低建设成本。在人员数量以及人流较少的偏远郊区建设宏基站将会面临成本偏高、投资回收慢、经济效益较差等难题。选用 Small Cell 进行替代部署可有效降低建设成本、获得较高性价比同时满足用户使用需求。

综上所述，Small Cell 部署的应用场景如图 1.7 所示。

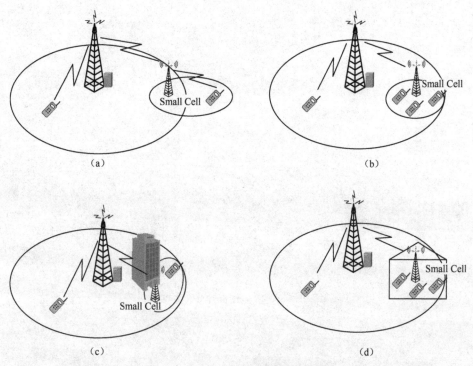

图 1.7　Small Cell 应用部署场景示例

参考文献

[1]　Cisco. Cisco visual networking index: Global mobile data traffic forecast update, 20102015. Whitepaper, Feb. 2011.

[2]　Jie Zhang, Guillaume de la Roche. Femtocell技术与应用[M]. 彭木根，李楠，译. 人民邮电出版社，2010.

[3]　黄海峰. 小蜂窝基站缘何成为移动通信的新星[J]. 通信世界，2016（17）：61.

[4]　刘晓峰. Small Cell技术发展趋势、亮点及挑战[EB/OL].

[5]　IMT-2020(5G)推进组. 5G概念白皮书. 2015-2.

[6]　尤肖虎，潘志文，高西奇，等. 5G 移动通信发展趋势与若干关键技术[J]. 中国科学: 信息科学, 2014, 44（5）:551-663.

第2章

Chapter 2

网络结构与关键技术

2.1 网络架构

LTE 的整体网络架构由核心网（EPC）和无线接入网（E-UTRAN）构成，小基站（Small Cell）是属于 E-UTRAN 的一个逻辑网元，具有与 eNB 通用的功能，建立在成熟的 LTE 系统架构上。3GPP 在 R10 版本的技术规范中 [1]，对小基站的逻辑架构进行了描述，如图 2.1 所示。图中的 HeNB 为家庭基站，它是小基站的一种类型。由于目前 3GPP 不像 eNB 那样对小基站有一个明确的定义，在本章中就以 HeNB 为例对小基站的网络架构进行介绍。

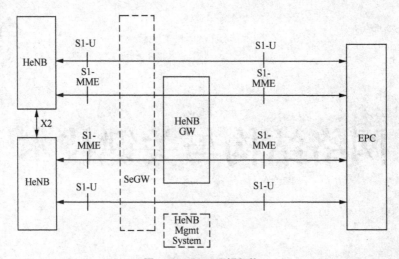

图 2.1　HeNB 逻辑架构

在图 2.1 中，HeNB 之间通过 X2 接口相互连接，通过 S1 接口与 EPC 连接，更确切地说，通过 S1-MME 接口连接到 MME，通过 S1-U 接口连接到 S-GW。除此之外，还包括一个可选的 HeNB 网关（HeNB-GW）。当不部署 HeNB-GW 时，HeNB 直接通过 S1 接口连接到 EPC；当部署 HeNB-GW 时，HeNB 通过 S1 接口连接到 HeNB-GW，再由 HeNB-GW 通过 S1 接口连接到 EPC。HeNB 与 HeNB-GW、eNB 共同构成 LTE 的无线接入网，其网络架构如图 2.2 所示。

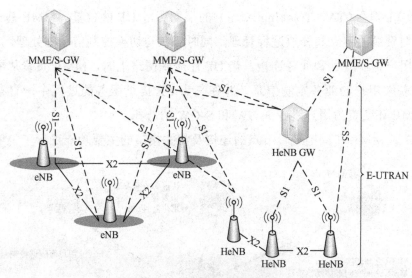

图 2.2　E-UTRAN 网络架构

2.2　网元功能

E-UTRAN 负责所有与无线相关的功能，主要包括无线资源管理、IP 报头压缩、无线接口数据分组的安全性、与 EPC 的连接等。EPC 负责对用户终端进行全面控制和建立有关承载。EPC 的主要逻辑节点包括 PDN 网关（P-GW）、服务网关（S-GW）、移动性管理实体（MME），除此之外，还包括其他的逻辑节点，诸如用户归属服务器（HSS）、策略控制和计费服务器（PCRF）等。每个网元的功能介绍如下。

2.2.1　MME

MME 即移动性管理网元，是 EPC 的主要控制单元，只对控制面进行处理。MME 的主要功能如下所述。

认证和安全。当用户首次在网上注册时，MME 将发起对 UE 的认证。为了保护用户的隐私，MME 给每个 UE 分配一个临时标识，称为全球唯一临时标识（GUTI，Globally Unique Temporary Identity），这样就降低了在空口传送用户的 IMSI 的需求。GUTI 可以周期性地重新分配，以防止对用户的非法监听。

移动性管理。MME 会对其服务区内的所有 UE 的位置进行跟踪。如果 UE 处于连接状态，则 MME 会在基站层面跟踪 UE 的位置；如果 UE 处于空闲模式，则

MME 会在跟踪区（TA，Tracking Area）的层面跟踪 UE 的位置。MME 基于 UE 的状态转变对资源的建立和释放进行管理，同时还参与切换控制信令的处理。

管理用户定制特性和业务连接。当 UE 注册到网络上时，MME 负责从用户的归属地网络获取用户的业务定制信息，并在其为 UE 提供服务的过程中一直存储这些信息。MME 还负责为用户进行 P-GW 和 S-GW 的选择。

图 2.3 对 MME 和周围逻辑节点的连接及相关接口的主要功能进行了说明。

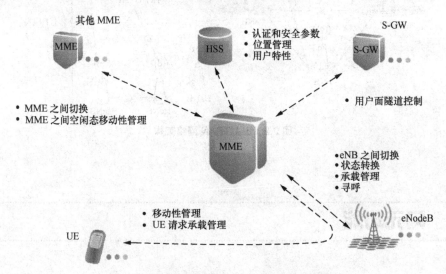

图 2.3　MME 和其他逻辑节点的连接及主要功能

2.2.2　S-GW

S-GW 即服务网关，其主要功能如下。

● 作为eNB之间切换时本地移动性锚点和3GPP网络之间移动性锚点；

● 在网络触发建立初始承载过程中，缓存下行数据分组；

● 在切换过程中，进行数据的前传；

● 上下行传输层数据分组的分类标示；

● 在漫游时，实现基于UE、PDN和QCI粒度的上下行计费；

● 合法监听。

S-GW 的高层功能是用户面的隧道管理和交换。当 S5/S8 接口基于 GTP 协议时，S-GW 所有的用户接口上都有 GTP 隧道。P-GW 负责 IP 业务流和 GTP 隧道之间的映射，而 S-GW 不必连接到策略与计费规则功能单元（PCRF，Policy and Charging Rules Function）。S-GW 所有的控制都是与 GTP 隧道相关的，并都来自于 MME 或者 P-GW。当 S5/S8 接口基于代理移动 IP（PMIP，Proxy Mobile IP）协议时，S-GW

将负责 S5/S8 中的 IP 业务流和 S1-U 接口的 GTP 隧道之间的映射，并且需连接到 PCRF 以接收映射信息。

S-GW 只负责管理本身的资源，并且基于 MME、P-GW 或者 PCRF 的请求进行资源的分配。如果是 P-GW 或者 PCRF 发来的请求，S-GW 还需将请求命令传给 MME，以便控制 eNB 的隧道。类似地，如果是 MME 发起的请求，则 S-GW 需根据 S5/S8 是基于 GTP 还是 PMIP，分别把信令传到 P-GW 或者 PCRF。如果 S5/S8 接口是基于 PMIP 的，则接口中传递的是 IP 流，且每个用户的数据在一个 GRE 隧道中传递；而在基于 GTP 协议的 S5/S8 接口中，每个承载都有独自的 GTP 隧道。因此，支持基于 PMIP 协议的 S5/S8 接口的 S-GW 需负责对承载进行绑定，即对 S5/S8 接口 IP 流和 S1 接口中的承载建立映射关系。S-GW 的这一功能称为承载绑定和事件报告功能（BBERF，Bearer Binding and Event Reporting Function）。

当 UE 在 eNB 之间移动时，S-GW 作为本地移动性锚点。MME 指挥 S-GW 将隧道从一个基站切换到另一个基站。MME 还可能要求 S-GW 提供数据前传所需的隧道资源，用于 UE 切换时将数据从源基站转发到目标基站。移动场景下还可能涉及从一个 S-GW 切换到另一个 S-GW 的情况，这一切换也是在 MME 控制下移除旧 S-GW 中的隧道，并且在一个新的 S-GW 中重新创建隧道完成的。

当 UE 处于连接状态时，用户的所有数据流都是通过 S-GW 在基站和 P-GW 之间中转的。而 UE 处于空闲状态时，基站侧的空口资源已释放，此时 S-GW 就是数据链路的终点。如果 S-GW 从 P-GW 处接收到数据分组，则会将数据分组缓存起来，并请求 MME 发起对用户的寻呼，UE 收到寻呼命令之后会重新建立连接，一旦隧道重新连接，缓存的数据就可以传送了。S-GW 将监控隧道中的数据，并收集计费所需的数据。S-GW 还具有合法监听的功能，允许将用户数据发给获得授权的特定监控方。

图 2.4 说明了 S-GW 和其他逻辑节点的连接关系，并列出了接口的主要功能。从 S-GW 的角度看，这些接口都是一对多的。S-GW 要能连到网络中的任何一个 P-GW，因为在移动性管理中，P-GW 保持不变，而 S-GW 可能需要重新定位。对于特定的某个 UE 的连接，S-GW 同时只和一个 MME 有信令连接，只和一个基站有用户面连接（间接数据转发例外）。如果允许 UE 通过不同 P-GW 连接到多个 PDN，则 S-GW 需要和每个 P-GW 分别建立连接。如果 S5/S8 接口是基于 PMIP 协议的，则 S-GW 需对 UE 使用的多个 P-GW 对应的 PCRF 分别建立连接。

图 2.4 还显示了基站之间通过 S-GW 实现数据间接转发的情况。S-GW 之间的接口没有专门的名称，因为该接口的格式与 S1-U 接口的完全相同，该接口涉及的 S-GW 都会认为它们是和基站直接通信的，S-GW 在转发数据时只起中转作用。

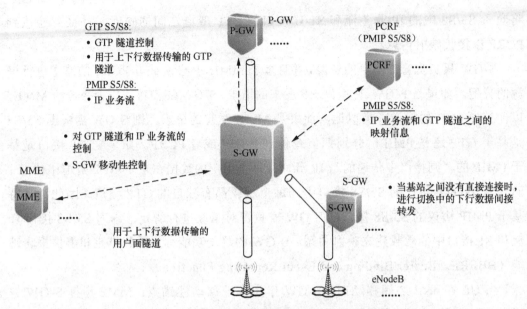

图 2.4 S-GW 和其他逻辑节点的连接及主要功能

2.2.3 P-GW

P-GW 即分组数据节点网关，主要功能包括基于每用户的包过滤、合法监听、UE IP 地址分配、下行数据分组标记、网关和速率限制。

P-GW 是 EPS 和外部分组数据网之间的边界路由器。它是 LTE 系统中最高级的移动性锚点，通常作为 UE 的 IP 附着节点。P-GW 根据业务的请求进行业务限速和过滤功能。

通常由 P-GW 给 UE 分配 IP 地址，UE 使用该 IP 地址和外部网络中的 IP 主机（如因特网）进行通信。IP 地址也可能由 UE 连接的外部 PDN 分配给 UE 使用，此时 P-GW 会以隧道方式将所有业务传送到该外部网络。当 UE 请求 PDN 连接时，就会被分配 IP 地址。P-GW 执行动态主机配置协议（DHCP，Dynamic Host Configuration Protocol）功能，或者将请求送到一个外部 DHCP 服务器，然后将地址分配给 UE。标准还支持 IP 地址动态自动配置功能。根据需求，支持 3 种地址格式：仅 IPv4、仅 IPv6 或者两种都支持。UE 可通过信令指示希望在附着信令中就收到 IP 地址，还是在链路层连接建立之后再执行地址分配。

P-GW 还包括策略和计费执行功能（PCEF，Policy and Charging Enforcement Fucntion），这意味着需要根据 UE 的策略以及业务本身的要求进行限速和过滤，并收集和报告相关计费信息。

P-GW 和外部网络之间的用户面业务是以 IP 包的形式出现的，分属不同的 IP 业务流。如果到 S-GW 的 S5/S8 接口是基于 GTP 协议的，则 P-GW 执行 IP 数据流和 GTP 隧道也就是承载之间的映射。P-GW 根据 PCRF 或者 S-GW 转发的 MME 的请求建立承载，在后一种情况下，如果 P-GW 本地没有配置业务策略，P-GW 还需和 PCRF 进行互操作以获取适当的策略控制信息。如果 S5/S8 接口是基于 PMIP 协议的，则 P-GW 将来自外部网络的、属于一个 UE 的所有 IP 业务流映射到一个 GRE 隧道，并且只和 PCRF 进行所有控制信息的交互。P-GW 还具有监控数据量用于计费目的的功能，以及合法监听的功能。

P-GW 是系统中最高级的移动性锚点。当用户从一个 S-GW 移动到另一个 S-GW 时，需在 P-GW 中进行承载的切换。P-GW 将收到把业务流切换到新 S-GW 的指示。

图 2.5 显示了 P-GW 和其他逻辑节点之间的连接，以及各接口的主要功能。每个 P-GW 可能连接到一个或者多个 PCRF、S-GW 和外部网络。对于关联到 P-GW 的任何一个给定的 UE，只对应一个 S-GW，但是如果支持通过一个 P-GW 连接到多个 PDN，则需支持 UE 到多个外部网络的连接，对应地需支持和多个 PCRF 的连接。

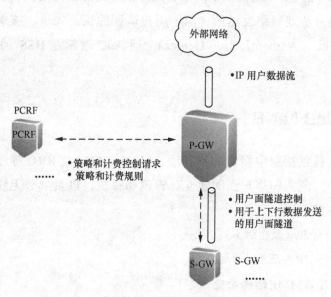

图 2.5　P–GW 和其他逻辑节点的连接及主要功能

2.2.4　PCRF

PCRF 是负责策略和计费控制的网元。它负责决定如何保证业务的 QoS，并为 P-GW 中的 PCEF 和 S-GW 中可能存在的承载绑定及事件报告功能（BBERF，Bearing Binding and Event Report Function）提供 QoS 相关信息，以便建立适当的承载和策略。

PCRF 向 PCEF 提供的信息称为策略和计费控制（PCC，Policy and Charging Control）规则。当创建承载时，PCRF 将发送 PCC 规则。例如，当 UE 首次附着到网络上时，首先会建立默认承载，接着会根据用户的业务需求创建一个或者多个专用承载。PCRF 可基于 P-GW 的请求（在使用 PMIP 协议时还要基于 S-GW 的请求），以及位于业务域的应用功能（AF，Application Function）的请求来提供 PCC 规则。

2.2.5 HSS

HSS 是 LTE 的用户设备管理单元，完成 LTE 用户的认证鉴权等功能，相当于 3G 网络中的 HLR。

HSS 是所有永久用户的定制数据库，它还记录拜访网络控制节点，如 MME 层次的用户位置信息。

HSS 存储用户特性的主、备份数据，这里的用户特性包括有关用户可使用的业务的信息、可允许的 PDN 连接，以及是否支持到特定拜访网络的漫游等。永久性密钥被用于计算向拜访地网络发送的、用于用户认证的认证矢量，该永久性密钥存储在认证中心（AuC，Authentication Center），而 AuC 通常是 HSS 的一个重要组成部分。

2.2.6 eNodeB（eNB）

eNB 的协议栈包括空中接口的物理层、MAC、RLC 及 RRC 等各层实体，负责用户通信过程中控制面和用户面的建立、管理和释放，以及部分无线资源管理方面的功能，具体包括：

● 无线资源管理（RRM）；

● 用户数据流IP头压缩和加密；

● UE附着时的MME选择功能；

● 用户面数据向S-GW的路由功能；

● 寻呼消息的调度和发送功能；

● （源自MME和O&M的）广播消息的调度和发送功能；

● 用于移动性、调度的测量和测量报告配置功能；

● 基于AMBR和MBR的承载级速率调整；

● 上行传输层数据分组的分类标识等。

图 2.6 对 eNB 和周围逻辑节点的连接及相关接口的主要功能进行了说明。在图

示的所有连接中，可能是一对多或者多对多的关系。eNB 同时为其覆盖范围内的多
个 UE 提供服务，而每个 UE 同时只和一个 eNB 有业务连接。

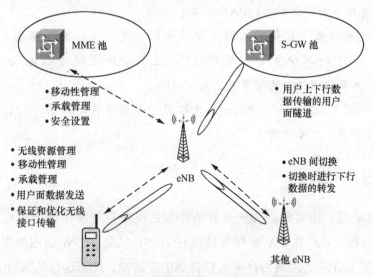

图 2.6　eNB 和其他逻辑节点的连接及主要功能

　　MME 和 S-GW 都可以以池组化的形式出现，即一组 MME 或者一组 S-GW 可以
被指定为一组特定的 eNB 提供服务。从单个 eNB 的角度看，这意味着该 eNB 可能
需要连接到多个 MME 和 S-GW。虽然一个 eNB 可能与多个 MME 和 S-GW 进行连接，
但是 eNB 所服务的每个 UE 同一时刻只能与一个 MME 和 S-GW 建立链路，eNB 必
须要对各个 UE 的这些链路进行跟踪，并保证在 UE 切换出本站之前不改变对应的
MME 和 S-GW 链路关系。

2.2.7　HeNB

　　HeNB 的功能与 eNB 基本相同，另外，还具有一些附加功能，具体说明如下。
　　当网络中部署了 HeNB-GW 时，HeNB 的功能为：

● 发现合适的 HeNB-GW；

● 一个 HeNB 在同一时间内只能连接到一个 HeNB-GW/MME；

● HeNB 必须使用 HeNB-GW 所支持的呼叫区域跟踪代码（TAC）以及 PLMN ID；

● UE 附着的 MME 由 HeNB-GW 确定，一旦 HeNB 收到从 UE 端发送来的全球唯
一 MME 标识（GUMMEI）以及 GUMMEI 类型的消息，HeNB 必须将它放到初始化
UE 消息（Initial UE Message）中；

● HeNB 可以无须经过网络规划直接部署，并且可以从一个区域移动到另外一
个区域，因此，HeNB 需要能够与不同类型的 HeNB-GW 进行连接；

● 在S1路径切换请求（S1 Path Switch Request）中传递源MME的GUMMEI信令。

当网络中未部署 HeNB-GW 时，HeNB 的功能为：

● 需要支持本地IP访问（LIPA）功能；

● 需要支持与固定宽带接入网互操作功能，用来发送隧道信息（包括HeNB的IP地址、UDP的端口号等）给MME；还需要发送隧道信息给主服务eNB（MeNB），并且将MeNB的信号发送给MME；

● 如果配置了X2-GW，在HeNB开机时，或者是传送网层（TNL）地址发生改变时，需要在X2-GW注册。

2.2.8 HeNB-GW

HeNB-GW 是一个可选的模块。它的作用是提供控制面（特别在是 S1-MME 接口）的聚合功能。HeNB-GW 能够终结发往 HeNB 以及 S-GW 的用户面数据，还能够为 HeNB 与 S-GW 之间的用户面数据提供中继功能。HeNB-GW 支持 NAS 节点选择（NNSF）功能。具体功能如下：

● 转发由MME服务的UE和由HeNB服务的UE之间与UE相关的S1应用部分的消息；

● 终结发往HeNB和MME的与UE无关的S1应用部分的消息，对于S1 设置请求（S1 SET UP REQUEST）消息，鉴别HeNB的ID是否有效，以及HeNB的接入方式是否封闭；对于S1密码重置指示（S1 PWS RESTART INDICATION）消息，鉴别小区的ID是否有效，并且在发送消息之前，将HeNB的ID替换成HeNB-GW的ID；

● 终结HeNB与S-GW的S1-U接口（可选）；

● 支持HeNB使用的TAC以及PLMN ID；

● HeNB-GW和其他节点之间不能建立X2接口；

● 根据从HeNB接收的源MME的GUMMEI标识，为S1接口的路径切换请求（S1 PATH SWITCH REQUEST）消息，建立到达MME的路由；

● 当无线接入承载（ERAB）的配置中包含两个不同版本的传送层地址时，需要为S1用户面接口选择IP版本；

● 如果寻呼信息中包含封闭式用户组（CSG）ID列表，HeNB-GW可以利用该列表进行寻呼优化。

2.2.9 X2-GW

X2-GW 的逻辑架构如图 2.7 所示。

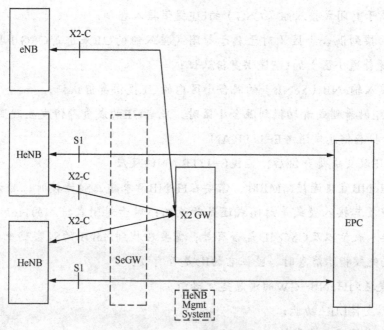

图 2.7　X2-GW 逻辑架构

● 将接收到的 X2 应用层协议的消息转发到目标（H）eNB。

● 当检测到与（H）eNB 的信令连接无效时，通知相关的（H）eNB。相关的（H）eNB 是指在信令连接无效时，通过 X2-GW 与该（H）eNB 建立 X2 连接的（H）eNB。

● 将（H）eNB 的 TNL 地址映射到相应的（H）eNB ID，并且保持映射关系。

为了能够支持 X2-GW，还需要遵循下列原则。

● 一个 HeNB 只能连接一个 X2-GW，每个 HeNB 需要预先配置好所连接的 X2-GW 的信息（比如 X2-GW 的 IP 地址）。

● eNB 连接的 X2-GW 的数量不受限制。

● X2-GW 不终结 X2 AP 协议的进程（消息发送进程除外），但是可以初始化 X2 释放进程和 X2 错误标识进程。

● 3GPP 规范（TS36.300）目前暂时不支持两个 X2-GW 之间的互联；

● X2-GW 对 X2 用户面接口没有限制。

● 维护每个连接到 X2-GW 的（H）eNB 的关联信息（eNB ID 到 TNL 地址的映射），并通过注册过程在 X2-GW 中进行更新。

2.2.10　MME 附加功能

为了能够支持 HeNB，MME 还需要具备以下附加功能：

● 为属于封闭式接入组（CSG）的UE提供接入控制；

● 为切换到混合小区（对于属于封闭式接入组的UE来讲是CSG小区，对于其他UE来讲是普通小区）的UE提供身份认证；

● 为接入辅eNB（SeNB）的混合小区内的UE提供身份认证；

● 当UE附着到或者切换到混合小区时，或者UE的成员身份发生改变时，将UE的成员身份状态信息发送给E-UTRAN；

● 在UE改变成员身份后，监视E-UTRAN的反应；

● 当HeNB直接连接MME时，需要在HeNB请求建立S1连接时，验证它的ID是否有效，以及其接入模式是封闭式还是开放式；对于封闭式接入的HeNB，需要验证其小区接入表示以及CSG ID是否有效；需要在收到HeNB的S1密码重置指示消息以及S1密码失效指示消息时，验证它的ID是否有效；

● 为发送到HeNB-GW的消息建立路由；

● 可以支持LIPA功能；

● 可以支持固定宽带接入网互操作；

● 当HeNB-GW不终结用户面时，可以发送两个不同版本的传送层地址。

2.3　系统接口

2.3.1　S1 接口

S1 接口是 eNB 和核心网之间的接口，分为 S1 用户面接口和 S1 控制面接口。

1. S1 用户面

S1 用户面接口（S1-U）是指连接 eNB 和 S-GW 的接口，其传输网络层建立在 IP 层之上，位于 UDP/IP 之上的 GTP-U 用于在 eNB 和 S-GW 之间传输用户平面 PDU。

S1 接口用户平面协议栈如图 2.8 和图 2.9 所示。HeNB-GW 能终结发往 HeNB 以及 S-GW 的用户面，并且能够为 HeNB 和 S-GW 之间的用户面数据提供中继。

2. S1 接口控制面

S1 控制平面接口（S1-MME）是指 eNB 和 MME 之间的接口，S1 控制平面接口如图 2.10 和图 2.11 所示。与用户平面类似，传输网络层建立在 IP 传输基础上，不同之处在于 IP 层之上增加了流控制传输协议（SCTP，Stream Control Transmission Protocol）层来实现信令消息的可靠传输。应用层协议栈可参考 S1-AP（S1 应用协议）。

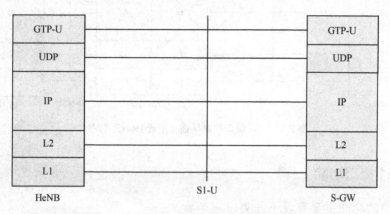

图 2.8　S1 接口用户平面协议栈（未配置 HeNB–GW）

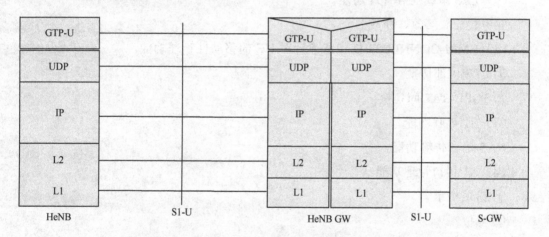

图 2.9　S1 接口用户平面协议栈（配置 HeNB–GW）

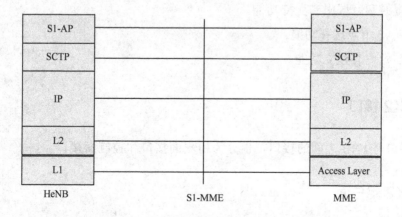

图 2.10　S1 接口控制平面（未配置 HeNB–GW）

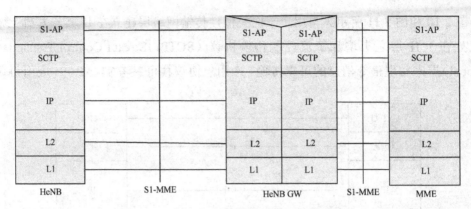

图 2.11　S1 接口控制平面（配置 HeNB–GW）

3．S1 接口功能

S1 接口的功能主要有以下几类。

（1）EPS 承载业务管理功能。

业务建立、修改、释放。

（2）EMM-CONNECTED 状态下针对 UE 的移动性管理功能。

① LTE 内部切换

② 3GPP-RAT 间切换。

（3）S1 寻呼功能。

NAS 信令传输功能。

（4）S1 接口管理功能。

① 错误指示。

② 复位。

（5）网络共享功能。

（6）漫游和区域限制支持功能。

（7）NAS 节点选择功能。

（8）初始内容建立功能。

2.3.2　X2 接口

X2 接口是 eNB 之间的接口，也分为用户面接口和控制面接口。

1．X2 用户面

X2 用户面接口（X2-U）是 eNB 之间的用户面接口，X2-U 接口提供 HeNB 之

间用户面 PDU 的传送。X2 接口的用户面协议栈如图 2.12 所示，传输网络层建立在
IP 传输上，GTP-U 在 UDP/IP 上承载用户面的 PDU。

2．X2 控制面

X2 控制面接口（X2-CP）定义为连接 eNB 之间接口的控制平面，X2 接口控制
面协议栈如图 2.13 所示。传输网络建立在 SCTP 之上，SCTP 在 IP 之上。应用层的
信令协议表示为 X2-AP（X2 应用协议）。

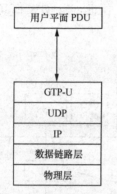

图 2.12　X2 接口用户面协议栈

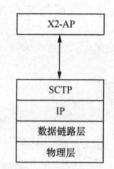

图 2.13　X2 接口控制面协议栈

3．X2 控制面功能

X2-AP 协议支持以下功能：

（1）支持 UE 在 EMM-CONNECTED 状态时的 LTE 系统内部移动；

（2）上下文从源 eNB 传达到目的 eNB；

（3）控制源 eNB 到目标 eNB 的用户面通道；

（4）切换取消；

（5）上下行负载管理；

（6）一般性的 X2 管理和错误处理功能；

（7）错误指示。

2.4　典型的 HeNB 部署方式

根据是否配置 HeNB-GW 以及 HeNB-GW 功能的不同，3GPP 在 TR23.830 中定

义了 3 种 HeNB 网络结构，分别适用于不同的应用场景[2]，运营商可根据已有的基础设施、Small Cell 部署进程、部署范围和数量等进行选择。各种部署方式的网络结构及特性分析如下[3]。

2.4.1 配置 HeNB-GW

SC-GW 结构中专门设置了 HeNB-GW，如图 2.14 所示。HeNB-GW 提供 S1 接口控制面和用户面数据的聚合分发、HeNB/UE 的注册和接入控制功能。HeNB 和 HeNB-GW 之间的安全性由 Se-GW（Security Gateway）保证，Se-GW 既可是一个单独的物理实体，也可与 HeNB-GW 合并。

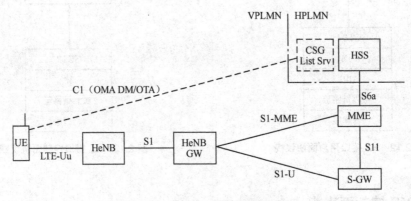

图 2.14　方式 1：配置 HeNB-GW

（1）优点。

HeNB-GW 和 MME 之间只建立一条流控制传输协议（SCTP，Stream Control Transmission Protocol）连接，SCTP 兼有 TCP 和 UDP 的特点，HeNB-GW 和每个 HeNB 之间都会建立一条 SCTP 连接。这样带来的好处如下。

● 新增 HeNB 时不会影响到 MME，MME 上的 SCTP 心跳消息数不会增加，因此，不会增加 MME 负荷。

● 用户频繁开关 HeNB 产生的 SCTP 连接建立和释放消息，由 HeNB-GW 处理，不会发送到 MME，避免增加 MME 的 CPU 负载。

● S-GW 上的 GTP（GPRS Tunnelling Protocol）/UDP/IP 连接测量需求少，S-GW 需要处理的 UDP/IP 通道和 GTP 回显消息少，新增 HeNB 时不会影响到 S-GW。

● HeNB 不需要支持 S1-Flex 接口（允许一个 eNB 连接到多个 MME/S-GW POOL，实现负载均衡、容灾等），且会减少 S1 连接，可以简化 HeNB 实现。

● HeNB不知道MME和S-GW IP地址，EPC（Evolved Packet Core）的IP地址空间更加安全。

● HeNB-GW可以实现寻呼优化。

● HeNB-GW可实现DoS（Denial of Service）服务来保护EPC，实现QoS，检测过滤业务攻击。

● HeNB-GW可实现切换优化，HeNB之间切换时，MME和S-GW用户面的消息交换减少（EPC不需要知道HeNB接入小区的变化）。

● HeNB-GW可实现故障处理优化，避免MME处理大量的HeNB故障消息，如HeNB电源故障。

● 部分业务如IP数据分流（SIPTO，Selected IP Traffic Offload，指用户的业务流数据不经过运营商的核心网络，直接从HeNB分流）可终止在HeNB-GW，本地S-GW和P-GW（PDN Gateway）中支持SIPTO的功能可直接在HeNB-GW实现。

（2）缺点。

● HeNB一次只能连接到一个HeNB-GW，减少了冗余备份和负载分担的能力。

● HeNB-GW需要转发HeNB到MME、MME到HeNB的GTP-U/T-PDU数据，GW的负荷会随着用户平面的业务量成比例增加。

（3）应用场景。

这种结构和3G HNB 的结构相似，控制面和用户面都在 GW 聚合分发。如果 HNB-GW 和 HeNB-GW 在相同的硬件上实现，则可重用已有的 3G HNB GW 设备，充分利用现有资源，快速、低成本地部署 LTE HeNB，适合已经部署 3G HNB 且希望能够融合 LTE HeNB 网络的场景。

如果运营商在某一较集中的范围内部署大规模的 HeNB，大量 HeNB 产生的大量 SCTP 消息和 UDP/IP 通道会对 MME/S-GW 性能负荷提出更高的要求，部署一个独立的 HeNB-GW 来处理这些大量的消息和通道，将会减少 HeNB 数量的增加对 MME/S-GW 的影响。

2.4.2　不配置 HeNB-GW

此结构中没有 HeNB-GW 实体，如图 2.15 所示。HeNB 直接连接到 MME 或 S-GW，没有 GW 的聚合转发功能。HeNB 可以支持 S1-Flex 接口，连接到多个 MME/S-GW。

（1）优点。

● 系统故障点少，且不会出现GW单点故障。一个HeNB发生故障，不会影响到其他HeNB，而第一种结构中，如果GW发生故障，则会影响到该GW下所有的HeNB。

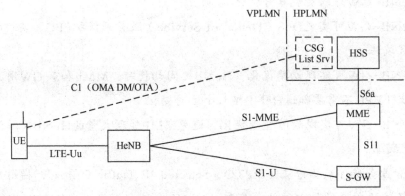

图2.15 方式2：不配置HeNB-GW

● 扁平化网络结构和eNB结构类似，包括支持S1-Flex。

● HeNB直接通过S1接口和MME及S-GW相连，不需要GW处理，减少了系统级处理，降低了时延。

● 前向兼容性好，HeNB支持新特性需要升级时，不用考虑是否需要升级HeNB-GW支持S1接口。HeNB-GW支持SIPTO的功能部分可集中部署到SIPTO网关上。

（2）缺点。

● 不提供SCTP/GTP-U（用户层面的GPRS隧道协议）的集中连接，在新增大量HeNB时，SCTP心跳消息（每个SCTP连接）可能会导致MME超负荷运行。

● 用户频繁开关HeNB时，产生的SCTP连接建立和释放消息，会增加MME CPU负荷。

● 新增大量HeNB时，UDP/IP数据、GTP-echo消息可能会导致S-GW超负荷。

● MME/S-GW超负荷时，需要另外部署MME/S-GW处理。如果新部署MME/S-GW，则由于要支持HeNB和eNB的切换，需要考虑新部署MME/S-GW和原MME/S-GW之间的互联关系。

● HeNB的数量由MME和S-GW的处理能力决定。

● HeNB支持S1-Flex功能，将会导致HeNB更加复杂。

（3）应用场景。

这种结构适合小规模数量HeNB或HeNB位置分散的网络，不会导致MME/S-GW超负荷。在LTE Femto发展初期，HeNB数量少，无法利用已有3G HeNB-GW，以及HeNB用于热点覆盖、补盲应用，HeNB的位置比较分散时，可以选择此结构，将HeNB直接连接到MME/S-GW，与eNB使用共同的核心网设备，而不需要新部署 HeNB-GW。

2.4.3　HeNB-GW 用于控制面

此结构中 HeNB-GW 只用于控制平面，如图 2.16 所示。HeNB-GW 只对 S1-MME 进行聚合转发。HeNB 的用户面接口 S1-U 直连到 S-GW，和 eNB 的 S1-U 一样。

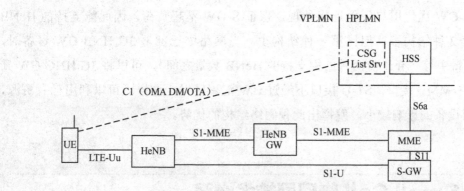

图 2.16　方式 3：HeNB-GW 用于控制面

（1）优点。

● 新增HeNB时不会影响到MME，MME上的SCTP心跳消息数不会增加，不会增加MME负荷。

● 用户频繁开关HeNB产生的SCTP连接建立和释放消息，由HeNB-GW处理，不会发送到MME，因此，不会增加MME的CPU负载。

● HeNB不需要支持S1-Flex接口，且会减少S1控制平面连接，可以简化HeNB的实现。

● HeNB-GW可实现寻呼优化、故障处理优化，避免MME处理大量的HeNB故障消息，如HeNB电源故障。

● HeNB-GW可实现切换优化，同一GW下的HeNB之间的切换可由GW处理，减少MME/S-GW的消息处理过程。

● HeNB-GW可以进行进一步的优化，如HeNB-GW可以作为X2接口的控制器，减少HeNB的接口数量（X2接口本来由eNB实现）。

● S1-U接口有更少的故障点、更小的单点故障可能性。用户平面具有更低的时延和系统级处理。

（2）缺点。

● 不提供GTP-U的集中连接，新增大量HeNB时，UDP/IP数据、GTP-echo消息会导致S-GW超负荷。

● 当S-GW超负荷时，需要另外部署S-GW处理。

● 在控制平面，HeNB一次只能连接到一个HeNB-GW，减少了冗余备份和负载分担的能力。

（3）应用场景。

这种结构中 HeNB-GW 只实现 S1-MME 接口，不支持 S1-U 接口，比第一种结构中 GW 的实现简单。由于 GW 提供 S1-MME 的集中连接，当 HeNB 数量增加时，可以在 S-GW 优化用户平面连接处理，保证 S-GW 不超负荷，因此能支持的 HeNB 数量比第 2 种结构多，但比第一种结构少。当网络中已部署 3G HNB GW 设备时，HeNB 数量中等（介于前两种结构支持的 HeNB 数量之间），可以将 3G HNG GW 升级支持 S1-MME 接口，S1-U 接口不经过 GW 汇聚转发，这样既可以利用已有资源，又对现网设备的影响较小，发挥出此种网络结构的优势。

2.5 Small Cell 物理层技术增强

3GPP 在 R12 版本的技术规范中，针对室内和室外热点的传播特性，对 Small Cell 物理层技术进行了增强，主要包括引入下行的高阶调制技术来进一步提高频谱效率，引入新的发现信号和空口同步机制来提高运营效率。

下行高阶调制定义了新的 CQI、MCS、TBS 索引表，发现信号包含 PSS/SSS、CRS 和可配置的 CSI-RS，用于 Small Cell 开关进程中的小区同步、小区测量和发送小区的识别。空口同步使用可配置的 CRS 或者 CRS 及 PRS 来作为同步监听导频，定义了同步监听导频信号的发送周期，保持同步最大跳变数目仍然为 3。

2.5.1 高阶调制

Small Cell 的一个重要的应用场景为室内（比如办公室、家庭等）热点地区。该场景相对封闭，不容易受到室外宏基站的干扰，并且 Small Cell 的覆盖范围较小，用户更加贴近基站。因此，相对于宏基站而言，Small Cell 的用户将会获得更高质量的信道条件，其 SINR 往往能够高达 20 dB 以上。然而，现有的 LTE 系统的最高调制方式只能采用 64QAM，对应的 SINR 只有 19.2 dB。这使得用户即使在更好的信道条件中，也只能采用 64QAM，而不能采用更高的调制编码方案以提高传输速率，这对紧张的频谱资源无疑是一种浪费。

为了满足越来越大的数据流量需求，进一步提升用户体验，有必要采用更高阶的调制方式来提升传输速率，256QAM 调制以其能带来更大的传输速率、提升系统容量的优势，被 3GPP 纳入 R12 的技术规范中，成为 Samll Cell 的物理层增强技术。

为了配合 256QAM 技术的引入，3GPP 在 R12 的规范中对相应的标准进行了改动，包括 CQI 索引表、MCS 索引表以及 TBS 索引表等。

1. CQI 索引表改动

现行 LTE 系统的下行链路调制方式包括 QPSK、16QAM 和 64QAM，为了有效地对无线资源进行管理，合理分配资源，3GPP 设计了合适的 CQI、MCS 表，其中包含信道质量、调制方式、码率、频谱效率等信息。系统可以根据表中的信息选择适当的调制编码方案发送数据。引入 256QAM 后，需要在当前的表的基础上进行合理的改动，设计出能够同时包含 QPSK、16QAM、64QAM、256QAM 等调制方式的表，原 CQI 索引表见表 2.1[4]。

表 2.1　原 CQI 索引表

CQI 索引	调制方式	码率 ×1 024	频谱效率
0		无	
1	QPSK	78	0.152 3
2	QPSK	120	0.234 4
3	QPSK	193	0.377 0
4	QPSK	308	0.601 6
5	QPSK	449	0.877 0
6	QPSK	602	1.175 8
7	16QAM	378	1.476 6
8	16QAM	490	1.914 1
9	16QAM	616	2.406 3
10	64QAM	466	2.730 5
11	64QAM	567	3.322 3
12	64QAM	666	3.902 3
13	64QAM	772	4.523 4
14	64QAM	873	5.115 2
15	64QAM	948	5.554 7

新表的设计需基于以下基本原则。

● 必须保持和现有 CQI 表的大小一致，及 CQI 表中的 Index 仍然为 #0～#15 共 16

项。这主要是考虑到与现有标准的兼容性，减少因表的改动而带来的额外工作量。

● CQI表中的第一项Index=0是为超出表格范围准备的，当SINR表征的信道质量不在表设计的范围内时，视为CQI Index=0，所以第一项必须保留。

● CQI表中的第二项Index=1为PDCCH信道专用选项，必须保留。

为了维持原有表的大小不变，最后3GPP在表中增加了4项256QAM的选项，频谱效率分别为5.554 7、6.171 9、6.789 1、7.406 3，相应地，删除了原有表中的3项QPSK以及1项64QAM选项（对应原有表中的第#2、#4、#6、#15项），新的CQI表见表2.2[4]。

表2.2　新的CQI索引表

CQI 索引	调制方式	码率 ×1 024	频谱效率
0		无	
1	QPSK	78	0.152 3
2	QPSK	193	0.377 0
3	QPSK	449	0.877 0
4	16QAM	378	1.476 6
5	16QAM	490	1.914 1
6	16QAM	616	2.406 3
7	64QAM	466	2.730 5
8	64QAM	567	3.322 3
9	64QAM	666	3.902 3
10	64QAM	772	4.523 4
11	64QAM	873	5.115 2
12	256QAM	711	5.554 7
13	256QAM	797	6.226 6
14	256QAM	885	6.914 1
15	256QAM	948	7.406 3

这样做的好处在于，当遇到信道质量变差时，仍然有较低SINR范围内的CQI可供反馈，较好地保持了链路的自适应性，而不会出现SINR的空窗期。

2. MCS 表的改动

MCS 索引表改动的原则与 CQI 索引表一致，也是要保持原有 MCS 表的大小不变，仍为 #0 ~ #31 共 32 项，并且要与 CQI 表的改动相适应。新的 MCS 索引表中删除了原 MCS 索引表 QPSK 所对应的第 #1、#3、#5、#7、#9、#10 项，以及 64QAM 所对应的第#27、#28 项，添加了 256QAM 所对应的 8 项内容，如表 2.3 所示[4]。

表 2.3　MCS 索引表

原 MCS 索引表			新 MCS 索引表		
MCS 索引 I_{MCS}	调制阶数	TBS 索引 I_{TBS}	MCS 索引 I_{MCS}	调制阶数	TBS 索引 I_{TBS}
0	2	0	0	2	0
1	2	1	1	2	2
2	2	2	2	2	4
3	2	3	3	2	6
4	2	4	4	2	8
5	2	5	5	4	10
6	2	6	6	4	11
7	2	7	7	4	12
8	2	8	8	4	13
9	2	9	9	4	14
10	4	9	10	4	15
11	4	10	11	6	16
12	4	11	12	6	17
13	4	12	13	6	18
14	4	13	14	6	19
15	4	14	15	6	20
16	4	15	16	6	21
17	6	15	17	6	22
18	6	16	18	6	23
19	6	17	19	6	24
20	6	18	20	8	25
21	6	19	21	8	27
22	6	20	22	8	28
23	6	21	23	8	29
24	6	22	24	8	30
25	6	23	25	8	31
26	6	24	26	8	32
27	6	25	27	8	33/33A
28	6	26/26A	28	2	
29	2		29	4	保留
30	4	保留	30	6	
31	6		31	8	

3. TBS 索引表的改动

新的 MCS 索引表中增加了 8 项 TBS 的索引号（#27、#28、#29、#30、#31、#32、#33、#33A），相应地需要将已有的 TBS 索引表进行扩展，如表 2.4 所示 [4]。

表 2.4　TBS 索引表

I_{TBS}	N_{PRB}									
	1	2	3	4	5	6	7	8	9	10
27	648	1 320	1 992	2 664	3 368	4 008	4 584	5 352	5 992	6 712
28	680	1 384	2 088	2 792	3 496	4 264	4 968	5 544	6 200	6 968
29	712	1 480	2 216	2 984	3 752	4 392	5 160	5 992	6 712	7 480
30	776	1 544	2 344	3 112	3 880	4 776	5 544	6 200	6 968	7 736
31	808	1 608	2 472	3 240	4 136	4 968	5 736	6 456	7 480	8 248
32	840	1 672	2 536	3 368	4 264	5 160	5 992	6 712	7 736	8 504
33	968	1 992	2 984	4 008	4 968	5 992	6 968	7 992	8 760	9 912
33A	840	1 736	2 600	3 496	4 392	5 160	5 992	6 968	7 736	8 760

I_{TBS}	N_{PRB}									
	11	12	13	14	15	16	17	18	19	20
27	7 224	7 992	8 504	9 144	9 912	10 680	11 448	11 832	12 576	12 960
28	7 736	8 504	9 144	9 912	10 680	11 064	11 832	12 576	13 536	14 112
29	8 248	8 760	9 528	10 296	11 064	11 832	12 576	13 536	14 112	14 688
30	8 504	9 528	10 296	11 064	11 832	12 576	13 536	14 112	14 688	15 840
31	9 144	9 912	10 680	11 448	12 216	12 960	14 112	14 688	15 840	16 416
32	9 528	10 296	11 064	11 832	12 960	13 536	14 688	15 264	16 416	16 992
33	10 680	11 832	12 960	13 536	14 688	15 840	16 992	17 568	19 080	19 848
33A	9 528	10 296	11 448	12 216	12 960	14 112	14 688	15 840	16 416	17 568

I_{TBS}	N_{PRB}									
	21	22	23	24	25	26	27	28	29	30
27	14 112	14 688	15 264	15 840	16 416	16 992	17 568	18 336	19 080	19 848
28	14 688	15 264	16 416	16 992	17 568	18 336	19 080	19 848	20 616	21 384
29	15 840	16 416	16 992	17 568	18 336	19 080	19 848	20 616	21 384	22 152
30	16 416	16 992	18 336	19 080	19 848	20 616	21 384	22 152	22 920	23 688
31	17 568	18 336	19 080	19 848	20 616	21 384	22 152	22 920	23 688	24 496
32	17 568	19 080	19 848	20 616	21 384	22 152	22 920	23 688	24 496	25 456
33	20 616	21 384	22 920	23 688	24 496	25 456	26 416	27 376	28 336	29 296
33A	18 336	19 080	19 848	20 616	22 152	22 920	23 688	24 496	25 456	26 416

I_{TBS}	N_{PRB}									
	31	32	33	34	35	36	37	38	39	40
27	20 616	21 384	22 152	22 920	22 920	23 688	24 496	25 456	25 456	26 416
28	22 152	22 152	22 920	23 688	24 496	25 456	26 416	26 416	27 376	28 336
29	22 920	23 688	24 496	25 456	26 416	26 416	27 376	28 336	29 296	29 296
30	24 496	25 456	25 456	26 416	27 376	28 336	29 296	29 296	30 576	31 704
31	25 456	26 416	27 376	28 336	29 296	29 296	30 576	31 704	31 704	32 856
32	26 416	27 376	28 336	29 296	29 296	30 576	31 704	32 856	32 856	34 008
33	30 576	31 704	32 856	34 008	35 160	35 160	36 696	37 888	39 232	39 232
33A	27 376	27 376	29 296	29 296	30 576	30 576	31 704	32 856	34 008	35 160

I_{TBS}	N_{PRB}									
	41	42	43	44	45	46	47	48	49	50
27	27 376	27 376	28 336	29 296	29 296	30 576	31 704	31 704	32 856	32 856
28	29 296	29 296	30 576	30 576	31 704	32 856	32 856	34 008	34 008	35 160
29	30 576	31 704	31 704	32 856	34 008	34 008	35 160	35 160	36 696	36 696
30	31 704	32 856	34 008	34 008	35 160	36 696	36 696	37 888	37 888	39 232
31	34 008	35 160	35 160	36 696	36 696	37 888	39 232	39 232	40 576	40 576
32	35 160	35 160	36 696	37 888	37 888	39 232	40 576	40 576	42 368	42 368
33	40 576	40 576	42 368	43 816	43 816	45 352	46 888	46 888	48 936	48 936
33A	35 160	36 696	36 696	37 888	39 232	40 576	40 576	40 576	42 368	43 816

I_{TBS}	N_{PRB}									
	51	52	53	54	55	56	57	58	59	60
27	34 008	34008	35160	35160	36696	36696	37888	37888	39232	39232
28	35 160	36696	36696	37888	39232	39232	40576	40576	42368	42368
29	37 888	39232	39232	40576	40576	42368	42368	43816	43816	45352
30	40 576	40576	42368	42368	43816	43816	45352	45352	46888	46888
31	42 368	42368	43816	45352	45352	46888	46888	46888	48936	48936
32	43 816	43816	45352	46888	46888	46888	48936	48936	51024	51024
33	51 024	51024	52752	52752	55056	55056	57336	57336	59256	59256
33A	43 816	45352	45352	46888	48936	48936	48936	51024	51024	52752

I_{TBS}	N_{PRB}									
	61	62	63	64	65	66	67	68	69	70
27	40 576	40 576	42 368	42 368	43 816	43 816	43 816	45 352	45 352	46 888
28	42 368	43 816	43 816	45 352	45 352	46 888	46 888	46 888	48 936	48 936
29	45 352	45 352	46 888	46 888	48 936	48 936	48 936	51 024	51 024	52 752
30	46 888	48 936	48 936	51 024	51 024	51 024	52 752	52 752	55 056	55 056

续表

I_{TBS}	N_{PRB}									
	61	62	63	64	65	66	67	68	69	70
31	51 024	51 024	52 752	52 752	52 752	55 056	55 056	55 056	57 336	57 336
32	52 752	52 752	52 752	55 056	55 056	57 336	57 336	57 336	59 256	59 256
33	59 256	61 664	61 664	63 776	63 776	63 776	66 592	66 592	68 808	68 808
33A	52 752	55 056	55 056	55 056	57 336	57 336	57 336	59 256	59 256	61 664

I_{TBS}	N_{PRB}									
	71	72	73	74	75	76	77	78	79	80
27	46 888	46 888	48 936	48 936	48 936	51 024	51 024	51 024	52 752	52 752
28	48 936	51 024	51 024	52 752	52 752	52 752	55 056	55 056	55 056	57 336
29	52 752	52 752	55 056	55 056	55 056	57 336	57 336	57 336	59 256	59 256
30	55 056	57 336	57 336	57 336	59 256	59 256	59 256	61 664	61 664	63 776
31	59 256	59 256	59 256	61 664	61 664	63 776	63 776	63 776	66 592	66 592
32	61 664	61 664	61 664	63 776	63 776	63 776	66 592	66 592	66 592	68 808
33	71 112	71 112	71 112	73 712	75 376	76 208	76 208	76 208	78 704	78 704
33A	61 664	61 664	63 776	63 776	66 592	66 592	66 592	68 808	68 808	68 808

I_{TBS}	N_{PRB}									
	81	82	83	84	85	86	87	88	89	90
27	52 752	55 056	55 056	55 056	57 336	57 336	57 336	59 256	59 256	59 256
28	57 336	57 336	59 256	59 256	59 256	61 664	61 664	61 664	61 664	63 776
29	59 256	61 664	61 664	61 664	63 776	63 776	63 776	66 592	66 592	66 592
30	63 776	63 776	63 776	66 592	66 592	66 592	68 808	68 808	68 808	71 112
31	66 592	68 808	68 808	68 808	71 112	71 112	71 112	73 712	73 712	73 712
32	68 808	71 112	71 112	71 112	73 712	73 712	73 712	75 376	76 208	76 208
33	81 176	81 176	81 176	81 176	84 760	84 760	84 760	87 936	87 936	87 936
33A	71 112	71 112	71 112	73 712	75 376	75 376	76 208	76 208	78 704	78 704

I_{TBS}	N_{PRB}									
	91	92	93	94	95	96	97	98	99	100
27	59 256	61 664	61 664	61 664	63 776	63 776	63 776	63 776	66 592	66 592
28	63 776	63 776	66 592	66 592	66 592	66 592	68 808	68 808	68 808	71 112
29	66 592	68 808	68 808	68 808	71 112	71 112	71 112	73 712	73 712	73 712
30	71 112	71 112	73 712	73 712	75 376	75 376	76 208	76 208	78 704	78 704
31	75 376	76 208	76 208	78 704	78 704	78 704	81 176	81 176	81 176	81 176
32	78 704	78 704	78 704	81 176	81 176	81 176	84 760	84 760	84 760	84 760
33	90 816	90 816	90 816	93 800	93 800	93 800	93 800	97 896	97 896	97 896
33A	78 704	81 176	81 176	81 176	81 176	84 760	84 760	84 760	84 760	87 936

I_{TBS}	N_{PRB}									
	101	102	103	104	105	106	107	108	109	110
27	66 592	66 592	68 808	68 808	68 808	71 112	71 112	71 112	71 112	73 712
28	71 112	71 112	73 712	73 712	73 712	75 376	75 376	76 208	76 208	76 208
29	75 376	76 208	76 208	76 208	78 704	78 704	78 704	81 176	81 176	81 176
30	78 704	81 176	81 176	81 176	81 176	84 760	84 760	84 760	84 760	87 936
31	84 760	84 760	84 760	84 760	87 936	87 936	87 936	87 936	90 816	90 816
32	87 936	87 936	87 936	87 936	90 816	90 816	90 816	93 800	93 800	93 800
33	97 896	97 896	97 896	97 896	97 896	97 896	97 896	97 896	97 896	97 896
33A	87 936	87 936	87 936	90 816	90 816	90 816	93 800	93 800	93 800	97 896

2.5.2　Small Cell 的开关和小区发现

Small Cell 在无业务传输的情况下可以关闭，停止发送信号（包括公共导频信号和广播信号等），以减小对邻区的干扰，提升整个网络的效率。在 R12 版本的规范中，引入了发现信号来辅助进行小区的开关。用于小区发现的信号称为 DRS（Discovery Reference Signal），在小区关闭的状态下，仍然会周期性地发送 DRS，用于小区发现，实现粗略的时间和频率同步，以及进行同频和异频的 RRM 测量等。

首先 DRS 要能够用来进行小区选择，以及进行 UE 的 RRM 测量和上报，从而能够辅助决定小区是开还是关。主同步信号/辅助同步信号（PSS/SSS）可以被 UE 用来进行时间和频率同步，并且能够检测小区的 ID，所以发现信号首先需要包含 PSS/SSS，3GPP 的相关研究结果表明，采用现有的同步信号结构就能够满足 Small Cell 发现性能。另外，UE 在检测到小区 ID 后，可以确定小区的 CRS 端口和相应的时频位置，UE 在 CRS 上进行 RRC 测量，并将测量结果上报基站，因此，CRS 作为发现信号能最直接地用来进行 RRM 测量。而当小区开关的协调范围内有相同小区 ID 的多个发送点时，就需要考虑给予 CSI-RS 的 RRM 测量，不同发送点的区别取决于 CSI-RS 的扰码 ID，以及 CSI-RS 配置、CSI-RS 子帧偏置和 CSI-RS 对应的扩频码。因此，可以用信令指示主小区 ID（PCID）、虚拟小区 ID（VCID）、CSI-RS RE 配置和 CSI-RS 子帧配置等参数用于发送点的识别。为实现 CSI-RS 的测量，信令还应该包含邻小区发送点的列表。

最终标准中定义的发现信号包含 PSS/SSS/CRS，如果配置高层信令，发现信号则还可以包含信道状态信息导频（CSI-RS），支持 CRS 和 CSI-RS 的 RSRP 测量上报。发现信号的周期可配置为 40 ms、80 ms 或者 160 ms，发现信号出现的子帧数目也是可配置的，FDD 和 TDD 系统中的持续时长范围为 1 ～ 5 个子帧，这样多个子帧可以提供更好的小区重用性，来降低 CSI-RS RSRP 测量的干扰。

2.5.3 同步技术

在同步技术中，为了便于描述，将为其他小区提供同步的小区称为源小区，将从其他小区获取同步的小区称为目标小区。网络侦听是网络空口同步的技术手段。目标小区可以通过监听源小区发送的网络侦听参考信号（CRS 和 PRS），直接与源小区保持同步。

无论是同运营商还是异运营商进行同步，都需要 3 个步骤来支持空口监听：第一步要进行粗同步；第二步要选择同步源；第三步再进行细同步。在基站开机或者同步的情况下，目标小区需要获得粗同步，可以通过检测源小区的 PSS/SSS 来进行；而选择同步源时需要指出和目标小区是否处于同步状态，这种状态信息还需要被其他小区知道，以便目标小区能够选择合适的源小区。RAN3 已经能够指示出是否是同步状态，但是在异运营商场景下，由于不能很好地进行网络交互，所以这种方法很难实现。一种简单的解决方法是通过不同的小区标识范围区分两种不同的状态，具体范围可以通过操作管理和维护（OAM）来配置。而对于细同步，目标小区需要知道源小区的监听导频符号和同步的跳变数目 [5]。

最终在 R12 版本规范中确定同步监听导频符号由网络配置，可以只是 CRS，也可以是 CRS 和定位导频（PRS），其中，CRS 端口数目是 1 或 2，监听导频信号的周期是 1 280 ms、2 560ms、5 120 ms、10 240 ms，支持最多 3 跳的同步。

参考文献

[1] TS36.300. Evolved Universal Terrestrial Radio Access (E-UTRA) and Evolved Universal Terrestrial Radio Access Network (E-UTRAN);Overall Description.

[2] TR23.830. Architecture aspects of Home Node B (HNB) / Home enhanced Node B (HeNB).

[3] 邹时林，何岩，常宇光. LTE Femto网络结构特性分析[J]. 移动通信，2012（8）.

[4] 3GPP TS 36.213. Evolved Universal Terrestrial Radio Access (E-UTRA); Physical layer procedures (Release 12), 2017.9.

[5] 焦慧颖. 小小区增强技术的标准画最新进展[J]. 现代电信科技，2014（11）.

第3章

小基站产品形态及应用场景

3.1 小基站分类

为应对未来移动互联网数据的海量发展，无线网络架构正逐渐由传统蜂窝覆盖向"分层化"方向发展，需要更多不同类型的基站和解决方案进行网络建设。

3GPP 根据基站端口额定输出功率划分不同的基站类型，见表 3.1。

表 3.1　3GPP 定义的基站类型

基站类别	每通道功率
Wide Area BS（宏基站）	功率不设上限
Medium Range BS（微基站）	≤ 38 dBm
Local Area BS（局域小站）	≤ 24 dBm
Home BS（家庭基站）	≤ 20 dBm（单发射天线端口）
	≤ 17 dBm（双发射天线端口）
	≤ 14 dBm（四发射天线端口）
	≤ 11 dBm（八发射天线端口）

在国内，目前运营商参考 3GPP 的相关定义，主要以我们所熟悉的基站发射功率标准来划分。其中，中国移动将主设备按照发射功率和覆盖能力，分为宏、微、皮、飞 4 种，后 3 种定义为小基站，而中国联通、中国电信将通常发射功率在 5 W 以下的主设备定义为小基站。但主设备厂家在进行小基站定义分类时，往往结合产品尺寸和发射功率等因素综合分类，如华为 EasyMacro、中兴 iMacro、诺基亚 FWHX 等设备，具有宏基站的功率、微基站的尺寸，设备厂家通常意义上也把此类一体化小型基站定义为小基站。

根据功率和覆盖范围将 4G 基站分为宏基站、微基站、皮基站、飞基站 4 类，具体见表 3.2。通常意义上的小基站包含微基站、皮基站、飞基站 3 种类型。

以上是按照基站发射功率和覆盖范围划分的，按照基站设备形态还可以划分为一体化基站和分布式基站两种。分布式基站指的是 BBU、RRU 和天线，都是独立的设备，通过传输线路和馈线组成一个完整的基站，目前为传统的宏基站和部分微基站所采用；而一体化基站是指 BBU、RRU 和天线或者 RRU 和天线集成为一体，目前主要在微基站、皮基站及飞基站等小基站中应用。

表 3.2　4G 定义的基站类型

类型		单载波发射功率	覆盖能力（覆盖半径）
名称	别称		
宏基站（Macro Site）	宏基站	10 W 以上	200 m 以上
微基站（Micro Site）	微基站	500 mW ～ 10 W（含 10 W）	50 ～ 200 m
皮基站（Pico Site）	微微基站、企业级小基站	100 ～ 500 mW（含 500 mW）	20 ～ 50 m
飞基站（Femto Site）	毫微微基站、家庭级小基站	100 mW 以下（含 100 mW）	10 ～ 20 m

3.2　小基站产品形态及主要参数

3.2.1　微基站

微基站设备的功率和覆盖范围一般情况下较宏基站略小，主要用于较大范围的补盲或补热，其主要安装形式为楼顶、挂墙、灯杆及抱杆安装等。

如图 3.1 所示，常规的微基站设备形态可分为一体化微基站和分布式微基站两类，还有一类特殊的一体化微基站，有着宏基站的功率、微基站的尺寸，如华为 Easy Macro、中兴 iMacro 等，在此我们单独分类，为了定义的严谨性，称其为小型化宏基站。

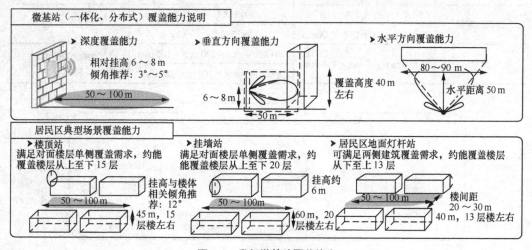

图 3.1　常规微基站覆盖能力

1. 一体化微基站

该类产品 BBU/RRU 天线合一，一般通过挂墙或抱杆方式覆盖局部弱覆盖区域，RRU 不支持合并小区，主要适用于小范围补盲或者补热。一体化微基站是微基站的主要产品形态，各主设备厂家均推出多款产品，其中主要代表有华为 ATOM、中兴 XSDR BS8912、诺基亚 FWHE 等，如表 3.3 和图 3.2 所示。

表 3.3 几种常见的一体化微基站参数

厂家	华为	中兴	诺基亚
覆盖方式	一体化微基站	一体化微基站	一体化微基站
相关产品型号	ATOM(BTS3205E)	ZXSDR BS8912 T1900 ZXSDR BS8912 T2600 ZXSDR BS8922	FWHE
功率	2×5 W	2×5 W	2×5 W
是否内置天线	是	是	是
安装方式	抱杆 / 悬挂 / 挂墙等	抱杆 / 悬挂 / 挂墙等	抱杆 / 悬挂 / 挂墙等
内置天线极化方式	±45°	±45°	±45°
内置天线增益	10 dBi	8912：10 dBi 8922：12 dBi	6 dBi
内置天线波瓣角	H: 65° V: 30°	H: 65° V: 20°/30°	H:70 V:60
是否支持外接天线	支持	支持	支持
回传方式	PTN	PTN	PTN
供电方式	交流	交直流可选	交流
带宽	2×20 MHz，2T2R，MIMO	8912：1×TDL20 MHz 8922：2×TDL20 MHz	2×20 MHz，2T2R，MIMO
体积及重量	6 L/8 L（不含 / 含 Dock）， 6.5 kg/9 kg（不含 / 含 Dock）	8912<8 L，≤ 10 kg 8922<6 L，≤ 8 kg	<7 L，<7 kg
尺寸	200 mm×115 mm×115 mm	8912:350 mm×220 mm×105 mm 8922:308 mm×268 mm×82 mm	327 mm×247 mm×86 mm

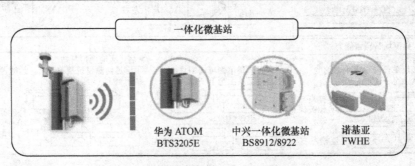

图 3.2　几种常见的一体化微基站形态

通过上述参数可以看出一体化微基站部署要点：

（1）一体化微基站可以较好地进行点状区域补盲，适合小型局部区域覆盖增强，如道路、集团单位、沿街底商、单栋居民楼等；

（2）设备轻巧，便于安装，在宏基站难以进行有效覆盖时，作为弱覆盖区域快速解决的手段；

（3）从覆盖目标建筑物的高度和干扰外泄控制两方面考虑确定站点的部署高度；

（4）不支持小区合并，一台设备就是一个站点（一个小区）；

（5）规划建设时需考虑传输、市电引入、安装方式（抱杆或挂墙等）等问题。

2. 分布式微基站

该类产品的 BBU 与 RRU 分离、RRU 与天线一体，其中，天线为内置或者外置，射频端通过挂墙或抱杆方式覆盖局部弱覆盖区域，支持多 RRU 合并小区，主要适用于较大范围补盲或补热，要求具备机房使用条件放置 BBU。代表产品如中兴 ZXSDR BS8972S、Pad RRU，爱立信 RRU2208B41E，华为 BOOK RRU 等，几种常见的分布式微基站参数见表 3.4 和图 3.3。

表 3.4　几种常见的分布式微基站参数

厂家	华为	中兴	诺基亚
覆盖方式	分布式微基站	分布式微基站	分布式微基站
相关产品型号	BOOK RRU（BTS3235E）	ZXSDR BS8972S M1920A	FZHS
功率	2×10 W	2×10 W	2×5 W
是否内置天线	是	是	否
安装方式	抱杆/悬挂/挂墙等	抱杆/悬挂/挂墙等	抱杆/悬挂/挂墙等
内置天线极化方式	±45°	±45°	±45°
内置天线增益	11 dBi	13.5 dBi（美化罩）	外置全向或扣板天线
内置天线波瓣角	H: 63°±10°　V: 33°±3°	H: 65°±10°　V: 15°	—
是否支持外接天线	支持	支持	支持
回传方式	PTN	PTN	PTN
供电方式	交流	交直流可选	交流
带宽	3×20 MHz，2T2R，MIMO	45 MHz，1×TDL 20 MHz	2×20 MHz，2T2R，MIMO
体积及重量	<4 L(6 L)/4.5 kg(6 kg)	<8 L≤8 kg	<5 L，<5 kg
尺寸	不含天线：290 mm×210 mm×68 mm	8912：350 mm×220 mm×105 mm	—
	内置天线：290 mm×210 mm×101 mm	8922：308 mm×268 mm×82 mm	—

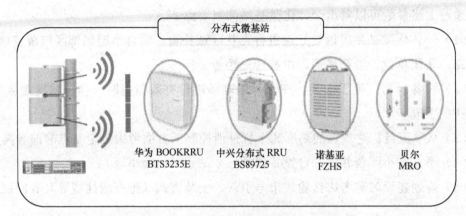

图 3.3　几种常见的分布式微基站形态

通过上述参数可以看出分布式微基站部署要点：

（1）相比一体化微基站，分布式微基站具有支持小区合并，且功率较一体化微基站大一倍的特点，部署时，可以将 BBU 部署在信源机房，现场只需要考虑 RRU 的电源和光缆接入；

（2）优先部署在室外，对于多层小区等可考虑使用分布式微基站进行整体和局部覆盖；

（3）从覆盖目标楼宇的高度和干扰外泄控制两方面考虑确定站点的部署高度；

（4）调整方位角 / 下倾角，并考虑和现网小区进行合并，可以较好地控制干扰。

Easy Macro 覆盖能力说明如图 3.4 所示。

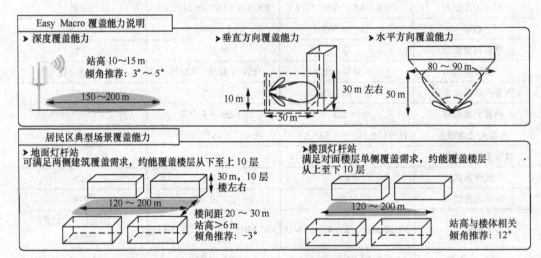

图 3.4　Easy Macro 覆盖能力说明

3. 小型化宏基站

为了降低宏基站选址和建设难度，加快站点建设进程，主流设备厂家纷纷推出了一体化、小型化宏基站设备，由于其通常是采用灯杆方式安装，又被称作"灯杆站"，这类产品主要有华为的 EasyMacro、中兴的 iMacro、爱立信的 Air、诺基亚的 MiniMacro 等。两种常见的小型化宏基站规格参数见表 3.5。

表 3.5　两种常见的小型化宏基站（灯杆站）规格参数

厂家	产品型号	输出功率	是否内置天线	是否可外接天线	安装方式	供电方式	重量	尺寸（高×直径）	增益（dBi）	垂直半功率角	水平半功率角	电下倾角
华为	Easy Macro	最大 2×40 W	是	否	抱杆/悬挂/挂墙等	交流/直流	15 kg	ϕ750 mm×ϕ150 mm	≥14.5	9°～14°	65°±5°	-3°～12°
中兴	iMarco	最大 2×40 W	是	否	抱杆/悬挂/挂墙等	交流/直流	<18 kg	ϕ750 mm×ϕ150 mm	≥14.5	9°～14°	65°±5°	-3°～12°

Easy Macro 形态如图 3.5 所示。

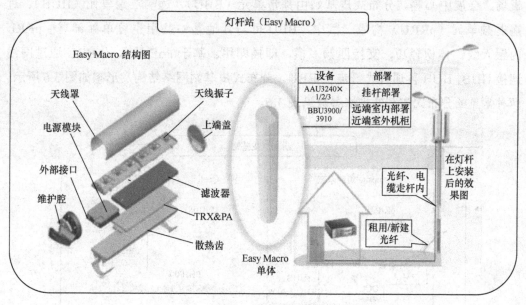

图 3.5　灯杆站形态

小型化宏基站（灯杆站）的特点：

（1）优先在室外场景采用，如华为 Easy Macro、中兴 iMacro。灯杆站由于功率大、伪装像路灯的特点，建议在道路及小区优先使用，若居民区场景不准入，考虑采用分布式微基站方式解决；

（2）支持电调下倾角，节省人力成本，提高 RF 优化效率；

（3）利用抱杆可实现机械下倾；

（4）从覆盖目标楼宇的高度和干扰外泄控制两方面考虑确定站点的部署高度；

（5）调整方位角/下倾角，并考虑和现网小区进行合并，可以较好地控制干扰。

3.2.2 皮基站

皮基站设备主要用于传统室内分布建设比较困难、目标覆盖面积在几百或者几千平方米以上的大型商场、写字楼等，同样，按照设备形态可分为分布式皮基站和一体化皮基站两类。

1. 分布式皮基站

该类型的代表产品为华为 Lampsite、中兴 Qcell、爱立信的 Dot 系统等，主要应用于传统室分建设比较困难、目标覆盖面积在几百或者几千平米以上的大型商场、写字楼等，或应用于高数据流量、高 ARPU 值用户聚集、潮汐效应显著等区域，如机场、会展中心等。分布式皮基站由基带单元（BBU）、远端汇聚单元（HUB）、远端射频单元（pRRU）构成。其中，BBU 可与其他基站共用也可单独部署；pRRU 内置天线，体积轻巧，支持四频多模，即插即用。基于 PoE 技术，pRRU 通过网线连接 HUB，HUB 再通过光纤连接 BBU。分布式皮基站网络结构及形态如图 3.6 所示。两种常见的分布式皮基站规格参数见表 3.6。

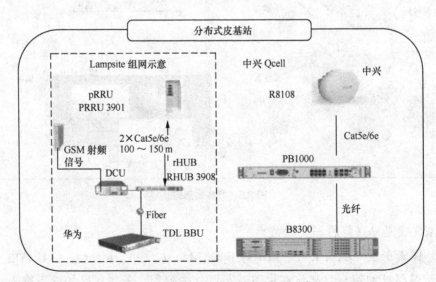

图 3.6 分布式皮基站网络结构及形态

表 3.6　两种常见分布式皮基站规格参数

类型	覆盖方式	分布式皮基站	
	厂家	华为	中兴
	相关产品型号	Lampsite	Qcell
pRRU	Pico RRU 型号	pRRU3902	R8108
	功率	2×125 mW	2×125 mW
	是否内置天线	是	是
	是否可外接天线	是	否
	安装方式	吸顶 / 悬挂 / 挂墙等	吸顶 / 悬挂 / 挂墙等
	内置天线增益	Omni，2 dBi	Omni，2 dBi
	功耗	使用 rHUB 输出的 PoE 供电	PoE
	尺寸	230 mm×230 mm×50 mm	直径 × 高：176 mm×68 mm
	重量	<3.0 kg	<1.2 kg
RHUB	Hub 型号	Rhub	PB1000
	尺寸	482 mm×310 mm×43.6 mm	1U
	重量	≤ 8 kg	<5 kg
	输入电源	100V AC～120V AC；200V AC～240 V AC	AC100 V～220 V
	输出电源	–36V DC～–60V DC	—
	输出功率	8×90 W（每个 CPRI_E 供电能力为 90 W）	—
	可连接 PRRU	8 个（双模 4 个）	8 个

分布式皮基站的特点：

（1）主要适用场景，交通枢纽（机场 / 火车站 / 汽车站）、大型场馆（体育馆 / 舞厅）、商场超市、营业厅等开阔区域场景；

（2）单个 pRRU 的发射功率与一体化皮基站类似，均为 2×125 mW，单个 pRRU 在空旷区域覆盖半径约为 20～30 m；可根据建筑物格局的情况进行线状和并排布放，以达到边缘覆盖要求；

（3）合理进行容量预估，根据覆盖目标的用户数，结合市场发展数据，合理划分小区，并适当考虑后续扩容时 pRRU 与小区的归属关系；

（4）Lampsite 支持 GSM 信源通过 DCU 耦合至 RHUB/PRRU，注意当前 GSM 耦合容量最高支持 8 TRX；

（5）目前分布式皮基站价格已大幅降低，很多场景下建设成本与传统室分持平，且更易于扩容，建设相关站点前可做好造价估算，选择合适的方式解决室内场景覆盖。

2. 一体化皮基站

一体化皮基站主要用于室内需要覆盖的目标面积在几百平方米以内、用户数较多的地点，如沿街商铺、营业厅、开阔单间等，该类型设备BBU、RRU及天馈集成为一体，一般情况下需要宽带接入，无须Ir接口，交流供电，通常挂墙或者吊顶安装，主要代表为Nanocell产品。目前主流设备厂家均推出相应产品，如中兴ZXSDR BS8102 T2300、诺基亚FWNA/B/C、华为BTS3203B等，此外，该类型产品一般支持蜂窝网络与WLAN双模，现网中，可实现一次部署双模接入。中兴ZXSDR BS8102参数见表3.7。

表 3.7　中兴 ZXSDR BS8102（一体化皮基站）参数

尺寸（mm）		240×160×50（高×宽×深）
满配重量		2 kg（带 WLAN 模块）
体积		2 L（带 WLAN 模块）
模式		TD-LTE 和 WLAN 双模
工作频段		2 320 ～ 2 370 MHz
工作带宽		最大支持 20 MHz
数据吞吐率（峰值）		下行：110 Mbit/s@(3DL:1UL) 上行：28 Mbit/s@(2DL:2UL)
输出功率	LTE	2×125 mW
	WLAN	2×50 mW
供电方式		220V AC　PoE
功耗		<30 W(DL:UL 为 3:1)

3.2.3　飞基站

飞基站设备主要用于传统室内分布建设比较困难、总体覆盖面积较大、用户数多，但单个空间较小的场景，如写字楼、高档住宅等。同样按照设备形态也可分为分布式飞基站和一体化飞基站两类。飞基站具有即插即用、自动配置、自动优化等功能，且功率低覆盖范围小。

（1）分布式飞基站。

分布式飞基站详细情况见表3.8。

（2）一体化飞基站。

一体化飞基站主要用于室内需要覆盖的目标面积小于100m^2、用户较少的家庭、小公司等场景，详细情况见表3.9。

表 3.8　分布式飞基站详细情况

应用场景	无线网建设要求	传输和配套建设要求
传统室内分布建设比较困难、总体覆盖面积较大、用户数多，但单个空间较小的场景，如写字楼、高档住宅等	基带和射频分布式，需通过光纤和网线构建分布系统，BBU 需要外接 GPS	BBU 需机房； 通过 PoE 或者 PoE+ 方式为 RRU 端供电； RRU 挂墙或者吊顶安装

表 3.9　一体化飞基站详细情况

应用场景	无线网建设要求	传输和配套建设要求
室内需要覆盖的目标面积小于 100 m²，用户数较少的家庭、小公司等场景	BBU 与 RRU 一体化； 内置或外接小型化天线； 采用空中接口同步方式、1588v2 同步等	需要宽带接入，无须 Ir 接口； 无须机房，AC 供电； 通常挂墙或者吊顶安装

3.3　小基站主要应用场景

在立体组网的架构下，小基站是完善网络深度覆盖和容量均衡的重要手段，可有效解决传输资源获取难、室内分布系统部署难、站址获取困难、天面架设复杂等问题。

在宏基站组网的基础上，部署多个微蜂窝小区，可对局部弱覆盖区域进行深度覆盖加强，或者对局部流量热点进行容量提升。通过宏、微结合的异构组网方式可提升覆盖的深度、厚度，同时有效控制干扰，如图 3.7 所示。

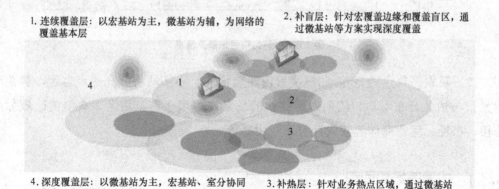

1. 连续覆盖层：以宏基站为主，微基站为辅，为网络的覆盖基本层

2. 补盲层：针对宏覆盖边缘和覆盖盲区，通过微基站等方案实现深度覆盖

4. 深度覆盖层：以微基站为主，宏基站、室分协同配合，全面提升深度覆盖

3. 补热层：针对业务热点区域，通过微基站实现热点区容量增强，实现覆盖和容量的均衡

图 3.7　宏微协同组网分层覆盖示意

如表 3.10 所示，根据上述网络分层覆盖，结合小基站特点及功能，可以得出小基站主要应用于以下场景。

表 3.10　小基站应用场景概况

场景	场景描述	覆盖范围需求	输出功率需求
室外覆盖补盲	由于密集建筑物遮挡造成的宏基站室外覆盖盲区	覆盖盲点	较高
室外覆盖室内	宏基站覆盖边缘无法提供良好的室内覆盖且无室分系统的建筑物，通过室外建设微基站的方式提供室内覆盖	周边建筑物室内	较高
室内覆盖（无 DAS）	无室分系统的建筑物通过增加微基站的方式提供室内覆盖	室内，小范围	较低
吸收热点容量	宏网络部署成熟、宏基站升级和宏基站加密仍然无法满足容量需求	室内或室外，小范围	较高

（1）实现补盲覆盖以及延伸覆盖，如解决室内弱覆盖、宏基站覆盖延伸以及满足家庭覆盖的需求，如图 3.8 所示。

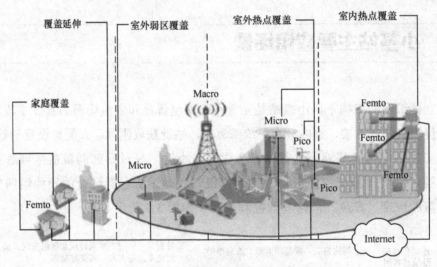

图 3.8　小基站部署场景及需求

（2）吸收"热点话务"，如解决室内热点覆盖，小基站将补充热点容量，解决频谱紧张与话务分布不均匀的问题。这样的场景多出现于密集市区，典型的区域如办公楼、市场、运营商体验营业厅及商业中心等。

3.3.1　按覆盖场景面积

1. 小型覆盖场景（小于 1 000 m²）

小型覆盖场景包括沿街商铺、小型营业厅、家庭、酒店公寓等小型场景，物业协调难度大，而室内分布系统布线困难、施工周期长、容易受居民阻挠，且语音和数据业务有一定需求，是网络覆盖的难点。

（1）小型营业厅场景。

小型营业厅一般以开放空间为主，室内结构简单、环境开阔，室内隔断的穿透损耗较小。

覆盖的重点是等候区和用户体验区办理业务的用户，用户对于语音业务和数据业务有一定需求，需要保障用户营业厅内语音及数据的业务体验。

（2）会议室场景。

大型会议室多位于星级酒店中，用户较为密集，存在较高的业务需求。会议室面积大、楼层较高、内部空旷。

会议室是人群密集区域，用户较多，且业务突发性较高。在提供语音业务的同时仍需要保障一定的数据业务体验。

（3）小型写字楼办公场景。

写字楼建筑内部材质以轻质材料隔断为主，无线信号穿透损耗较小。

隔断型写字楼以公司／企业／部门为基本单元分成多个片区，平层片区数量较多，片区间存在隔断，平层部分区域存在弱区、盲区，无线网络覆盖重点是单个公司／企业／部门单位。开放型写字楼每层公司／企业数量较少，内部较为空旷，隔断少，无线网络覆盖重点为整个平层区域。

写字楼用户上网大多数以访问网页、电子邮件、电子商务和即时通信应用为主，对手机数据流量需求相对不高，需要重点保障语音业务，兼顾中低速数据需求。

（4）沿街商铺场景。

沿街商铺的建筑结构，一般中间是道路，两侧是沿街店铺。店铺以 1 层居多。典型结构为窄长型单间，深度较深，室外信号无法覆盖室内。

用户以语音业务需求为主，数据流量中等。无线网络建设主要以覆盖为主。

2. 中型覆盖场景（1 000 ~ 5 000 m²）

（1）中型宾馆酒店场景。

对于宾馆酒店场景，业务需求区除会议室外主要为客房及大堂。

酒店客房建筑材质一般以钢筋混凝土为主，屏蔽效应较强，无线信号从走廊穿透客房难度较大。未建设室内分布场景，室外宏基站无法满足需求；已建设室内分布场景，室内分布信号难以保证所有客房区域的边缘场强满足要求。

酒店大堂以开阔空间为主，隔断较少，覆盖重点是等候区及大堂休闲区。

等候区及大堂休闲区的用户对于语音业务及数据业务均有较大的需求，数据业务主要为网页浏览及智能终端 App 应用。

（2）中型写字楼办公场景。

中型写字楼一般是 2～5 层为主的办公场景，建筑内部材质以轻质材料隔断为主，无线信号穿透损耗较小。

写字楼用户上网大多数以访问网页、电子邮件、电子商务和即时通信应用为主，对手机数据流量需求相对不高，需要重点保障语音业务，兼顾中低速数据需求。

3. 大型覆盖场景（大于 5 000 m²）

（1）高校教学区以及宿舍场景。

高校校园教学楼和宿舍楼，人员密度大，语音和数据业务需求极高，一般有室内分布或宏网覆盖，但存在高配置或拥塞等现象。

校园一般已建设 WLAN 覆盖，推荐采用小基站部分替换现有 WLAN AP 的方式进行小基站规模密集型组网覆盖方案，注意要确保 WLAN 覆盖效果不变。也可利用原 WLAN 传输，新增小基站规模组网的方式进行 4G 覆盖。覆盖方案需要对所有小基站进行频点规划，采取相邻小区间异频组网、间隔小区同频组网，并且在相邻的小基站做好邻区关系，确保小区的移动性管理。

（2）大型办公楼、商场、宾馆酒店场景。

对于 5 层以上大型办公楼以及宾馆酒店场景，其中，酒店客房的建筑结构一般为走廊单边客房、走廊双边客房以及套间结构。

建筑材质一般以钢筋混凝土为主，屏蔽效应较强，无线信号从走廊穿透客房难度较大。未建设室内分布场景，室外宏基站深度覆盖不足，部分客房存在弱区、盲区；已建设室内分布场景，室内分布信号难以保证所有客房区域的边缘场强满足要求，或者原有室内分布改造难度大、物业协调难、周期长。

大型商场内商铺较多，商铺的建筑材质也是以钢筋混凝土为主，屏蔽性较强，无线信号衰减较严重。对于未建设室内分布或完成室内分布改造，均存在信号覆盖周期长的问题，从而短时间内无法满足区域内多用户的数据需求。

办公楼场所以公司 / 企业 / 部门为基本单元分成多个片区，平层片区数量较多，片区间存在隔断，平层部分区域存在弱区、盲区，无线网络覆盖重点是单个公司 / 企业 / 部门单位。

以上 3 种类型场景均存在人流量较大、对数据业务高要求的特点，通过室外宏基站覆盖，容易出现高配置或拥塞等现象，所以该场景建设应同时考虑覆盖和容量。

3.3.2　按小基站类型

1．微基站典型应用场景

（1）一体化微基站。

一体化微基站可以较好地进行点状区域补盲，适合小型局部区域覆盖增强，如道路、集团单位、沿街底商，单栋居民楼、景区等。

（2）分布式微基站。

优先部署在室外，对于多层小区、街道等可考虑使用分布式微基站进行整体和局部覆盖。

2．皮基站典型应用场景

（1）一体化皮基站。

室内需要覆盖的目标面积在几百平方米以内，用户数较多，如沿街商铺、营业厅、开阔单间。一体化皮基站因其小巧美观、安装便捷、传输灵活、可提供容量等特点，适合在营业厅、办公室、咖啡厅、酒吧等离散型站点或小型场景补盲或补热覆盖。

（2）分布式皮基站。

传统室分建设比较困难、目标覆盖面积在几百或者几千平方米以上的大型商场、写字楼等，层高 5 m 以下的用户密集室内场景，毫瓦级微基站覆盖范围可及。

典型场景：大型商场、高校、酒店、医院、CBD、机场、火车站、体育馆。

3．飞基站应用场景

（1）一体化飞基站。

室内需要覆盖的目标面积小于 100 m^2，用户数较少的家庭、小公司等场景。

（2）分布式飞基站。

分布式飞基站适合传统室分建设比较困难、总体覆盖面积较大、用户数多，但单个空间较小的场景，如写字楼、高档住宅等。

3.3.3　小结

小基站作为网络深度覆盖解决的有效手段，在工程建设中应充分根据网络覆盖的实际水平，可以作为宏基站和室分站点进行网络覆盖的补充，做好与宏基站的协同规划，使用小基站解决特定区域的网络覆盖，因地制宜地选取合理方案。

通过上文的分析，可知小基站典型应用场景如表 3.11 所示。

表 3.11　小基站应用场景分类

场景类型	覆盖场景	典型场景举例	小基站部署建议
室外	居民区	多层住宅、城中村、中小型小区	成片区域覆盖建议使用分布式微基站 / 灯杆站；局部弱覆盖区域建议使用一体化微基站
	空旷园区	工业园、校园、厂区、公园	工业园、校园、厂区等成片区域覆盖建议使用分布式微基站 / 灯杆站
			公园可使用灯杆站或使用一体化微基站（局部弱覆盖区域）
	商业街	小型步行街、集市、农贸市场	优先使用一体化微基站 / 分布式微基站解决
	集团单位	单位办公楼、办事大厅	独栋办公楼使用一体化微基站对打解决；多栋可采用分布式微基站或者灯杆站解决，办事大厅可考虑使用分布式皮基站
	道路	城区道路、县城道路、背街小巷	重要场景可使用灯杆站，小范围路段使用一体化微基站
	其他	景区、宏基站拆迁、短期内补盲路段	景区可使用 Relay 或一体化微基站，宏基站拆迁可使用灯杆站
室内	营业厅、中小手机卖场	—	一体化微基站
	中小型酒店、餐厅	酒店、餐厅	高价值区可使用分布式皮基站，局部区域可使用一体化或分布式微基站
	中小型规模娱乐场所、购物、休闲场所	超市、茶座、酒吧、KTV、电影院	高价值区可考虑分布式皮基站，若用户数较少可使用一体化皮基站
	中小型规模车站	汽车站、候车区域	分布式皮基站
	中小企事业单位	中小企事业单位办公区、写字楼、会议室	空旷场景可使用分布式皮基站
	地下车库、地道	地下停车场、过道有店面）、防空区域	可使用分布式微基站或者 Relay
	体育运动场馆、高校室内场馆	室内场馆、展览馆、高校食堂	室内场馆和食堂优先使用分布式微基站，展览馆可使用分布式皮基站
	住宅、商住楼	—	成片区域覆盖建议使用分布式微基站 / 灯杆站；局部弱覆盖区域建议使用一体化微基站；商住楼的高价值区域可使用分布式皮基站
	其他室内场景	室内 LTE 覆盖需增强的其他区域（不建室分）	根据现场弱覆盖情况和面积选择合适功率设备解决

第4章
Chapter 4

电波传播与天线

4.1 电波频段划分

无线电波分布在 3 Hz ～ 3 000 GHz，分为 12 个频段，各频段的频率范围如表 4.1 所示，当前移动通信使用的频段为 UHF 频段。随着移动通信的日益发展，UHF 频段的频率资源已经基本枯竭，移动通信的频段进一步向 SHF 以及 EHF 频段扩展。

表 4.1　频段划分

频率范围	频段	波长范围
3 ～ 30 Hz	极低频（ELF）	$10^5 \sim 10^4$ km
30 ～ 300 Hz	超低频（SLF）	$10^4 \sim 10^3$ km
300 ～ 3 000 Hz	特低频（ULF）	$10^3 \sim 10^2$ km
3 ～ 30 kHz	甚低频（VLF）	$10^2 \sim 10$ km
30 ～ 300 kHz	低频（LF）	10 ～ 1 km
300 ～ 3 000 kHz	中频（MF）	$10^3 \sim 10^2$ m
3 ～ 30 MHz	高频（HF）	$10^2 \sim 10$ m
30 ～ 300 MHz	甚高频（VHF）	10 ～ 1 m
300 ～ 3 000 MHz	特高频（UHF）	$10^2 \sim 10$ cm
3 ～ 30 GHz	超高频（SHF）	10 ～ 1 cm
30 ～ 300 GHz	极高频（EHF）	10 ～ 1 mm
300 ～ 3 000 GHz	超极高频（SEHF）	1 ～ 0.1 mm

4.2 电波的传播方式

电波传播的方式包括直射、反射、绕射、透射和散射。当发射天线和接收天线之间无阻挡时为直射，表现为自由空间传播。反射波是电波遇到比波长大得多的物体表面时发生的，比如地面、建筑物墙体表面等。绕射波通常发生在发射机和接收机之间的阻挡物体的边缘，比如建筑物的墙角、窗户边缘等。绕射使电波能够绕过障碍物到达阴影区。透射波主要发生在室外向室内传播的情况。散射波发生在电波传播时遇到比波长小得多的物体表面，主要是由粗糙表面或者其他不规则物体引起的，比如树叶、不平整的路面等。

4.2.1　自由空间电波传播

自由空间中的电波传播是最简单的电波传播机制。所谓自由空间，严格上来讲是指真空，该空间具有各向同性、电导率等于 0，相对介电常数以及相对磁导率等于 1 的特点，不会发生反射、绕射等现象，仅考虑由于电波扩散引起的传播损耗。

自由空间电波的传播损耗计算如式（4.1）所示。

$$PL = 10\lg\frac{P_r}{P_t} = 10\lg\left[\frac{G_r G_t \lambda^2}{(4\pi)^2 d^2}\right] \tag{4.1}$$

其中，PL 表示自由空间传播损耗，单位为 dB，P_t 和 P_r 分别表示发射功率和接收功率；G_t 和 G_r 分别表示发射天线和接收天线的增益；d 表示发射天线和接收天线之间的距离；λ 表示电波的波长。如果不考虑发射天线与接收天线的增益，则上式可以简化为

$$PL = 10\lg\frac{P_t}{P_r} = 10\lg\left[\frac{\lambda^2}{(4\pi)^2 d^2}\right] = 32.44 + 20\lg f + 20\lg d \tag{4.2}$$

其中，频率 f 的单位为 MHz，距离 d 的单位为 km。

4.2.2　反射与透射

1. 反射定律与折射定律

电磁波在界面的反射与折射的示意图如图 4.1 所示，根据电场方向的不同，可以分为垂直极化波与平行极化波两种情况：电场垂直于入射面（由波的入射线与介质分界面的法线所构成的平面）的波称为垂直极化波；电场平行于入射面的波称为平行极化波。

假设入射角为 θ_i，折射角为 θ_t，波数 k 的值分别为：$k_1 = k_1' = \omega\sqrt{\mu_1\varepsilon_1}$，$k_2 = \omega\sqrt{\mu_2\varepsilon_2}$。$\varepsilon$ 为介电常数，μ 为磁导率，对于非磁性的介质，可以认为 $\mu_1=\mu_2$，σ 为电导率。

根据反射定律，反射角与入射角相等。根据折射定律，折射角与入射角之间满足如下关系。

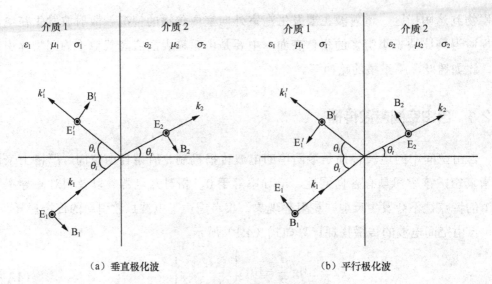

（a）垂直极化波　　　　　　　　　　（b）平行极化波

图 4.1　电磁波在界面的反射和折射

$$\frac{\sin \theta_i}{\sin \theta_t} = \frac{k_2}{k_1} = \frac{\sqrt{\mu_2 \varepsilon_2}}{\sqrt{\mu_1 \varepsilon_1}} \tag{4.3}$$

2. 电场强度反射系数与透射系数

电场的反射系数 R 定义为分界面上反射波的切向电场强度与入射波的切向电场强度之比。电场的透射系数 T 定义为分界面上折射波的切向电场强度与入射波的切向电场强度之比。

垂直极化波的反射系数与传输系数为

$$T_{\text{par}} = \frac{2\cos \theta_i}{\cos \theta_i + \sqrt{\dfrac{\varepsilon_2}{\varepsilon_1} - \sin^2 \theta_i}} \tag{4.4}$$

$$R_{\text{par}} = \frac{\cos \theta_i - \sqrt{\dfrac{\varepsilon_2}{\varepsilon_1} - \sin^2 \theta_i}}{\cos \theta_i + \sqrt{\dfrac{\varepsilon_2}{\varepsilon_1} - \sin^2 \theta_i}} \tag{4.5}$$

平行极化波的反射系数与传输系数为

$$T_{\text{perp}} = \frac{2\sqrt{\dfrac{\varepsilon_2}{\varepsilon_1} - \sin^2 \theta_i}}{\dfrac{\varepsilon_2}{\varepsilon_1}\cos \theta_i + \sqrt{\dfrac{\varepsilon_2}{\varepsilon_1} - \sin^2 \theta_i}} \tag{4.6}$$

$$R_{\text{perp}} = \frac{-\dfrac{\varepsilon_2}{\varepsilon_1}\cos\theta_i + \sqrt{\dfrac{\varepsilon_2}{\varepsilon_1} - \sin^2\theta_i}}{\dfrac{\varepsilon_2}{\varepsilon_1}\cos\theta_i + \sqrt{\dfrac{\varepsilon_2}{\varepsilon_1} - \sin^2\theta_i}} \tag{4.7}$$

3.功率反射系数与折射系数

电磁波的功率反射系数 R 定义为反射波平均能流与入射波平均能流在分界面法线方向的分量之比。功率折射系数 T 定义为折射波平均能流与入射波平均能流在分界面法线方向的分量之比。假设电场矢量与入射面之间的夹角为 α，则功率反射系数与折射系数分别为

$$R = \frac{\tan^2(\theta_i - \theta_t)}{\tan^2(\theta_i + \theta_t)}\cos^2\alpha + \frac{\sin^2(\theta_i - \theta_t)}{\sin^2(\theta_i + \theta_t)}\sin^2\alpha \tag{4.8}$$

$$T = \frac{k_2\cos\theta_t}{k_1\cos\theta_i}\,\frac{4\cos^2\theta_i\sin^2\theta_t}{\sin^2(\theta_i + \theta_t)}\left[\frac{\cos^2\alpha}{\cos^2(\theta_i - \theta_t)} + \sin^2\alpha\right] \tag{4.9}$$

其中，

$$\cos\theta_t = \sqrt{1 - \left(\frac{k_1}{k_2}\right)^2\sin^2\theta_i} \tag{4.10}$$

$$k_m = \omega\sqrt{\mu_m\varepsilon_m} \tag{4.11}$$

4.影响反射系数的因素

（1）介电常数。

假设电波的频率为 2 GHz，入射角度为 45°，相对介电常数取 2 ～ 10，可以得到介电常数对反射系数的影响如图 4.2 所示。可见随着相对介电常数的增加，反射系数增大，而透射系数减小。

（2）入射角。

假设电波的频率为 2 GHz，相对介电常数 $\varepsilon_r=4$，计算不同入射角对反射系数的影响如图 4.3 所示。从图中可以看出，随着入射角的增大，电波的反射分量增加，折射分量减小。

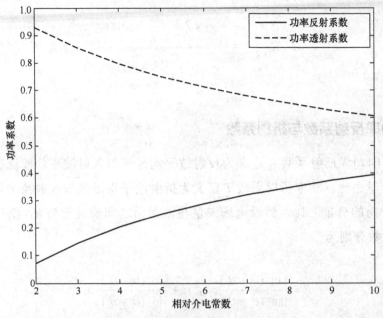

图 4.2　介电常数与反射系数的关系

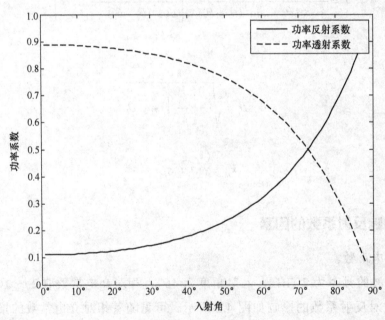

图 4.3　入射角与反射系数的关系

（3）极化方式。

假设电波的频率为 2 GHz，相对介电常数 $\varepsilon_r=4$，计算不同极化方式对反射系数的影响如图 4.4 所示，从图中可以看出，垂直极化波的反射系数最大，水平极化波的反射系数最小。

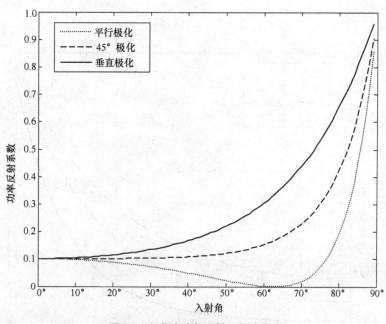

图 4.4 极化方式与反射系数的关系

5. 不同材质的功率反射系数分析

外墙常用材质的电参数如表 4.2 所示 [1]。

表 4.2 建筑材料的相对介电常数和导电率的参数

材料类别	相对介电常数	导电率		频率范围（GHz）
		c	d	
混凝土	5.31	0.032 6	0.809 5	1～100
砖	3.75	0.038	0.0	1～10
石膏板	2.94	0.011 6	0.707 6	1～100
木头	1.99	0.004 7	1.071 8	0.001～100
玻璃	6.27	0.004 3	1.192 5	0.1～100
天花板	1.50	0.000 5	1.163 4	1～100
硬纸板	2.58	0.021 7	0.780 0	1～100
地板	3.66	0.004 4	1.351 5	50～100
金属	1	10^7	0.0	1～100

注：导电率的模型如下：$\sigma = cf^d$ S/m，f 表示单位为 GHz 的频率。

假设电波频率为 2 GHz，在垂直极化方式下分别对几种常用外墙材质的功率反射系数进行仿真分析，结果如图 4.5 所示。从图中可见反射系数从大到小依次为玻璃、混凝土、砖、木材。

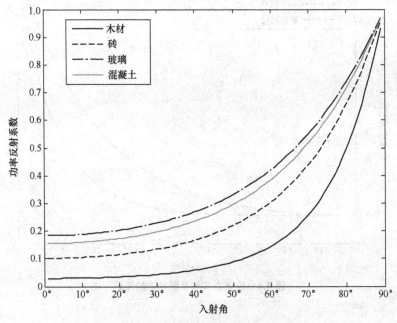

图 4.5　不同材质的功率反射系数

4.2.3　绕射

1. 绕射理论基础

电波经过窗户进入室内时，将会在窗户的边缘产生绕射，对电波在室内的传播产生影响。几何光学（GO）理论可以很好地解释电波的反射和透射，并且通过反射系数与透射系数来计算电波的场强，但是 GO 无法描述电波的绕射现象。而用严格解析的方法求解电波绕射的边界问题是十分复杂的，目前主要采用两种理论来寻求问题的近似解[2]。一种是以物理光学为基础，称为物理光学理论，物理光学理论需要通过积分运算来求解表面电流和附加电流项，求解比较困难，因此，运用受到了限制。

另一种是由 Keller 在 20 世纪 50 年代提出的几何绕射理论（GTD），GTD 理论中引入了绕射射线的概念，但它在计算绕射系数时具有非一致性的缺点。在 1974年，Kouyoumjian 和 Pathak 在文献 [3] 中提出了一致性绕射理论（UTD），UTD 是对 GTD 的补充和完善，它消除了阴影边界上场强不连续的问题，在求解典型边缘绕射问题时是一种有效的近似计算方法。

本节采用 UTD 理论，用边缘绕射模型对窗户的绕射进行建模，并对绕射进行仿真分析，研究窗户对电波传播的影响。

2. 绕射场强计算

GTD 的一个重要概念是引入了绕射射线，即当入射射线遇到散射体边界时，将出现一种新的绕射线，比如图 4.6 中的科勒锥。GTD 理论认为，离开绕射体足够远的绕射射线与普通射线同样遵循几何光学定律，可以利用 GO 的理论计算其场强分布。为了计算绕射射线上各点的场强，需要知道绕射点的绕射场值。对于 GO 中的反射线和折射线来说，反射点及折射点的场强值可以用入射场的终值乘以反射系数或折射系数来计算得到。类似地，绕射线点的场强值也可以用绕射系数乘以入射场的终值得到，因此，计算绕射场强的关键在于绕射系数的计算。

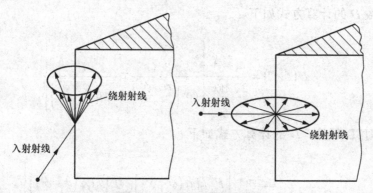

图 4.6　边缘绕射形成的科勒锥

根据 GTD 理论，绕射场的特性取决于绕射点附近的几何性质和物理性质。我们可以将窗户的边缘建模成劈角 $v=0$ 时的单刃绕射模型，如图 4.7 所示。图中 s' 为发射点 S 到绕射点 Q 的距离，s_d 为接收点 P 到绕射点 Q 的距离，ϕ' 为入射面与参考面的夹角，ϕ 为绕射面与参考面的夹角。

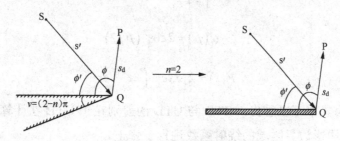

图 4.7　单刃绕射模型

完成建模后，绕射线上的场的初值可以由入射线上场的终值乘以绕射系数来求得，绕射的场强可以用下式进行计算。

$$E^d(P) = E^i(Q)DA(s)\mathrm{e}^{-jks_\mathrm{d}} \tag{4.12}$$

$A(s)$ 为扩散因子，它反映绕射场的幅度变化。

$$A(s) = \begin{cases} \dfrac{1}{\sqrt{s_\mathrm{d}}}, & \text{平面波} \\[3mm] \sqrt{\dfrac{s'}{s_\mathrm{d}(s'+s_\mathrm{d})}}, & \text{球面波} \end{cases} \tag{4.13}$$

3. 绕射系数计算

（1）计算公式。

根据 GTD 对劈角的定义，劈角 $v=(2-n)\pi^{[2]}$，当 $n=2$ 时，劈就成为无限大的半平面，此时绕射系数 D 的计算方式如下

$$D(\phi,\phi') = \frac{-\mathrm{e}^{j\pi/4}}{2\sqrt{2\pi k}}\left\{ \frac{1}{\cos\left(\dfrac{\phi-\phi'}{2}\right)} \mp \frac{1}{\cos\left(\dfrac{\phi+\phi'}{2}\right)} \right\} \tag{4.14}$$

而根据 UTD 理论，D 的计算方式如下

$$D(\phi,\phi') = \frac{-\mathrm{e}^{j\pi/4}}{2\sqrt{2\pi k}}\left\{ \frac{F\left[kL\alpha(\phi-\phi')\right]}{\cos\left(\dfrac{\phi-\phi'}{2}\right)} \mp \frac{F\left[kL\alpha(\phi+\phi')\right]}{\cos\left(\dfrac{\phi+\phi'}{2}\right)} \right\} \tag{4.15}$$

式（4.15）中，$k=\dfrac{2\pi}{\lambda}$，其余参数表示如下

$$L = \begin{cases} s_\mathrm{d}, & \text{平面波} \\[2mm] \dfrac{s's_\mathrm{d}}{s'+s_\mathrm{d}}, & \text{球面波} \end{cases} \tag{4.16}$$

$$\alpha(\beta) = 2\cos^2(\beta/2) \tag{4.17}$$

$$F(x) = 2j\sqrt{x}\mathrm{e}^{jx}\int_{\sqrt{x}}^{\infty}\mathrm{e}^{-jt^2}\mathrm{d}t \tag{4.18}$$

从上面的公式中可以看出，GTD 与 UTD 的差别在于 UTD 在计算中引入了过渡函数 $F(x)$，对阴影边界区域的绕射系数进行了修正。

（2）过渡区和过渡函数。

在阴影边界区域附近，有 $\phi-\phi'=\pi$；在反射边界区域附近有 $\phi+\phi'=\pi$，这两个区域

称为过渡区域，如图 4.8 所示。

在过渡区域内，式（4.14）的分母为 0，绕射系数将趋于无穷大。为了解决边界不连续的问题，UTD 理论中引入了过渡函数 $F(x)$，$F(x)$ 的幅度和相位曲线如图 4.9 所示 [4]。

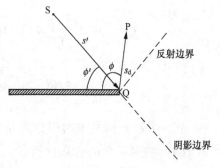

图 4.8 过渡区域示意图

当式（4.15）的分母趋于 0 时，相应的分子项 $F(x)$ 也趋于 0，从而消除了奇异性，使绕射场强的值在入射阴影边界以及反射阴影边界上连续。只要 $x>0$，$F(x)$ 就近似为 1，所以过渡区的范围可以规定为 $x<10$。这时式（4.15）就退化为式（4.14），即 UTD 退化为 GTD。

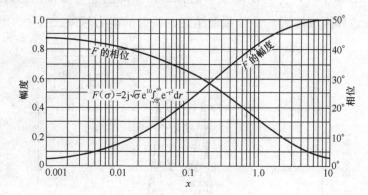

图 4.9 $F(x)$ 幅度相位曲线

（3）过渡函数计算。

$F(x)$ 可以用式（4.19）来近似表示 [3]。

当 x 很小时，有

$$F(x) \approx \left[\sqrt{\pi x} - 2x \exp\left(j\frac{\pi}{4} \right) - \frac{2}{3} x^2 \exp\left(-j\frac{\pi}{4} \right) \right] \exp\left[j\left(\frac{\pi}{4} + x \right) \right] \tag{4.19}$$

当 x 很大时，有

$$F(x) \approx \left(1 + j\frac{1}{2x} - \frac{3}{4}\frac{1}{x^2} - j\frac{15}{8}\frac{1}{x^3} + \frac{75}{16}\frac{1}{x^4} \right) \tag{4.20}$$

$F(x)$ 还可以通过积分运算求出。

根据积分区间可加性 $\int_0^\infty e^{-jt^2} dt = \int_0^{\sqrt{x}} e^{-jt^2} dt + \int_{\sqrt{x}}^\infty e^{-jt^2} dt$，所以有

$$F(x) = 2j\sqrt{x} e^{jx} \int_{\sqrt{x}}^\infty e^{-jt^2} dt = 2j\sqrt{x} e^{jx} \left(\int_{\sqrt{x}}^\infty e^{-jt^2} dt - \int_0^{\sqrt{x}} e^{-jt^2} dt \right) \tag{4.21}$$

$$\int_0^\infty e^{-jt^2}\,dt = \frac{1}{\sqrt{j}}\int_0^\infty e^{-\left(\sqrt{j}t\right)^2}\,d\left(\sqrt{j}t\right) = \frac{1}{\sqrt{j}}\int_0^\infty e^{-\tau^2}\,d\tau = \frac{1}{\sqrt{j}}\frac{\sqrt{\pi}}{2} = \frac{\sqrt{\pi}}{2}e^{-j\pi/4} \tag{4.22}$$

$$F(x) = 2j\sqrt{x}e^{jx}\left(\frac{\sqrt{\pi}}{2}e^{-j\pi/4} - \int_0^{\sqrt{x}} e^{-jt^2}\,dt\right) \tag{4.23}$$

式（4.23）括号中的积分为菲涅尔积分，可以通过计算得到。

（4）绕射系数的仿真分析。

设入射角度 ϕ' 为 30°，则阴影边界为 210°、反射边界为 150°。s_d 为 1 m，计算不同工作频率下绕射系数沿不同方向上变化的情况，结果如图 4.10 所示。从图中可以看到，在阴影边界与反射边界上，绕射系数的值最大，当观测角度偏离边界区域时，绕射系数的值迅速下降，并且随着频率的升高，下降的速度加快。这表明绕射的场强主要分布在边界区域附近，并且频率越高，绕射的能力越差。

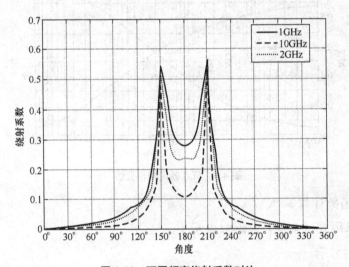

图 4.10　不同频率绕射系数对比

4.3　电波传播模型

从理论上讲，电波在自由空间的传播损耗与距离和频率之间有明确的函数关系，但是考虑到实际环境下多径传播的复杂性以及传播方式的多样性，很难用简单的函数关系式对电波的传播损耗进行精确的计算。在工程应用中，通常采用经验模型对传播损耗进行预测。经验模型又称为统计模型，是通过对大量测试数据进行统计分析后总结出来的公式，可以分为室外传播模型和室内传播模型两类。

4.3.1　室外传播模型

1. Okumura-Hata 模型

Okumura-Hata 模型以市区传播损耗为标准，其他地区的传播损耗需要在市区基础上进行修正，市区传播损耗经验公式为

$$L_{\text{urban}} = 69.55 + 26.16\lg f - 13.82\lg h_{\text{b}} - a(h_{\text{m}}) + (44.9 - 6.55\lg h_{\text{b}})\lg d \qquad (4.24)$$

其中，L_{urban} 为市区路径损耗，单位为dB；f 为频率，单位为MHz，h_{b} 为基站天线高度，单位为m；$a(h_{\text{m}})$ 为移动台天线校正因子，单位为dB；d 为传播距离，单位为km。$a(h_{\text{m}})$ 按照式（4.25）计算。

$$a(h_{\text{m}}) = \begin{cases} (1.1\lg f - 0.7)h_{\text{m}} - (1.56\lg f - 0.8), & \text{小型或中等城市} \\ 8.29(\lg 1.54h_{\text{m}})^2 - 1.1, & \text{大型城市} f \leqslant 300\,\text{MHz} \\ 3.2(\lg 11.75h_{\text{m}})^2 - 4.97, & \text{大型城市} f \geqslant 300\,\text{MHz} \end{cases} \qquad (4.25)$$

郊区传播损耗的修正公式为

$$L_{\text{suburb}} = L_{\text{urban}} - 2\big[\lg(f/28)\big]^2 - 5.4 \qquad (4.26)$$

农村地区传播损耗的修正公式为

$$L_{\text{rural}} = L_{\text{urba}} - 4.78(\lg f)^2 + 18.33\lg f - 40.94 \qquad (4.27)$$

Okumura-Hata 模型的适用范围如下。

● 频率范围：$150 \sim 1\,500$ MHz。

● 基站天线高度：$30 \sim 200$ m。

● 移动台天线高度：$1 \sim 10$ m。

● 距离：$1 \sim 20$ km。

2. COST-231 Hata 模型

Okumura-Hata 模型的频率适用范围在 1 500 MHz 以下，然而，对于目前的个人通信系统来说，其频率范围多为 2 GHz 左右。欧洲科学与技术合作委员会（European Cooperation in the Field of Scientific and Technical Research）设立了 COST-231 工作委员会对 Okumura-Hata 模型进行扩展，得到了 COST-231 Hata 模型 [5]，COST-231 Hata 模型的路径损耗为

$$L = 46.3 + 33.9\lg f - 13.82\lg h_{\text{b}} - a(h_{\text{m}}) + (44.9 - 6.55\lg h_{\text{b}})\lg d + C_{\text{M}} \qquad (4.28)$$

其中，C_{M} 为大城市中心修正因子，由式（4.29）确定。

$$C_M = \begin{cases} 0 & , \ 中等城市和郊区 \\ 3 & , \ 大城市中心 \end{cases} \tag{4.29}$$

COST-231 Hata 模型的适用范围如下。

● 频率范围：150～2 000 MHz。

● 基站天线高度：30～200 m。

● 移动台天线高度：1～10 m。

● 距离：1～20 km。

3. Walfish–Ikegami 模型

Hata 模型和 COST-231 模型只适用于小区半径较大或者天线高度较高的系统。对于目前的典型市区环境来讲，小区的覆盖半径通常在几百米的范围以内，既要考虑视距传播（LOS）环境，又要考虑非视距传播（NLOS）环境，这时就需要采用 Walfish-Ikegami 模型进行预测 [6, 7]。Walfish-Ikegami 模型也是欧洲科学与技术合作委员会提出的一种经验模型，该模型的适用范围如下。

● 频率范围：800～2 000 MHz。

● 基站天线高度：4～50 m。

● 移动台天线高度：1～3 m。

● 距离：0.02～5 km。

该模型分为 LOS 和 NLOS 两种情况，在 LOS 情况下，路径损耗（单位为 dB，除非另有说明）的计算公式为

$$L_{LOS} = 42.64 + 20 \lg f + 26 \lg d \tag{4.30}$$

其中，f 为频率，单位为 MHz；d 为传播距离，单位为 km。

市区典型的 NLOS 场景如图 4.11 所示，图中，w 为街道宽度，b 为建筑物间隔，Δh_m 为接收天线与建筑物的高度差，h_b 为发射天线高度，Δh_b 为发射天线与建筑物的高度差，以上参数的单位均为 m。d 为发射天线与接收天线之间的水平距离，单位为 km。

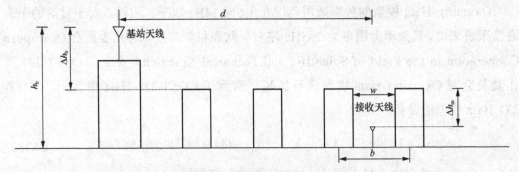

图 4.11　Walfish–Ikegami NLOS 模型

在 NLOS 情况下，路径损耗主要由 3 个部分构成，分别为自由空间传播损耗 L_0、屋顶至街道的衍射和散射损耗 L_{msd} 以及多屏衍射损耗 L_{rts}，具体计算如式（4.31）。

$$L_{NLOS} = \begin{cases} L_0 + L_{rts} + L_{msd}, & L_{rts} + L_{msd} > 0 \\ L_0, & L_{rts} + L_{msd} < 0 \end{cases} \tag{4.31}$$

自由空间传播损耗 L_0 的表达式为

$$L_0 = 32.44 + 20\lg f + 20\lg d \tag{4.32}$$

其中，频率 f 的单位为 MHz，距离 d 的单位为 km。

多屏衍射损耗为

$$L_{rts} = -16.9 - 10\lg w + 10\lg f + 20\lg \Delta h_m + L_\varphi \tag{4.33}$$

其中，L_φ 为方向修正因子。

$$L_\varphi = \begin{cases} -10 + 0.354\varphi & 0° \leqslant \varphi \leqslant 35° \\ 2.5 + 0.075(\varphi - 35°), & 35° \leqslant \varphi \leqslant 55° \\ 4.0 - 0.114(\varphi - 55°), & 55° \leqslant \varphi \leqslant 90° \end{cases} \tag{4.34}$$

其中，φ 为街道走向与入射波的夹角。

屋顶至街道的衍射和散射损耗 L_{msd} 的表达式为

$$L_{msd} = L_{bsh} + K_\alpha + K_d \lg d + K_f \lg f - 9\lg b \tag{4.35}$$

其中，

$$L_{bsh} = \begin{cases} -18\lg(1 + \Delta h_b), & \Delta h_b > 0 \\ 0, & \Delta h_b < 0 \end{cases} \tag{4.36}$$

$$K_\alpha = \begin{cases} 54, & \Delta h_b > 0 \\ 54 - 0.8\Delta h_b, & \Delta h_b \leqslant 0, d \geqslant 0.5 \\ 54 - 1.6d\Delta h_b, & \Delta h_b \leqslant 0, d \geqslant 0.5 \end{cases} \tag{4.37}$$

$$K_d = \begin{cases} 18, & \Delta h_b > 0 \\ 18 - 15\dfrac{\Delta h_b}{h_b}, & \Delta h_b < 0 \end{cases} \tag{4.38}$$

$$K_f = \begin{cases} 0.7\left(\dfrac{f}{925} - 1\right), & \text{中等城市和郊区} \\ 1.5\left(\dfrac{f}{925} - 1\right), & \text{大城市} \end{cases} \tag{4.39}$$

在缺乏建筑物详细信息的情况下，Walfish-Ikegami 模型采用以下缺省值：

● $b = 20 \sim 50$ m；

- $w = b/2$；
- $\varphi = 90°$；
- 屋顶高度 $= \begin{cases} 3\,\text{m}, & \text{尖顶} \\ 0, & \text{平顶}; \end{cases}$
- 建筑物高度 $= 3 \times F +$ 屋顶高度，F 为楼层数。

4.3.2 室内传播模型

1. Keenan-Motley 模型

Keenan-Motley 模型的公式如下。

$$L = 32.5 + 20\lg f + 20\lg d + P \times W \tag{4.40}$$

其中，f 表示频率，单位为 MHz；d 表示距离，单位为 km；P 表示墙壁的穿透损耗，单位为 dB；W 表示墙壁的数量。

从式（4.40）中可以看出，该模型是在自由空间传播损耗上叠加了墙壁的穿透损耗，但是该公式对所有墙壁的穿透损耗都取相同的值，因此，很不准确，另外一种公式对上式进行了改进，考虑了不同类型墙壁和楼层的穿透损耗。

$$L = 32.5 + 20\lg f + 20\lg d + \sum_{i=1}^{I} k_{fi} L_{fi} + \sum_{j=1}^{J} k_{wj} L_{wj} \tag{4.41}$$

k_{fi} 表示第 i 类地板的数量；L_{fi} 表示 i 类地板的穿透损耗；k_{wj} 表示第 j 类墙壁的数量；L_{wj} 表示 j 类墙壁的穿透损耗。文献 [8] 中给出了各种不同类型墙壁与地板的穿透损耗测试结果，如表 4.3 所示。

表 4.3 穿透损耗测试结果

场景类型	材料名称	厚度（cm）	穿透损耗测试值（dB）	备注
商场超市	混凝土墙	12～17	12.9～19.95	非承重墙
	木门	6	9.79	—
	楼层地板	14	11.21	无吊顶
	玻璃门	1.2	5.55～5.61	—
宾馆酒店	加强混凝土结构墙	25	23.71	承重墙
	普通砖混隔墙	15	19.45	非承重墙
	玻璃门	1.2	4.97	—
	木门	4.2～4.5	8.3～8.89	—
	楼层地板	11～14	10.94～24.54	

场景类型	材料名称	厚度（cm）	穿透损耗测试值（dB）	备注
娱乐场所	隔音墙	23	33.5	非承重墙
	隔音门	8	18.31	—
地下车库	混凝土墙	14.5	22	承重墙
	砖墙	30	8.8	隔墙
办公楼	混凝土墙	12.5	12	非承重墙
	玻璃门	1.0～1.2	3.43	—
	防火门	6	12.52	—
	石膏墙	4.5	5.19	—
大型场馆	玻璃门	1.1	1.59	—
	楼层地板	12	24.29	—
住宅	混凝土墙	13	14.46	非承重墙
	防盗门	10	11.06	—

2. 衰减因子模型

衰减因子模型的公式如下。

$$L = L(d_0) + 10n\lg\left(\frac{d}{d_0}\right) + FAF \tag{4.42}$$

其中，$L(d_0)$ 为参考点处的路径损耗。n 为路径损耗指数，通常由室内环境决定，一般来讲，在空旷的环境下，n 的取值为 2.0～2.5；在较密集的环境下，n 的取值为 2.5～3.0；在密集的环境下，n 的取值为 3.0～3.5。FAF 为楼层衰减因子，取值范围为每层楼 15～25 dB。

4.3.3　射线跟踪模型

1. 射线跟踪算法原理

在电波传播的过程中，遇到建筑物的阻挡时，将会发生反射与折射，因此，射线跟踪算法需要进行大量的求射线与平面交点的计算。可以采用镜像法进行计算，根据镜像法的原理，由某个平面产生的反射射线可以认为是从镜像源的虚拟点直接发出的射线，如图 4.12 所示：假设源点为 S，镜像点为 I，对于某个观察点 O，反射点 R 就是线段 IO 和平面的交点。当有 N 个平面时，一次反射的镜像点的数量为 N，二次反射的镜像点的数量为 $N(N-1)$，k 次反射的镜像点（k 阶镜像点）的数量最多可以达到 $N(N-1)^{k-1}$。

（1）求镜像点。

已知空间任意一点 a 的坐标为 (x_1, y_1, z_1)，平面 P 的方程为 $Ax+By+Cz+D=0$，如图 4.13 所示。

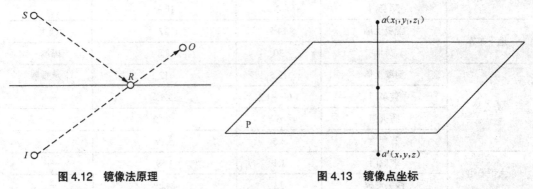

图 4.12　镜像法原理　　　　　　　图 4.13　镜像点坐标

则点 a 关于平面 P 的镜像点 a' 的坐标为

$$
\begin{cases}
x = \dfrac{(B^2 + C^2 - A^2)x_1 - 2A(By_1 + Cz_1 + D)}{A^2 + B^2 + C^2} \\[2mm]
y = \dfrac{(A^2 + C^2 - B^2)y_1 - 2B(Ax_1 + Cz_1 + D)}{A^2 + B^2 + C^2} \\[2mm]
z = \dfrac{(A^2 + B^2 - C^2)x_1 - 2C(Ax_1 + By_1 + D)}{A^2 + B^2 + C^2}
\end{cases}
\tag{4.43}
$$

（2）求射线与平面的交点。

如图 4.14 所示，假设直线 L 的方向向量为 (v_1, v_2, v_3)，L 上任意一点 a 的坐标为 (x_1, y_1, z_1)。平面 P 的法向量为 (n_1, n_2, n_3)，P 上的任意一点 b 的坐标为 (x_2, y_2, z_2)。

直线 L 的参数方程可以表示为

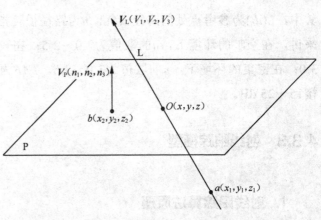

图 4.14　射线与平面交点坐标

$$
\begin{cases}
x = x_1 + v_1 t \\
y = y_1 + v_2 t \\
z = z_1 + v_3 t
\end{cases}
\tag{4.44}
$$

平面 P 的点法式方程可以写为

$$
n_1(x - x_2) + n_2(y - y_2) + n_3(z - z_2) = 0
\tag{4.45}
$$

如果直线 L 与平面相交，则交点的坐标必须满足式（4.44）与式（4.45），可以解得

$$t = ((x_2 - x_1)n_1 + (y_2 - y_1)n_2 + (z_2 - z_1)n_3)/(n_1v_1 + n_2v_2 + n_3v_3) \tag{4.46}$$

如果 $n_1v_1 + n_2v_2 + n_3v_3 \neq 0$，则直线 L 与平面 P 相交，将 t 代入式（4.44）即可求出交点 o 的坐标。

（3）计算接收功率。

接收点的平均接收功率 P_R 为各条到达接收点的射线的平均功率的和，可以表示为

$$P_R = \sum_i P_T G_T^i G_R^i A_i \prod_j R_{ij} \prod_k T_{ij} \tag{4.47}$$

其中，P_T 为发射功率，G_T^i 表示第 i 条射线的发射天线方向性系数，G_R^i 表示第 i 条射线的接收天线方向性系数，R_{ij} 表示第 i 条射线的第 j 次反射系数，T_{ij} 表示第 i 条射线的第 k 次透射系数，$A_i = \dfrac{\lambda^2}{(4\pi d_i)^2}$ 表示第 i 条射线的距离衰减因子，d_i 表示第 i 条射线经过的实际距离。

2. 某办公楼室内仿真与测试结果对比分析

（1）楼层建模。

某大楼二层 3D 建模如图 4.15 所示。根据建筑物的实际结构，共可分为混凝土、砖、玻璃、木材、金属等不同材质的墙面。

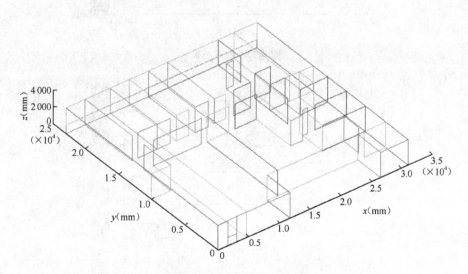

图 4.15　某大楼二层 3D 模型

电波经过墙体后，将会产生透射和反射，不同材质墙体的参数设置如下所述。

（2）参数设置。

● 发射功率为10 dBm。

● 天线为全向天线，增益为5 dBi。

● 馈线损耗与接头损耗为7 dB。

● 发射机高度为6 m，接收机高度为6 m。

摆放位置如图4.16所示。

（3）结果分析。

测试结果如图4.17所示，仿真结果如图4.18～图4.19所示。

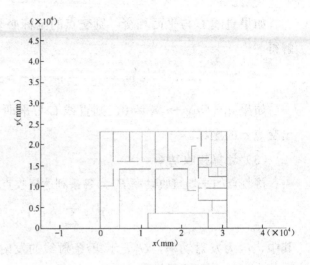

图4.16 天线摆放位置

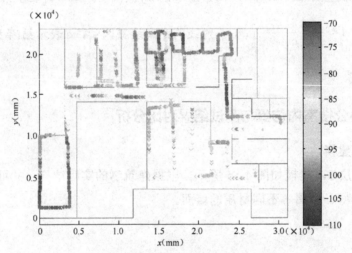

图4.17 测试结果

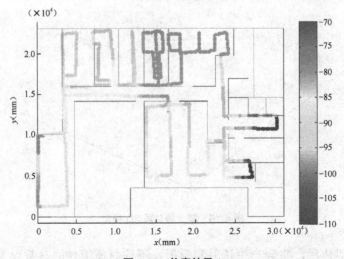

图4.18 仿真结果1

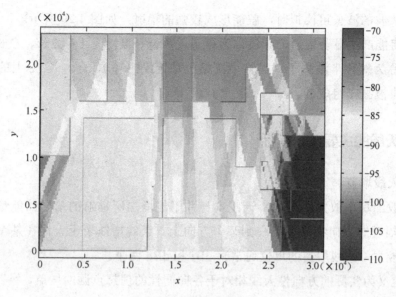

图 4.19　仿真结果 2

误差分析：测量结果与仿真结果的标准差按照式（4.48）计算。

$$\sigma = \sqrt{\sum_{i=1}^{N} \delta_i^2 \bigg/ N}$$

（4.48）

其中，δ_i 为第 i 个采样点的测量值与仿真值的差，N 为总的采样点的数量。可以算出标准差为 7.4 dB。可见射线跟踪模型可以较好地拟合室内信号的传播特性。

4.4　天线

4.4.1　天线的基本原理

根据麦克斯韦方程，当导线上有交变电流时，就可以发生电磁波的辐射，辐射的能力与导线的长度和方向有关。

若两根导线距离很近，电磁波被束缚在两根导线之间，辐射到导线外面的能量很小，当两根导线张开一定的角度时，向外辐射的能量增大。当张开的导线的

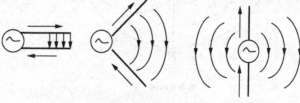

图 4.20　天线辐射原理

长度与电磁波的波长可比拟时，就能形成较强的辐射，如图 4.20 所示。

通常将能产生显著辐射的导线称为振子，两臂长度均为 1/4 波长、全长为 1/2 波长的振子称为对称半波振子，对称半波振子是天线的基本单元，实际上的天线是由多个对称半波振子组成的。

4.4.2　天线的主要技术指标

（1）天线增益。

与一般的功率放大器不同，天线本身并不能增加所辐射的信号的能量，它只是通过改变辐射的方向将能量集中到某个方向上。天线增益表示天线在某个方向上集中能量的能力，天线增益的单位通常有 dBi 和 dBd 两个。

dBi 定义为实际的方向性天线相对于各向同性的理想点源的增益，"i"表示各向同性的理想点源 isotropic。dBd 定义为实际的方向性天线相对于对称半波振子天线的增益，"d"表示半波偶极子 dipole。两者的关系如下。

$$dBi = dBd + 2.15\,dB \tag{4.49}$$

（2）天线方向图。

天线的方向性是通过改变振子的排列以及调整振子相位来获得的，在某些方向上的电磁波的能量得到增强，而在某些方向上的电磁波的能量则被减弱，形成一个个的波束。天线的方向图是立体的空间图形，但是在工程应用上，通常采用两个互相垂直的平面来描述，一般是以地面为参照，分为水平面方向图和垂直面方向图，如图 4.21 所示。

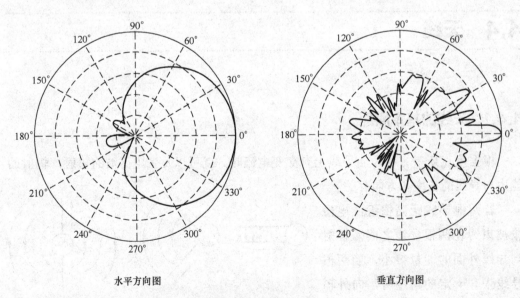

水平方向图　　　　　　　　　　垂直方向图

图 4.21　天线方向图

（3）极化方式。

极化是描述电磁波场强矢量空间指向的一个辐射特性，通常以电场矢量的空间指向作为电磁波的极化方向。以地面作为参考，电场矢量方向与地面平行的波被称为水平极化波；电场矢量方向与地面垂直的波被称为垂直极化波。电场矢量在空间的指向在任何时间都保持不变的电磁波被称为线性极化波；如果电场矢量端点描绘的轨迹是圆，则称为圆极化波；如果轨迹是椭圆，则称为椭圆极化波。

水平极化波在贴近地面传播时，会在大地表面产生极化电流，极化电流因受到大地阻抗影响产生热能而使电磁波的能量迅速衰减。而垂直极化波则不容易产生极化电流，能够避免能量的大幅衰减，保证信号的有效传播，因此，在移动通信系统中，一般采用垂直极化的传播方式。

把垂直极化和水平极化两种极化的天线组合在一起，或者，把 45° 极化和 -45° 极化两种极化的天线组合在一起，就构成一种新的天线——双极化天线。双极化天线大大节省了天线的尺寸，同时由于 ±45° 为正交极化，有效保证了两幅天线之间的隔离度要求。

（4）波瓣宽度。

天线的方向图通常都有两个或多个瓣，其中辐射强度最大的瓣称为主瓣，其余的瓣称为副瓣或旁瓣。在主瓣最大辐射方向两侧，辐射强度降低 3 dB（功率密度降低一半）的两点间的夹角定义为波瓣宽度（又称波束宽度、主瓣宽度、半功率角）。波瓣宽度越窄，方向性越好，作用距离越远，抗干扰能力越强。

（5）前后比。

前后比是指主瓣的最大辐射方向（规定为 0°）的功率通量密度与相反方向附近（规定为 180° ±30° 范围内）的最大功率通量密度之比值，记为 F/B。前后比越大，天线的后向辐射（或接收）越小。天线的前后比典型值为 18 ～ 45 dB。

（6）零点填充。

为了使业务区内的辐射电平更均匀，在天线的垂直面内，下副瓣的零点需要采用赋型设计加以填充，通常零点深度相对于主瓣大于 -20 dB 的零点需要填充。对天线挂高较高的高增益天线，特别需要采取零点填充技术来改善近处的覆盖，避免出现"塔下黑"的现象，同时也有利于减少信号的波动。

（7）上旁瓣抑制。

基站的服务对象是地面和楼内的移动电话用户，指向天空的辐射是毫无意义的。对于基站天线，常常要求它的主瓣上方的第一旁瓣尽可能弱一些，这就是所谓的上旁瓣抑制。

（8）下倾。

天线下倾是一种增强主服务区信号电平、减小对其他小区干扰的一种重要手段。天线下倾的方式通常有机械下倾和电子下倾两种：机械下倾通过调节天线支架将天线压低到相应的位置来设置下倾角度，而电子下倾通过改变天线振子的相位来调节下倾角度。

机械下倾的角度通常小于10°，当再进一步加大天线下倾的角度时，覆盖正前方出现明显凹坑，两边也被压扁，天线方向图畸变。另一个缺陷是天线后瓣会上翘，对相邻扇区造成干扰，引起近区高楼用户手机掉话。电子下倾天线的下倾角度范围较大（可大于10°），天线方向图无明显畸变，天线后瓣也将同时下倾，不会造成对近区高楼用户的干扰。在实际应用中，通常采用预制一定倾角的电下倾天线，并结合机械下倾角度调整，实现大下倾角（大于10°）的设置。

4.4.3 天线参数优化

对于分布在市区的基站，当天线无下倾角或下倾角很小时，基站的服务范围取决于天线的高度、角度、增益和发射功率以及地形地物等，此时覆盖半径可以根据常用的传播模型计算得到。当天线倾角较大时，由于传播模型公式中没有考虑倾角，无法计算出覆盖的半径。此时可以根据天线垂直半功率角和倾角大小按照三角几何公式进行估算，方法如下[6]。

如图 4.22 所示。假设天线高度为 H，需要覆盖的半径为 R，天线垂直半功率角为 A，天线下倾角为 B。

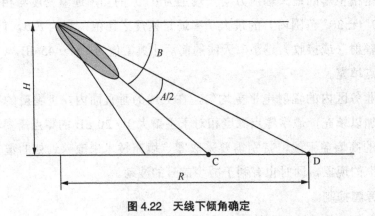

图 4.22　天线下倾角确定

当天线下倾角为 0° 时，天线波束主瓣即主要能量沿水平方向传播。当天线下倾角为 B 时，主瓣方向的延长线将与地面的一点（C 点）相交。由于天线在垂直方向有一定的波束宽度，因此，在 C 点到 D 点的方向上，仍然会有较强的能量辐射。根据天线技术的性能，在半功率角 A 的范围内，天线增益下降缓慢。超过半功率角后，天线增益（特别是上旁瓣）迅速下降，因此，在考虑天线下倾角大小时，可以认为半功率角延长线与地面的交点（D 点）为该天线的实际覆盖范围。

根据三角几何原理，可以推算出下倾角与天线高度、覆盖距离之间的关系如下。

$$B = \arctan(H/R) + A/2 \tag{4.50}$$

式（4.50）可以用来估算下倾角与覆盖距离之间的关系。但是应用该式时有限制条件：下倾角必须大于半功率角 B 的一半。式中的垂直波束宽度可以根据天线的技术指标或者天线方向图得到。

图 4.23 以及图 4.24 分别给出了垂直波束宽度为 17° 和 6.5°、基站天线高度为 40 m 时，覆盖距离和天线下倾角的关系。从图中可以看出，随着下倾角的增加，覆盖距离变小。当下倾角在半功率角的一半左右的范围内时，下倾角的变化对覆盖距离的影响非常明显，稍微增加 1° 的下倾，就会使覆盖距离减小超过 1 km 以上。但是如果下倾角超过半功率角 2° 以上，进一步增加下倾角就不会对覆盖范围产生明显的影响。同时，当天线及高度和下倾角一定时，天线的垂直波束宽度越小，覆盖距离越小。因此，为了更好地控制越区覆盖，在选择天线时应该选择垂直波束宽度小并且具有零点填充功能的天线，这样既能控制越区覆盖，也能改善近点的覆盖。

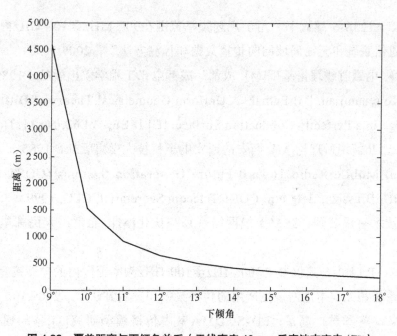

图 4.23 覆盖距离与下倾角关系（天线高度 40 m，垂直波束宽度 17°）

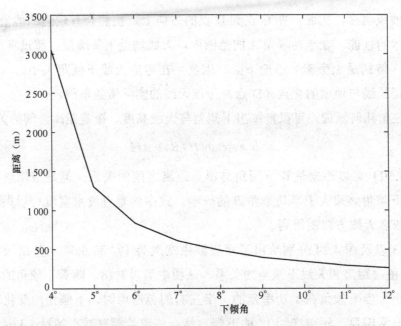

图 4.24 覆盖距离与下倾角关系（天线高度 40 m，垂直波束宽度 6.5°）

参考文献

[1] ITU-R P.1238-6 建议书"用于规划频率范围在900 MHz到100 GHz内的室内无线电通信系统和无线局域网的传播数据和预测方法"，2009.10.

[2] 阮颖铮. 电磁射线理论基础[M]. 成都：成都电讯工程学院出版社，1989.

[3] B.G.Kouyoumjian, P.H.Pathak. A Uniform Geometrical Theory of Diffraction for an Edge in a Perfectly Conduction Surface. [C] IEEE, Vol.62, No.11. Nov 1974.

[4] 汪茂光. 几何绕射理论[M]. 西安：西安电子科技大学出版社，1985.

[5] Digital Mobile Radio Toward Future Generation Systems (COST 231 Final Report). Brussels, Belgium: COST Telecom Secretariat, CEC, 1999.

[6] 华为技术有限公司. GSM无线网络规划与优化[M]. 北京：人民邮电出版社，2004.

[7] ITU-R P.1411-5 建议书"300 MHz至100 GHz频率范围内的短距离室外无线电通信系统和无线本地网规划所用的传播数据和预测方法"，2009.10.

[8] 尹启禄，黄翠琳，葛磊. TD-SCDMA室内传播模型研究[J].移动通信，2008（15）.

第5章

小基站无线网络设计

5.1 无线网络设计总体流程

小基站精细化设计建议流程如图 5.1 所示。
其中几个关键步骤说明如下。

1. 问题定位

该阶段的主要任务是通过 MR、DT、话务、投诉、KPI 等多维度数据分析，初步定位问题区域，并对具体问题的类型进行分析归类，初步确定解决的手段，优先排除故障，然后考虑网络优化调整，有局部容量需求的考虑站点扩容，最后考虑新增站址也就是通过建设类手段解决。具体的定位分析方法在本章 5.2 节中进行详细阐述。问题定位分析思路如图 5.2 所示。

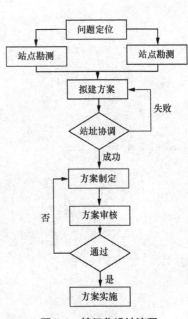

图 5.1 精细化设计流程

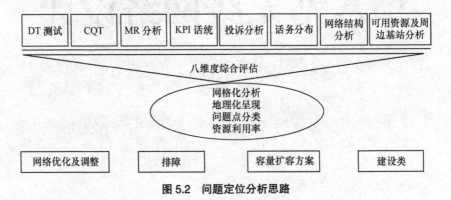

图 5.2 问题定位分析思路

2. 现场勘测

对问题区域进行现场勘察，获取周边无线环境、周边站点、可利用站址等信息，通过测试精确定位网络问题的区域和类型。

由于小基站设备重量轻、尺寸小，安装方式更为灵活，且多用于局部区域的补盲吸热，主要通过近距离直射或者穿透覆盖目标区域，灯杆、监控杆、建筑物外墙等成为目前小基站的主要安装位置。因此，小基站勘察设计中要注意对周边可用的资源进行详细的勘察，包括灯杆、监控杆、公交站牌、传输光交箱、周边的现有站点（包括宏基站和室分）、机房等，评估各基础设施可安装设备的高度和尺寸，确定传输、引电方式等，形成系统完整的设计方案。

此外，为了支撑精细化设计和仿真，小基站勘察中要注意收集整理周边无线环境信息，如周边建筑物的分布、高度、结构（外墙材质、开窗大小、内部隔断多少等）、植被、水系等其他影响无线信号传播的因素，以及核实确定现网站点的详细工作参数（精确到每个天线点的具体安装位置、高度、方向角、倾角、天线型号、馈线长度等），并对建筑物、基站等进行建模以支持室内外联合精细化仿真，从而对建设效果进行更为准确细致的评估，以及指导方案的优化设计。

目前，通常按照建筑物的用途和重要程度对其进行分类，举例如表 5.1 所示。

表 5.1　建筑物种类及分布场景举例

建筑物种类	分类场景
A 类交通枢纽	机场
A 类交通枢纽	县级市及以上火车站（含高铁及动车车站）
A 类交通枢纽	地铁（含公路及铁路隧道）
A 类交通枢纽	县级市及以上长途汽车站及公交枢纽
A 类交通枢纽	县级市及以上码头
A 类交通枢纽	地级市及以上口岸
A 类公共场所	公共图书馆（包含政府、行业等属性的图书馆）
A 类公共场所	会展中心
A 类公共场所	大型体育场馆
A 类公共场所	4A 级及以上旅游景区内建筑物
A 类公共场所	地市级及以上博物馆、少年宫、艺术中心、歌剧院等场所
A 类宾馆酒店	五星级以上宾馆酒店
A 类宾馆酒店	四星级宾馆酒店
A 类宾馆酒店	三星级宾馆酒店及快捷连锁酒店
A 类大型购物中心及聚类市场	高档及大型购物场所（包括高档百货公司、大型购物中心等）
A 类大型购物中心及聚类市场	大型连锁超市
A 类大型购物中心及聚类市场	大型聚类市场（包括电器商场、电子商城、家具建材等）
A 类政府、机关、医院	地市级以上政府机关
A 类政府、机关、医院	市政及行政办公大厅
政府、机关、医院	三甲医院
A 类学校	一类校园
	二类校园

续表

建筑物种类	分类场景
A 类写字楼	高档出租型写字楼
A 类写字楼	企事业单位高档办公楼
A 类写字楼	银行网点、证券交易所
A 类独立休闲场所	高档及时尚餐饮娱乐（包含高级会所、高档餐厅、娱乐中心、连锁咖啡厅、酒吧茶座、影视剧院等）
A 类其他	投诉热点及其他
A 类其他	其他重要覆盖目标
B 类交通枢纽	县级市以下火车站
B 类交通枢纽	县级市以下长途汽车站及公交枢纽
B 类交通枢纽	县级市以下码头、口岸
B 类公共场所	公共图书馆（包含政府、行业等属性的图书馆）
B 类公共场所	展览、演出、体育场馆
B 类公共场所	3A 级及以下旅游景区内建筑物
B 类宾馆酒店	二星级以下宾馆酒店及疗养中心
B 类购物商场	百货、服装、鞋帽
B 类政府、机关、医院	县市级以下政府机关、办公大厅
B 类政府、机关、医院	医院
B 类学校	三类校园
B 类写字楼	出租型写字楼
B 类写字楼	企事业单位办公楼、银证网点、
B 类休闲娱乐场所	休闲度假、餐饮娱乐（包含度假村、美食城、餐饮娱乐等）
B 类其他	投诉热点及其他
A 类住宅小区	高档商住楼
A 类住宅小区	高档住宅楼
B 类住宅小区	其他住宅小区

而从指导方案设计的角度，我们还需要结合建筑物的无线特性进行分类。根据理论分析得出影响无线信号传播的主要因素，从几个方面对建筑物的无线特性进行了聚类，详见表 5.2。

表 5.2　建筑物无线特性分类

项目		类别	定义
总体情况	楼宇大小	超大型	单层建筑面积大于 5 000 m²
		大型	单层建筑面积 2 000～5 000 m²
		中型	单层建筑面积 500～2 000 m²
		小型	单层建筑面积 500 m² 以下
	楼宇高度	超高	30 层以上
		高层	20～29 层
		中层	12～19 层
		低层	1～11 层

续表

项目		类别	定义
外墙	外墙材质	玻璃	—
		混凝土	—
		砖	—
	窗户比例	全窗	玻璃外墙
		多窗	窗户占墙面比例大于 1/3
		中等	窗户占墙面比例 1/10 ～ 1/3
		少窗	窗户占墙面比例小于 1/10
		无窗	—
内部	内部隔断	多	封闭型隔断的平均间距 5 m 以内
		中等	封闭型隔断的平均间距 5 ～ 10 m
		少	封闭型隔断的平均间距 10 m 以上 或无封闭型隔断但半封闭割断很多
		无	无封闭型隔断且半封闭割断很少

建议在现场勘察时对周围建筑物的无线特性进行勘察确认，逐步建立起完善的建筑物库，为后续的精细化仿真提供基础数据。

测试包括室外测试和室内测试，室外测试主要包括路测和步测，室内测试包括 CQT 测试和室内打点测试。由于小基站主要用于解决深度覆盖问题和局部弱覆盖问题，因此，往往需要借助详细的测试数据才能定位问题，包括室外的步测和室内打点测试等，如图 5.3 所示。

（a）室外步测　　　　　　　　　　　　（b）室内打点测试

图 5.3　测试结果示例

对于一些特殊疑难且重要的场景，为了保证覆盖效果，往往还需要自行搭建信号源进行 CW 模拟测试，从而获得适合问题区域的传播特性参数。

需要注意的是，小基站的挂高通常较低，为了准确地反映小站的实际覆盖能力和无线信号传播特性，CW 测试时要控制天线挂高和小站规划挂高一致，因此，不能按照常规宏基站 CW 测试中有关天线挂高的原则来进行设置，同时由于小站的覆盖范围有限，实际的有效测试区域较宏基站要小得多，为保证模型的可靠性，需要保证有效采样点个数不少于 6 000 个，因此，要求加大测试密度，在常规的 DT 路测之外，通常还要进行更为详细和密集的步测、室内打点测试，使各类区域都有足够的采样点数用于模型校正。

3. 方案设计

方案设计阶段主要根据现场勘察情况制订具体的设计方案，包括设备选型、安装方式设计、小区划分、基站无线参数设计等，后面章节将详细阐述。

LTE 系统没有采用软切换，也没有扩频增益，所以同频干扰对于系统性能的影响至关重要，虽然 LTE 系统采用 ICIC、IRC 和 CoMP 等技术可以降低小区边缘的同频干扰，但是会造成小区边缘频谱效率的降低和系统控制开销的增大。为了保证整网性能最优，应当在规划设计时考虑站点的合理布局，选址时要充分考虑网络结构、站点高度、周围的无线环境等多方面的因素，所选出的站址网络结构要合理、高度适中、预计覆盖效果好，且不会对周边基站造成较大干扰。

此外，由于 LTE 系统采用 AMC 技术，小区的频谱效率和用户的平均信号质量存在密切关系，因此，应尽可能将站点设在用户集中的位置，使得基站有效信噪比最大化，从而提高小区的频谱效率。小基站通常可以更为贴近用户进行覆盖，因此，在信噪比分布方面相对于宏基站往往更具有优势。

站点选定后，为了了解网络整体的覆盖、容量、信号质量水平，还需通过模拟预测来预测网络建成后各项指标可能达到的水平，并通过和预期的建设目标对比，判断建设方案能否满足要求。

如果模拟预测结果未能达到建设目标，则需要结合实际情况对建设方案进行优化调整，然后对优化后的建设方案进行再次模拟预测，并对比预测结果和建设目标，直到模拟预测结果达到或者优于建设目标。

为了提高方案的落地性，方案设计时往往需要提供多套备选方案，并从覆盖效果、建设成本、建设难度等方面进行综合评估，给出解决方案优先级建议。方案可实施性评估如表 5.3 所示。

表 5.3　方案可实施性评估

覆盖区域	解决方式	覆盖效果	施工协调难度	成本	可实施性
目标区域外围解决方案	现网扇区调整	覆盖范围受限于站址位置和天馈类型	很低	很低	★★
	现有站址天馈改造	改造现有天线类型，加强覆盖效果，同样受限于站址位置	低	低	★★★
	现有站址新增扇区	根据目标区域的情况，新增独立扇区，覆盖效果较好	较低	较低	★★★

续表

覆盖区域	解决方式	覆盖效果	施工协调难度	成本	可实施性
目标区域外围解决方案	新增物理站址	新增物理站址，覆盖效果好	难度大	较高	★★
	新增美化灯杆	新增物理站址，覆盖效果好，主要解决底层和室内深度覆盖	难度一般	较高	★★★
	共享市政基础新增一体化设备			一般	★★★
目标区域内解决方案	新增美化天线 +RRU 拉远	能够解决大部分室内深度覆盖问题	较大	较高	★★★★
	一体化设备、小基站		一般	较高	★★★★
	室分外引	受限于原有室分信源的位置和功耗，覆盖效果一般	较小	一般	★★
	传统室分	贴近用户，覆盖效果好，但对天线无法入室的情况，覆盖较差，比如住宅小区	较大	高	★★
	新型分布系统		较大	高	★★

4. 方案实施

方案实施阶段规划设计人员的主要任务就是出具详细准确的施工图纸，指导施工队按照规划设计要求进行站点的安装、调测，有需要时结合实际情况对建设方案进行局部调整。

5.2　问题定位分析

目前小基站多是作为局部的补盲、补弱和吸热，因此，如何对现状进行分析从而准确定位问题区域和问题类型对小基站的规划设计尤为重要。

网络问题一般可分为三大类：覆盖、容量和质量，常用于问题分析定位的数据类型和解决手段，见表 5.4。

表 5.4　网络常见问题分类

问题类型	数据来源	解决手段
覆盖问题	MR、DT、CQT、呼叫详单、投诉、仿真等	(1) 新建基站（宏基站、微基站等）——较大区域； (2) 现有基站分裂扇区、更换天线——局部区域； (3) 无线参数优化调整（功率、方向角、下倾角等）——微型区域
质量问题	MR、DT、CQT、KPI、投诉、仿真等	(1) 周边基站优化调整； (2) 基站功能升级（CoMP、IRC 等）； (3) 新增资源
容量问题	话统、KPI	(1) 新增容量站或小区分裂； (2) 基站扩容； (3) 周边基站负荷分担

　　这里的问题定位分析主要是针对网络的覆盖和质量问题。通常分析的数据类型主要包括 DT 数据、MR 数据等。DT 数据分析是常规的线覆盖分析方法，主要通过室外道路驱车测试（DT）得到相关数据，对于不便于通车的道路（住宅小区内部便道）可进行步行测试。由于路测一般不能进入到楼宇内部，所以测得的信号只能直观地反映室外（车内相对真正的室外增加了车体穿透损耗，一般修正值为 6 ～ 8 dB）无线信号的覆盖情况，因此，一般只能用于框定问题区域的大致范围。而更为精准的问题定位则要借助 MR 大数据分析。MR 即测量报告，是系统侧采集的、由终端测量并上报的当前无线信号信息。终端的测量报告包含了服务小区和若干个邻区的信号电平、信号质量、小区标识等信息。运用无线定位算法可对测试结果进行定位并进行地理化呈现。通过对海量 MR 数据的定位、分析，可以得出各区域的信号电平、信号质量、数据业务速率等的统计分布情况，了解网络的整体覆盖水平。结合 MR 数据的地理化呈现，可直观地反映出各区域的信号情况，帮助我们定位问题区域。

　　由于目前小基站多用于 LTE 系统，因此，后续分析多以 LTE 为例进行。

5.2.1　DT 测试数据分析

1. 数据输入

　　路测数据导出的内容如下：包含经纬度、服务小区和最强 6 个邻区的频点、PCI码、RSRP、SINR 值，具体说明见表 5.5。

表 5.5　路测数据导出的内容

ID	条目	值	备注
1	No.	3	采样点序列号
2	Longitude	115.924 315°	经度
3	Latitude	28.674 42°	纬度
4	DateTime	2017-02-28 09:57:18.500	记录时间
5	Serving DL EARFCN_All Logs	38 400	服务小区频点
6	Serving PCI_All Logs	225	服务小区 PCI 码
7	Serving RSRP_All Logs	−84.56	服务小区 RSRP
8	Serving PCC SINR_All Logs	13	服务小区 SINR
9	1st EARFCN in Neighboring Cells_All Logs	38 400	最强邻区频点号
10	2nd EARFCN in Neighboring Cells_All Logs	—	第二强邻区频点号
11	3rd EARFCN in Neighboring Cells_All Logs	—	第三强邻区频点号
12	4th EARFCN in Neighboring Cells_All Logs	—	第四强邻区频点号

ID	条目	值	备注
13	5th EARFCN in Neighboring Cells_All Logs	—	第五强邻区频点号
14	6th EARFCN in Neighboring Cells_All Logs	—	第六强邻区频点号
15	1st PCI in Neighboring Cells_All Logs	227	最强邻区 PCI 码
16	2nd PCI in Neighboring Cells_All Logs	—	第二强邻区 PCI 码
17	3rd PCI in Neighboring Cells_All Logs	—	第三强邻区 PCI 码
18	4th PCI in Neighboring Cells_All Logs	—	第四强邻区 PCI 码
19	5th PCI in Neighboring Cells_All Logs	—	第五强邻区 PCI 码
20	6th PCI in Neighboring Cells_All Logs	—	第六强邻区 PCI 码
21	1st RSRP in Neighboring Cells_All Logs	−97.94	最强邻区 RSRP
22	2nd RSRP in Neighboring Cells_All Logs	—	第二强邻区 RSRP
23	3rd RSRP in Neighboring Cells_All Logs	—	第三强邻区 RSRP
24	4th RSRP in Neighboring Cells_All Logs	—	第四强邻区 RSRP
25	5th RSRP in Neighboring Cells_All Logs	—	第五强邻区 RSRP
26	6th RSRP in Neighboring Cells_All Logs	—	第六强邻区 RSRP
27	结论	覆盖良好	判断结论

2. 数据过滤

删除无效经纬度，如 DL_EARFCN、PCI、RSRP、SINR 值为空的行，如图 5.4 所示。

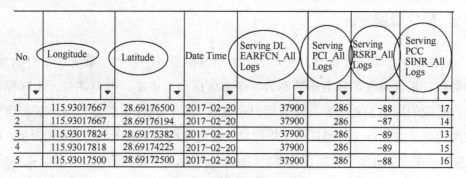

No.	Longitude	Latitude	Date Time	Serving DL EARFCN_All Logs	Serving PCI_All Logs	Serving RSRP_All Logs	Serving PCC SINR_All Logs
1	115.93017667	28.69176500	2017-02-20	37900	286	−88	17
2	115.93017667	28.69176194	2017-02-20	37900	286	−87	14
3	115.93017824	28.69175382	2017-02-20	37900	286	−89	13
4	115.93017818	28.69174225	2017-02-20	37900	286	−89	15
5	115.93017500	28.69172500	2017-02-20	37900	286	−88	16

图 5.4　过滤后的数据示例

3. 数据分析

对测试的每个采样点根据 RSRP/SINR/EARFCN/PCI，按照主服务小区和邻区相关情况可将问题分为覆盖和质量两大类共 6 种问题，详见图 5.5，针对每个类型分别界定解决方法。

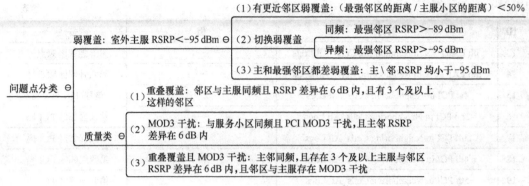

图 5.5　问题分类图

根据实际工程经验，问题定界的门限建议如下。

（1）覆盖门限：室外 -95 dBm；室内 -105 dBm。

（2）导频污染定义：最强有 4 个或者 4 个以上导频 >-95 dBm，并且最强导频和第 4 强导频的强度相差不超过 6 dB。

（3）模 3 干扰门限，比如 PCI A 和 PCI B 有模 3 干扰，PCI A 是服务小区，那么 PCI B 的 $RSRP_B$ 比 PCI A 的 $RSRP_A$ 强度弱 -3dB 即存在模 3 干扰，如果 PCI B 的 RSRP 弱于这个门限，即使存在，实际干扰也比较小，可以忽略。

（4）质量门限：$SINR>0$。通常来讲，只有服务小区和邻区的信号电平均较低时才考虑规划新增资源，其他问题可通过周边站点的优化调整来解决。

5.2.2　MR 数据分析

MR 即测量报告，是系统侧采集的、由终端测量并上报的当前无线信号的信息。终端的测量报告包含了服务小区和若干个邻区的信号电平、信号质量、小区标识等信息。常规的原始 MR 数据是不含用户位置信息的，只能定位到当前小区，而系统侧运用无线定位算法可对测试结果进行定位并进行地理化呈现，如图 5.6 所示。由于 MR 数据是用户的真实测量数据，因此，可以真实地反映用户的业务体验。此外，MR 数据分组含了室内、室外用户的测量数据，因此，可以反映室内外用户的网络性能。

通过对海量 MR 数据的定位、分析，可以得出各区域的信号电平、信号质量、数据业务速率等的统计分布情况，了解网络的整体覆盖水平。结合 MR 数据的地理化呈现，可直观反映出各区域的信号情况，帮助我们定位问题区域。

但是需要注意的是，MR 数据也有以下不足：

（1）如果用户所在位置上行无覆盖或者覆盖弱，基站可能收不到用户的测量报告或者不能对其进行正确解调，导致 MR 数据无法准确体现这部分区域的覆盖性能；

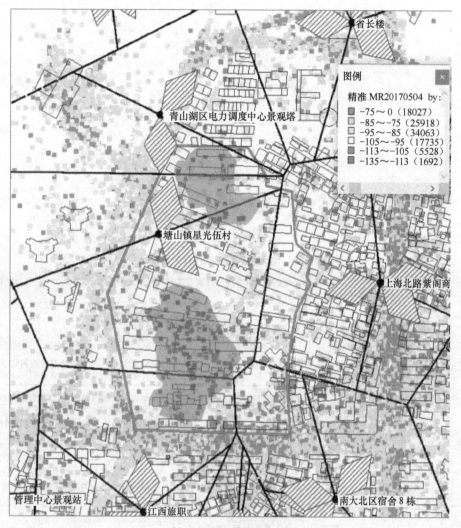

图 5.6　MR 地理化显示

（2）无线定位算法会存在一定的误差，定位精度不如 DT（一般采用 GPS 定位，定位精度在 10 m 左右）。

随着基于用户位置信息的各种移动互联网应用的普及，目前精准 MR 已经在国内一些省市得到应用，如图 5.7 所示，通过手机自带的 GPS、陀螺仪等装置，可以获取到用户的位置信息，甚至高度信息。由于基于用户上报的位置信息非常精确，结合建筑物矢量地图，可以进行室内室外数据的分离。数据分离后的 RSRP 覆盖图显示，室内外弱覆盖区域基本一致，室外由于处于底层，在少数路段覆盖电平比室内还低。

通过对精准 MR 数据的聚类分析，可以对不同类型的问题栅格进行区分。如图 5.8 和图 5.9 所示，将各类问题地理化，图 5.9 中浅灰色（弱覆盖比例 >20%）部分为弱覆盖，需要规划解决，那么规划的新站点的主要覆盖目标即可确定下来。

室外 MR 展示
图例
精准MR天水怡景_室外_
-75～0 (400)
-85～-75 (512)
-95～-85 (1100)
-105～-95 (1281)
-113～-105 (672)
-135～-113 (218)
室内 MR 展示
图例
精准MR天水怡景_室内_
-75～0 (96)
-85～-75 (95)
-95～-85 (194)
-105～-95 (230)
-113～-105(111)
-135～-113 (38)

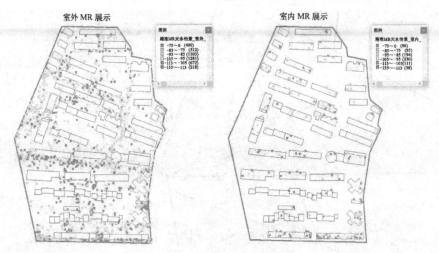

图 5.7　精准 MR 数据室内外分离展示

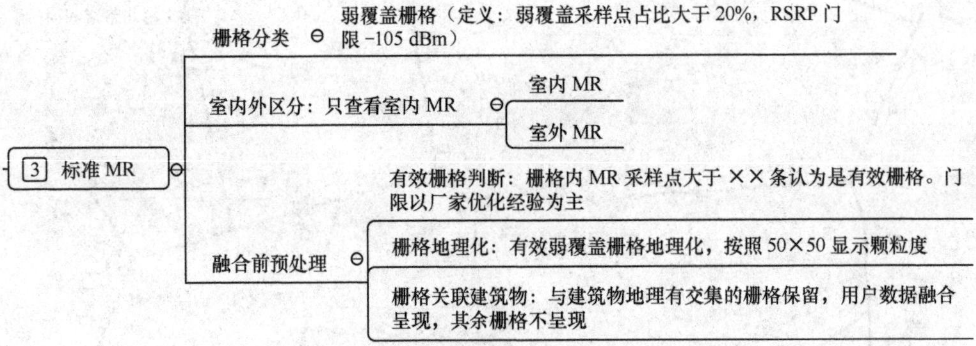

3 标准 MR
栅格分类
弱覆盖栅格（定义：弱覆盖采样点占比大于 20%，RSRP 门限 -105 dBm）
室内外区分：只查看室内 MR
室内 MR
室外 MR
融合前预处理
有效栅格判断：栅格内 MR 采样点大于 ×× 条认为是有效栅格。门限以厂家优化经验为主
栅格地理化：有效弱覆盖栅格地理化，按照 50×50 显示颗粒度
栅格关联建筑物：与建筑物地理有交集的栅格保留，用户数据融合呈现，其余栅格不呈现

图 5.8　MR 数据聚类分析

图例
MR 50 m图层2 by Indoorweakcoverage
0.2～1（28）
0.1～0.2（32）
0～0.1（14）

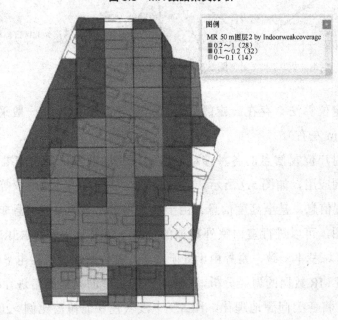

图 5.9　栅格化 MR 数据示例

5.3　覆盖分析

5.3.1　链路预算

链路预算是通过核算通信系统的发送端和接收端在信号传播过程中的各种增益和损耗，从而获得无线信号所允许的最大空间传播损耗值，结合传播模型可得到小区覆盖半径的估计。

从链路预算的总体流程来看，小基站和宏基站大同小异，区别之处主要在于小基站的设备形态非常多，不同场景下适合采用的基站设备的发射功率以及天线增益、接收机灵敏度等存在较大差异，设计当中要根据实际采用的设备参数进行详细核算。下面对链路预算的几个关键项进行分析。

1.　有效发射功率

有效发射功率是指考虑天线增益、馈线损耗后从天线端发射出去的功率。有效发射功率有两种表示方法：EIRP 和 ERP。两者的区别在于，EIRP 即等效各向同性辐射功率，是施加到天线的功率与在给定方向上天线绝对增益的乘积，ERP 即有效辐射功率，是施加到天线的功率与在给定方向相对于半波偶极子的天线相对增益的乘积。通常使用 EIRP 这个概念。

有效发射功率（EIRP）=信道发射功率(dBm)+天线增益(dBi)-馈线、接头损耗(dB)

经了解主流设备厂家的小基站发射功率多为 2×5 W，对应的单通道总功率为 37 dBm。对应到单个 RS 的功率，还要除以整个带宽上 RE 的个数；用户的 PDSCH 信道功率，则取决于分配给该用户的 RB 个数占整个带宽上 RB 总数的比例。表 5.6 给出了信道发射功率的典型值参考。

表 5.6　信道发射功率的典型参考

信道名称	RS	PDSCH	PDSCH
总功率（W）	5	5	5
总功率（dBm）	37	37	37
工作带宽（MHz）	20	20	20
分配 RB 数	1 个 RE	10	20
分配带宽	15 kHz	1.8 MHz	3.6 MHz
信道功率（dBm）	6.2	27	30

信道的 EIRP 还要在上述信道功率的基础上加上天线增益（根据不同天线、不同频段的增益分别核算），减去馈线接头损耗（RRU 和天线一体化设备可不记取这部分损耗，其他情况可根据馈线型号长度和接头的情况进行估算，接头损耗一般在 0.5 dB 左右）。

2. 接收机灵敏度

接收机灵敏度定义为接收机满足一定误码要求时，可以解调的最小有用信号电平。

对于 RS 信号，可以直接以运营商的 RSRP 门限要求作为灵敏度；对于其他信道，则要根据不同的信道配置和速率要求来计算得出接收机灵敏度。

一般地，接收机灵敏度可由如下公式计算得出

$$接收机灵敏度=解调门限（SNR_{req}）+底部噪声$$

$$底部噪声=KTB+NF$$

其中，K 为 Boltzman 常数，$K=1.38\times10^{-20}[mW/(K\cdot Hz^{-1})]$。表征自由电子热运动能量和温度的关系，热噪声在整个频谱范围内均匀分布。

T：地面通信环境取标准室温为 290 K。

热噪声功率谱密度 $KT=1.38\times10^{-20}$ mW/K/Hz $\times290$ K$=-174$ dBm/Hz

注：dBm/Hz 是分贝值表示的功率谱密度单位，即在 1 Hz 带宽内的单位为 dBm 的功率值。

B 为信道带宽，取决于系统分配给用户的 RB 数，如分配 10 个 RB，则带宽为 1.8 MHz，折算为 62.55 dB。

NF 为接收机的噪声系数，一般地，基站接收机的信噪系数典型值为 2 ～ 5 dB。终端接收机的噪声系数典型值为 7 dB。

在 LTE 系统中，用户可获得的业务速率的影响因素众多，主要有以下几种：（1）MIMO 天线配置；（2）允许分配给边缘用户的最多 RB 数；（3）无线传播环境。因此，在确定了边缘速率要求时，还需要结合系统的多天线配置、允许为边缘用户分配的 RB 个数、无线传播环境参数等，才能最终确定解调门限要求。

具体来讲，解调门限的确定步骤如下。

（1）确定 I_{TBS}。

LTE 系统中的调度周期 TTI 为 1 ms，用户在每个被调度的 TTI 内发送一个传输块，则该传输块的大小除以调度周期即可算出用户的数据速率。反之，在给定边缘速率要求之后，可以反推出传输块的大小。例如，边缘速率要求为 4 Mbit/s，允许给边缘用户分配的 RB 数最大为 10，则每个 TTI 上需传输的数据块大小要大于 4 000 bit，根据 3GPP 协议 36.213 中 Table 7.1.7.2.1-1 中有关传输块大小的定义，可

以查出大于 4 000 bit 的最小的块大小为 4 008，对应的 I_{TBS} 索引为 18。LTE 传输块大小定义如表 5.7 所示。

表 5.7　LTE 传输块大小定义（节选）

I_{TBS}	N_{PRB}									
	1	2	3	4	5	6	7	8	9	10
0	16	32	56	88	120	152	176	208	224	256
1	24	56	88	144	176	208	224	256	328	344
2	32	72	144	176	208	256	296	328	376	424
3	40	104	176	208	256	328	392	440	504	568
4	56	120	208	256	328	408	488	552	632	696
5	72	144	224	328	424	504	600	680	776	872
6	328	176	256	392	504	600	712	808	936	1 032
7	104	224	328	472	584	712	840	968	1 096	1 224
8	120	256	392	536	680	808	968	1 096	1 256	1 384
9	136	296	456	616	776	936	1 096	1 256	1 416	1 544
10	144	328	504	680	872	1 032	1 224	1 384	1 544	1 736
11	176	376	584	776	1 000	1 192	1 384	1 608	1 800	2 024
12	208	440	680	904	1 128	1 352	1 608	1 800	2 024	2 280
13	224	488	744	1 000	1 256	1 544	1 800	2 024	2 280	2 536
14	256	552	840	1 128	1 416	1 736	1 992	2 280	2 600	2 856
15	280	600	904	1 224	1 544	1 800	2 152	2 472	2 728	3 112
16	328	632	968	1 288	1 608	1 928	2 280	2 600	2 984	3 240
17	336	696	1 064	1 416	1 800	2 152	2 536	2 856	3 240	3 624
18	376	776	1 160	1 544	1 992	2 344	2 792	3 112	3 624	4 008
19	408	840	1 288	1 736	2 152	2 600	2 984	3 496	3 880	4 264
20	440	904	1 384	1 864	2 344	2 792	3 240	3 752	4 136	4 584
21	488	1 000	1 480	1 992	2 472	2 984	3 496	4 008	4 584	4 968
22	520	1 064	1 608	2 152	2 664	3 240	3 752	4 264	4 776	5 352
23	552	1 128	1 736	2 280	2 856	3 496	4 008	4 584	5 160	5 736
24	584	1 192	1 800	2 408	2 984	3 624	4 264	4 968	5 544	5 992
25	616	1 256	1 864	2 536	3 112	3 752	4 392	5 160	5 736	6 200
26	712	1 480	2 216	2 984	3 752	4 392	5 160	5 992	6 712	7 480
26A	632	1 288	1 928	2 600	3 240	3 880	4 584	5 160	5 992	6 456

（2）确定 I_{MCS}。

查出 I_{TBS} 之后，根据 36.213 协议中的 Table 7.1.7.1-1（如果用户只在一个子帧的第二个时隙被调度，则需要用到表 7.1.7.1-1A）中定义的 PDSCH 调制和 TBS 索引对照表，即可查出对应的 MCS 索引。MCS 索引对照表如第 2 章表 2.3 所示。

（3）确定 SINR 门限。

在确定了 MCS 等级即调制和编码方式之后，我们可以根据不同 MCS 的解调门限仿真或者测试结果得到具体的 SINR 解调门限。

3. 典型链路预算表

典型链路预算（下行）如表 5.8 所示。

表 5.8　典型链路预算（下行）

	项目	单位	RS	PHICH	PDCCH	PDSCH		注释
	边缘速率要求	kbit/s				4 096	1 024	
发端 -eNodeB								
a	基站最大发射功率	dBm	37	37	37	37	37	单通道功率
	系统带宽	MHz	20	20	20	20	20	
b	分配 RB 数			1	24	10	10	
c	信道最大发射功率	dBm	6.2	17.0	30.8	27.0	27.0	$c=a-10\log(b/100)$
d	发射天线增益	dBi	14	14	14	14	14	
e	电缆损耗	dB	1	1	1	1	1	
f	等效全向辐射功率 EIRP	dBm	19.2	30.0	43.8	40.0	40.0	$f=c+d-e$
收端 -UE								
g	UE 噪声系数	dB		7	7	7	7	
h	热噪声	dBm		−121.4	−107.6	−111.4	−111.4	$h=ktb$
i	接收机底噪	dBm		−114.4	−100.6	−104.4	−104.4	$i=h+g$
j	解调门限 SINR	dB		5.5	−1.7	12.9	6.8	
k	接收机灵敏度	dBm	−105	−108.9	−102.3	−91.6	−97.6	$k=i+j$
l	身体损耗	dB	0	0	0	0	0	
m	接收天线增益	dBi	0	0	0	0	0	
余量和增益								
n	干扰余量	dB		2	2	2	2	
o	控制信道开销	dB		1	1	1	1	
p	通信概率	%	90	90	90	90	90	
q	阴影衰落标准差	dB	8	8	8	8	8	
r	衰落余量	dB	5.4	5.4	5.4	5.4	5.4	
s	最大允许路径损耗（室外）	dB	118.8	130.5	137.7	123.2	129.2	$s=f-k-l-m-n-o-r$

从表 5.9 的链路预算结果看，下行受限的是 RS 信号，但由于 RS 的覆盖门限是室外的要求，而其他信道往往要考虑室内穿透损耗，实际的受限因素还要结合建筑物穿透损耗情况来定。

5.3.2　室内外联合传播模型

小基站覆盖场景多是近距离（200 m 以内）视通或者准视通覆盖目标区域，尤其当覆盖目标为室内区域时，当电波从室外进入室内时，建筑物外墙的材质、形状以及电波的入射角度等因素都会对电波的传播产生很大的影响。而现有的室外至室内传播模型只考虑了穿透损耗的影响，预测的精度不高。

经室内外联合传播特性理论研究与测试验证，我们提出了如下的传播模型用于传播损耗计算。

$$PL = L_{\text{LoS}} + L_{\text{pen}} + L_{\text{indoor}} \tag{5.1}$$

其中，L_{LoS}、L_{pen}、L_{indoor} 分别表示室外部分传播损耗、穿透损耗、室内部分传播损耗，分别说明如下。

根据室内外综合覆盖的特点，室外部分的传播损耗采用 IUT-R P.1411-5 建议书中所定义的 LOS 情况下传播模型进行计算。

$$L_{\text{LoS}} = L_{\text{bp}} + 6 + \begin{cases} 20\log_{10}\left(\dfrac{d}{R_{\text{bp}}}\right), & \text{对于} \quad d \leqslant R_{\text{bp}} \\[3mm] 40\log_{10}\left(\dfrac{d}{R_{\text{bp}}}\right), & \text{对于} \quad d > R_{\text{bp}} \end{cases} \tag{5.2}$$

其中，R_{bp} 是折点距离，如式（5.3）。

$$R_{\text{bp}} \approx \frac{4 h_{\text{b}} h_{\text{m}}}{\lambda} \tag{5.3}$$

L_{bp} 是在折点处的基本传输损耗值，定义为

$$L_{\text{bp}} = \left| 20\log_{10}\left(\frac{\lambda^2}{8\pi h_{\text{b}} h_{\text{m}}}\right) \right| \tag{5.4}$$

穿透损耗经验公式如下

$$L_{\text{pen}} = L_1 + L_2 (1 - \sin\theta)^{\alpha} \tag{5.5}$$

式（5.5）中的 L_1 为入射角 $\theta=90°$（垂直入射）时的穿透损耗，L_2 为入射角 θ 趋于 0 时的附加穿透损耗，典型值为 20 dB，α 为经验值，可取 2～4。外墙穿透损耗

如图 5.10 所示。

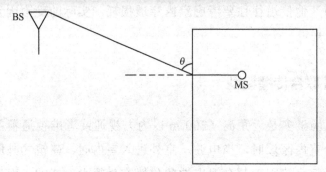

图 5.10　外墙穿透损耗

经验公式中的参数取值如表 5.9 所示。

表 5.9　穿透损耗经验公式参数

材质	L_1	L_2	a
混凝土	9.58	20	3
砖	7.35	20	3
玻璃	3.05	20	3
木材	2.55	20	4.5

室内部分的传播损耗用式（5.6）计算。

$$L_{\text{indoor}} = \beta d \tag{5.6}$$

其中，d 为室内传播距离（单位：m），β 为建筑物类型内部的传播损耗（单位：dB/m），不同建筑物类型的传播损耗建议值如表5.10所示。

表 5.10　室内传播损耗参数

类型	β
密集隔断	3
中等隔断	1.5
少隔断	0.7
无隔断	0.5

其中，隔断类型的定义如下。

密集隔断：建筑物内部有密集的砖混类实体墙隔断，内墙间距在 5 m 以内。

中等隔断：建筑物内部有较多的实体墙隔断，内墙间距在 5 ～ 10 m。

少隔断：内部墙体隔断间距在 10 m 以上，或者只有较大间距的轻体墙隔断。

无隔断：建筑物内部开阔，没有墙体隔断。

【算例】假设有一个微基站，发射功率、天线等如表 5.9 所示，覆盖目标为直线距离 50 m 的密集隔断、窗户比例约 1/5 的混凝土外墙建筑。

以边缘速率 4 Mbit/s 允许的 MAPL 计算，入室覆盖深度平均可达 15 m 左右。

如果该楼宇的纵深小于 15 m，则可通过一个小站解决室内覆盖，如果超出 15 m，则需视情况看是否在楼宇背面或者侧面增加小站来完善覆盖。

5.4　容量分析

LTE 小基站的容量分析总体流程相对比较简单，如图 5.11 所示。

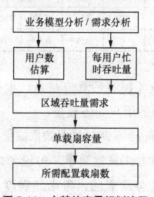

图 5.11　小基站容量规划流程

具体流程如下所述。

1. 业务模型分析

业务模型是在对用户使用网络可提供的各种业务的频率、时长、流量大小进行统计的基础上得出的单用户忙时业务量模型。

表 5.11 给出了 LTE 单业务模型的示例。实际网络中的业务模型与各运营商的业务发展策略、用户的使用习惯等密切相关，可能存在很大差异，因此该表中的数据仅供参考。

LTE 系统业务全部采用分组数据信道承载，因此，其混合业务模型的分析方法和 3G 数据业务模型的分析方法类似，可采用多维 Erl-B 模型、背包模型等算法实现。当然，通过将表 5.11 中的单业务吞吐量简单相加，也可得出单用户忙时平均吞吐量需求。

表 5.11　业务模型示例

业务类型	BHSA	UL					DL				
		承载速率（kbit/s）	PPP 连接时间（s）	PPP 会话占空比	BLER	每用户吞吐量（kbit/s）	承载速率（kbit/s）	PPP 连接时间（s）	PPP 会话占空比	BLER	每用户吞吐量（kbit/s）
VoIP	1.4	26.9	80	0.4	1%	0.33	26.9	80	0.4	1%	0.33
可视电话	0.2	62.52	70	1	1%	0.24	62.52	70	1	1%	0.24
视频会议	0.2	62.52	1 800	1	1%	6.25	62.52	1 800	1	1%	6.25
实时游戏	0.2	31.26	1 800	0.2	1%	0.63	125.05	1 800	0.4	1%	5.00
流媒体	0.2	31.26	1 200	0.05	1%	0.10	250.11	1 200	0.95	1%	15.84
IMS 信令	5	15.63	7	0.2	1%	0.03	15.63	7	0.2	1%	0.03
网页浏览	0.6	62.52	1 800	0.05	1%	0.94	250.11	1 800	0.05	1%	3.75
文件传输	0.3	140.68	600	1	1%	7.03	750.33	600	1	1%	37.52
Email	0.4	140.68	50	0.5	1%	0.39	750.33	15	0.3	1%	0.38
P2P 文件共享	0.2	100	1 200	1	1%	6.67	100	1 200	1	1%	6.67

另一种更为简单直接的业务模型估算方法是，根据周边现网站点的话务统计数据，除以用户数得出目标区域的用户业务模型。

每用户忙时数据业务速率（Mbit/s）＝基站忙时数据流量（GB）×8×1 024/3 600/用户数

需要注意的是，以上估算方法虽然简单，但没考虑各业务的不同 QoS 要求，均是按照尽力而为的方式考虑业务承载的，考虑到调度算法的效率问题，容量规划时需留有一定的余量。

为了保障用户的业务体验，业务模型设置还需要考虑用户保障速率的要求。移动互联网业务种类繁多，按照其业务粒度（业务粒度＝该业务总流量/该业务总时长）可以将其分为大包、中包、小包业务。大包业务以视频为例，按照 3 s 和 5 s 的感知时延，以及 720 P 和 1080 P 的业务占比 8:2，可大致推算出平均速率需求为 3.4 Mbit/s，类似地可以推算出中小包业务对应的空口保障带宽约为 1.45 Mbit/s。根据不同小区的大中小包业务占比，可以推算出小区综合保障速率。一般来说，大包小区需求的综合感知保障带宽约为 2.45 Mbit/s，中包小区需求的综合感知保障带宽为 1.5 Mbit/s，小包小区需求的综合感知保障带宽为 0.6 Mbit/s。

2．用户数估算

根据用户预测，估算规划期末的用户总数。

用户总数可采用人口普及率、趋势外推、线性回归等预测方法分析得到。

3. 区域吞吐量需求

业务总量 = 每用户忙时数据业务速率 × 用户数

4. 单载扇容量

单站容量分析需在覆盖分析的基础上，结合基站的参数配置，估算每个站点所能提供的忙时数据业务吞吐量。

LTE 基站单载扇的吞吐量受多种因素影响，如下。

（1）载波带宽。

（2）MIMO 配置。

（3）无线环境及干扰情况。

在规划设计时，通常采用测试或者仿真的结果作为单载扇设计容量的基准值。表 5.12 和表 5.13 是 FDD 和 TDD 系统的单载扇吞吐率参考值。

表 5.12　LTE FDD 小区平均吞吐率参考

区域类型	小区平均吞吐率（Mbit/s）
密集城区	DL/UL:35/25
一般城区	DL/UL:35/25
旅游景区	DL/UL:30/20
机场高速、高铁	DL/UL:25/15

表 5.13　TD LTE 小区平均吞吐率参考

区域类型	上下行时隙配比	小区平均吞吐率（Mbit/s）
密集城区	2:2	DL/UL:18/10
	1:3	DL/UL:25/5
一般城区	2:2	DL/UL:18/10
	1:3	DL/UL:25/5
旅游景区	2:2	DL/UL:18/10

如果该吞吐量可满足基站覆盖范围内的用户容量需求，则容量配置可行，否则需要通过扩容手段解决容量问题。可考虑的扩容手段有以下几种。

（1）周围基站覆盖优化调整。

（2）站点频率优化调整。

（3）扩载频、小区分裂。

（4）补充容量型基站。

（5）载扇数配置需求。

$$载扇数需求 = 业务总量/单载扇容量$$

5.5 天馈设计

5.5.1 站址选择

小基站的建设主要是为了解决局部的室内深度覆盖问题，因此，从辐射能量的有效性考虑，覆盖室内的室外天线应尽量靠近覆盖目标，但是考虑到定向天线张角的限制，室外天线也不宜距离目标楼宇过近，以避免主瓣覆盖范围过小的问题。

基于室内外联合仿真与测试结果，以高增益射灯天线为例，主瓣方向入室覆盖深度（考虑空间传播损耗 120 dB）和天线到目标楼宇（大型楼宇，密集隔断）的距离关系如表 5.14 和图 5.12 所示。

表 5.14 主瓣方向入室深度和天线到楼宇距离的关系

天线到目标楼宇的垂直距离（m）	入室覆盖深度（m）
20	16
50	13
100	10
200	8

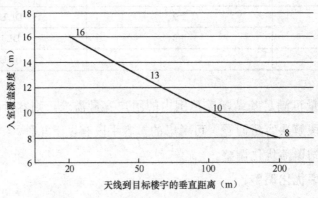

图 5.12 入室覆盖深度与垂直距离的关系

注：垂直距离为 20 m 时，水平方向的有效覆盖宽度只有 20 m 左右。

建议室外定向天线到目标楼宇的距离在 50 ～ 100 m，最近不宜小于 20 m，最远不宜大于 200 m；室外全向天线到目标楼宇的距离应在 20 ～ 50 m，最远不宜大于 100 m。如果楼宇纵深较大，可适当拉近天线和覆盖目标的距离，但同时需要核算是否需要增加天线以弥补主瓣覆盖角度的不足。

实际设计中应根据覆盖需求合理选择天线的布放位置，并利用前面章节所列的传播模型估算天线覆盖效果。如一面天线无法满足整体的覆盖需求，则需要设置多面天线，分别覆盖楼宇的不同部位，必要时应结合室内天线点位布放实现全覆盖。

不同天线垂直主瓣覆盖楼层数参考如表 5.15 所示。

表 5.15　不同天线垂直主瓣覆盖楼层数参考

距离（m）	天线类型						
	高增益射灯	普通射灯	一体化微基站天线			BookRRU	ZXSDR BS8972S
	33	9	20	30	60	33	15
20	3	1	2	3	7	3	1
50	9	2	5	8	19	9	4
100	19	5	11	17	38	19	8
150	29	7	17	26	57	29	13

这里的覆盖楼层数是按照每层 3 m 估算的，并且仅是主瓣覆盖范围内的楼层数。随着天线到覆盖目标距离的增加，天线主瓣的宽度等比扩展，但是空间传播损耗也相应增加，因此，主瓣范围并不等价于有效覆盖范围，具体的覆盖情况还要结合传播模型进行更为准确的估计。

5.5.2　天线选型

天线是整个无线通信系统的最末端环节，也是至关重要的一环，天线的选择与设计直接影响移动通信系统的覆盖效果。

为了将室外天线的覆盖区域限制在可控的范围内，室外天线的选取需要综合考虑天线增益、天线水平波束宽度、天线垂直波束宽度、天线安装方式和信号控制特性等因素。这些因素决定了天线能够覆盖的高度、宽度或楼层数。除了一体化隐蔽天线外，还可采用普通的板状天线＋隐蔽外罩（变色龙型隐蔽外罩、空调型隐蔽外罩）的形式，但需注意外罩材料选择应符合要求，不能对天线辐射的性能产生较大影响。在实际应用中，还可以因地制宜选择一些新型天线，如用于超高站的大倾角天线，用于话务密集区域的多波束天线，或者根据场景美化要求采用变色龙、空调型隐蔽外罩、广告牌、灯箱等进行天线的隐蔽安装。

从覆盖目标的角度看，具体的天线选择和布放应综合考虑目标楼宇在垂直、水平、纵深 3 个方向上的覆盖要求。

1. 垂直方向

垂直方向上，对于 20 层以上的楼宇，应优选垂直面大张角天线，次选多面天线分层覆盖；20 层以下的楼宇可以根据实际的安装条件选择定向板状天线、普通射灯天线、对数周期天线等。高层楼宇垂直覆盖方式示意如图 5.13 所示。

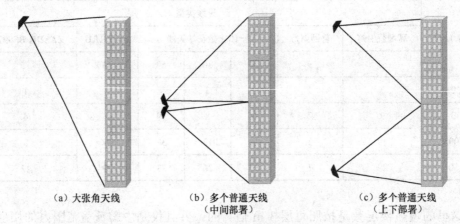

（a）大张角天线　　　　　　　（b）多个普通天线　　　　　　　（c）多个普通天线
　　　　　　　　　　　　　　　　（中间部署）　　　　　　　　　　　（上下部署）

图 5.13　高层楼宇垂直覆盖方式示意

2. 水平方向

水平方向上，天线布放数量应根据天线参数、输出功率、楼体宽度等综合考虑。

天线水平波瓣宽度 θ、天线到目标楼宇的距离 d，以及天线水平主瓣覆盖宽度的关系如下。

$$W=2\times d\times \tan（\theta/2）\tag{5.7}$$

可见在水平波瓣角一定的情况下，主瓣覆盖宽度和天线到目标楼宇的距离成正比，但是由于空间传播存在损耗，如果距离过远，则会导致接收功率不足从而不能形成有效覆盖，因此，要合理控制天线到目标楼宇的距离，既不能过近导致主瓣张开不足，也不能过远导致信号过度衰耗。当覆盖目标为单栋楼宇时，可根据式（5.7）计算水平波瓣宽带以选择合适型号的天线，如果超出单个天线的覆盖范围，则需要拆分成多个天线进行覆盖。楼宇水平覆盖示意如图 5.14 所示。

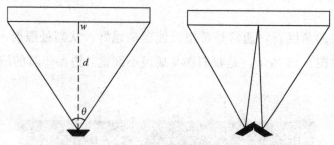

图 5.14　楼宇水平覆盖示意

天线水平主瓣覆盖宽度的典型值如表 5.16 所示。

表 5.16　水平主瓣覆盖宽度典型值

距离（m）	水平波瓣角	主瓣覆盖宽度（m）
50	33	30
	65	64
	90	100
70	33	41
	65	89
	90	140
100	33	59
	65	127
	90	200

3. 纵深方向

天线纵深方向的覆盖能力主要取决于天线的增益，增益越高，主瓣方向能量越集中，对抗传播损耗的能力越强，覆盖深度越大。但是由于天线是无源器件，只是通过将输入功率集中到特定方向上实现其增益，本身并不能增加辐射总能量，因此，天线的增益和波瓣角之间存在着相互制约的关系，通常满足式（5.8）。

$$G(\text{dBi}) = 10\lg\left\{32\,000 / \left(2\theta_{3\text{dB,V}} \times 2\theta_{3\text{dB,H}}\right)\right\} \tag{5.8}$$

其中，G 为天线增益，$\theta_{3\text{dB,V}}$ 为垂直波瓣角，$\theta_{3\text{dB,H}}$ 为水平波瓣角。

因此，需要根据具体覆盖区域的情况，在天线增益、波瓣角等参数之间取得合理平衡，满足覆盖效果的同时尽可能降低建设成本与实施难度。

5.5.3 挂高设计

从绕射损耗的角度看，通常是希望天线越高越好，从高处照射，可以取得更好的覆盖效果，如图 5.15 所示，是我们在某居民小区室外道路步测的结果。

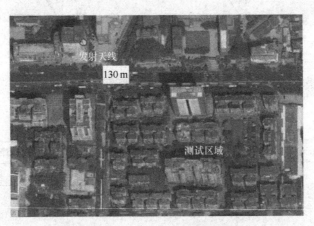

图 5.15　某小区 CW 测试环境

先后在 15 楼顶女儿墙、11 层室内靠窗位置、9 层平台架设天线进行信号发射，实际天线有效挂高分别为 51 m、36 m、29 m。在 11 楼测试时，天线位于室内临窗位置，双层窗户设置，分别测试了关一道窗和两道窗的情况。天线在 15 楼顶时，高出目标楼宇平均高度 25 m 以上，在 11 楼测试时，高出目标楼宇 10 m 左右，在 9 楼测试时，只高出 3 m 左右。

从图 5.16 所示的测试结果看，15 楼顶发射天线的接收电平比 9 楼接收电平整体好 8 dB 左右，可以覆盖两排楼宇，高处照射优势明显；11 楼测试结果比 9 楼整体好 2 dB 左右，玻璃穿透损耗影响不大，室内安装也可取得不错的效果，9 楼和目标楼宇高度接近时，基本只能覆盖一排楼宇。

然而，小基站的挂高通常是低于周边建筑物的，因此，基本就是可视通覆盖周边一圈楼宇，以及附近室外道路。当站点周围有树木阻挡时，设计天线挂高时应注意避开树冠枝叶茂密的位置，避免散射和穿透损耗影响覆盖效果。

图 5.17 是我们在某社区模拟不同灯杆站挂高时底层的覆盖效果的测试情况。

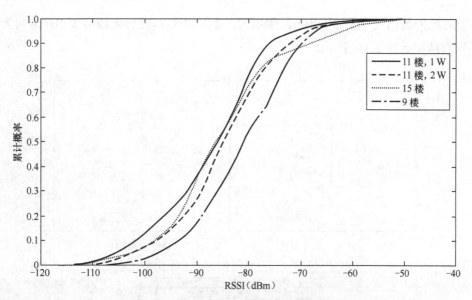

图 5.16　不同高度楼顶基站覆盖效果对比

图 5.17　某社区模拟灯杆站测试

通过自动升降杆，可以将天线最高升至 12 m。

发射天线和覆盖目标区域之间有一排枝叶茂密的细叶榕阻挡，树木的高度超过
12 m。

发射机的输出功率为 25 dBm，频点为 1 878 MHz，发射天线为 5 dBi 全向天线。室外步测结果如图 5.18 所示。

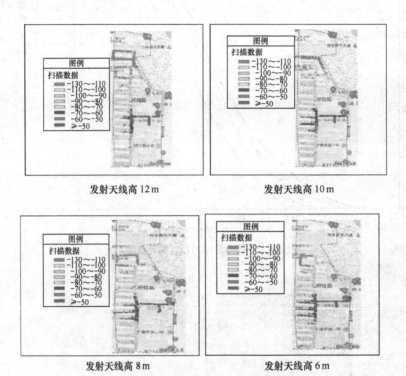

发射天线高 12 m　　　　　　　　　发射天线高 10 m

发射天线高 8 m　　　　　　　　　发射天线高 6 m

图 5.18　灯杆站不同挂高覆盖测试结果

测试结果统计曲线如图 5.19 所示。

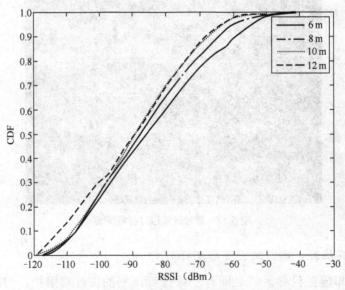

图 5.19　灯杆站不同挂高覆盖测试结果 CDF 曲线

从统计结果看，挂高越低，发射天线越偏离树叶密集的高度，整体场强越高，挂高 6 m 比挂高 12 m 时的平均场强高 5 dB 左右。

5.5.4　倾角设计

天线倾角设置需兼顾考虑覆盖效果和泄漏控制，应使天线垂直和水平主瓣均对准目标楼宇。对于超高层楼宇，如果无法通过一面天线实现全部楼层的覆盖，可采用高低分区立体覆盖方式，在同一位置安装不同倾角的天线，或者在不同位置安装天线分别对准目标楼宇的不同高度进行整体覆盖。

1. 自上而下覆盖

天线自上而下覆盖，一般是在相同高度的楼宇顶部安装天线对打覆盖对面的楼宇，为控制干扰，应设置下倾角大于或等于天线垂直波束宽度的一半。

天线倾角和主瓣覆盖上下边界和下倾角、收发相对位置的关系如图 5.20 所示。

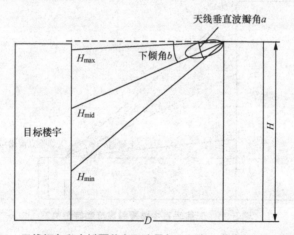

图 5.20　天线倾角和主瓣覆盖上下边界与下倾角、收发相对位置的关系

其中，

a 为天线垂直波瓣角；

b 为天线下倾角；

H 为天线挂高（等效高度，相对于目标楼宇底层的高度），单位为 m；

D 为发射天线到目标楼宇的距离，单位为 m；

H_{max} 为天线上 3 dB 点的覆盖高度，单位为 m；

H_{mid} 为天线中心的覆盖高度（最大增益方向），单位为 m；

H_{min} 为天线下 3 dB 点的覆盖高度，单位为 m。

$$H_{\max} = H - D \cdot \tan\left(b - \frac{a}{2}\right)$$

$$H_{\mathrm{mid}} = H - D \cdot \tan(b)$$

$$H_{\min} = H - D \cdot \tan\left(b + \frac{a}{2}\right)$$

可见天线主瓣覆盖高度为

$$h = H_{\max} - H_{\min} = D\left(\tan\left(b + \frac{a}{2}\right) - \tan\left(b - \frac{a}{2}\right)\right)$$

2. 自下而上覆盖

自下而上覆盖，一般是在地面、灯杆或者裙楼、低层露台等地处安装天线覆盖周围的楼宇。由于安装高度相对较低，因此，信号控制较为容易，但是为保证覆盖效果，天线和目标楼宇之间应为视通环境。天线垂直主瓣覆盖高度和倾角关系如图 5.21 所示。

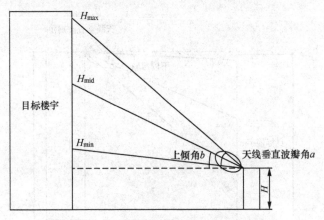

图 5.21　天线垂直主瓣覆盖高度和倾角关系

$$H_{\max} = H + D \cdot \tan\left(b + \frac{a}{2}\right)$$

$$H_{\mathrm{mid}} = H + D \cdot \tan(b)$$

$$H_{\min} = H + D \cdot \tan\left(b - \frac{a}{2}\right)$$

注意，这里的 b 是天线上仰的角度，为正值。

一般而言，天线的水平波瓣角相对较宽，天线方向角设计时使得天线主瓣对准覆盖目标中心位置即可。但是需注意的是，应尽量避免小角度入射，天线主瓣指向和目标楼宇外墙之间的夹角应控制在 30° 以上，最小不低于 20°。

第6章
Chapter 6

室内外联合精细化仿真

6.1 概述

LTE 的普及、移动数据业务承载能力的大幅提升和承载成本的降低，大大促进了移动互联网业务和应用的蓬勃发展，数据业务流量已远远超过语音业务成为移动业务的绝对主导。与此同时，多天线、relay、OFDM 等各种关键技术的采用以及宏微协同的异构网络建设也使 LTE 组网变得异常复杂，而在即将到来的 5G 时代，Massive MIMO、超高阶调制等关键技术的应用，使系统的性能和信号质量的关系更为密切，因此，前期的网络规划和评估就显得异常重要。而随着频段的升高、容量的激增，百米以内站距超密集组网也成为一种趋势，传统的、依靠经验的规划设计技术将不能满足要求，网络规划设计对精准规划仿真工具的依赖度将越来越高。

首先，根据业界的估计，数据业务 70% 以上发生在室内，因此，室内的无线信号覆盖情况将直接决定用户的业务体验，所以，只有全面反映室内外信号真实情况的仿真结果才能更准确地反映网络将来可能的业务性能。

其次，LTE 对高速数据业务的支持使小区的覆盖半径较小，加之小基站的挂高通常受限，尤其在密集市区环境下，小区的覆盖半径通常只有几百米甚至百米以内，5G 超密集组网的站距将更近，且基站天线周围往往有各种障碍物阻挡，使发射机到终端接收机之间的传播路径包含丰富的多径，小区规划所需的传播参数只能通过现场测试或者确定性计算得到，且需要考虑周围建筑物、植被等对计算结果的影响。

此外，由于 LTE、5G 均采用了（Massive）MIMO、AMC 等关键技术，基站可根据无线信道条件动态调整多天线模式及信道调制编码方式，从而决定系统的单位资源可承载的信息量。可见系统的实际覆盖、容量性能和无线信号质量、信道传播特性存在直接关系，因此，LTE 和 5G 系统对于场强仿真的准确度提出了更高的要求。尤其是在传播环境复杂的密集市区环境下，只有采用充分考虑建筑物的特征和分布对信号传播的影响的模型，才可能使仿真结果更为接近实际网络的性能，从而指导我们进行精确的网络规划。

目前可以对室内场强进行精细化仿真的工具主要有两大类，其基本原理都是运用电磁波传播理论构造收发之间的主要传播路径，并计算相应的传播损耗，最后对信号进行叠加得到最终的仿真结果。

1. 常规的规划设计软件

常规的规划设计软件主要应用于室外站点仿真，结合 3D 射线跟踪模型和高精度的建筑物矢量地图，进行反射、衍射路径的构造，结合室内线性传播损耗，可综合反应室内外信号的分布情况。

2. 室内外联合仿真软件

专业的室内外联合仿真软件通常需结合建筑物的详细建模，即对仿真区域内的建筑物的外轮廓、内部隔断及其材质、厚度等进行准确建模，结合电磁波的传播理论对室内外的主要传播路径、损耗进行构造和计算，可以更为准确地预测出室内的覆盖情况。

两种软件的对比如表 6.1 所示。

表 6.1 仿真软件对比

	地图要求	优点	缺点
常规规划仿真软件	5 m 以上精度电子地图，有建筑物矢量图	算法复杂度和应用难度相对较低，可适用于较大范围的仿真计算	室内预测结果不够精准，只能大体反映室内信号的总体分布情况
室内外联合仿真软件	建筑物 3D 建模（含各种墙体、门窗隔断的准确模型）	仿真结果准确度更高，尤其是室内的预测结果更为精准	计算复杂度高，建模工作量大，只适用于局部小范围的仿真计算

下面将分别对这两种软件的应用要点进行详细的说明和示例。

6.2 常规规划仿真软件

6.2.1 总体流程

室内外联合仿真的总体流程和传统的室外仿真类似，具体如图 6.1 所示。

本章以后章节的规规划仿真操作应用的详细说明以 Atoll 软件为例进行，重点介绍应用于室内外联合仿真时特别需要注意的操作细节。

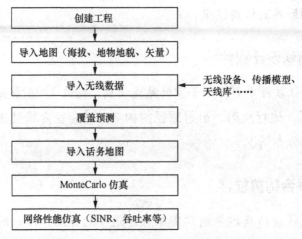

图 6.1　传统规划仿真软件的总体操作流程

6.2.2　创建工程

在进行仿真之前，首先要创建一个工程，可以通过软件自带的工程模板，或者自定义的模板创建工程，如图 6.2 所示。

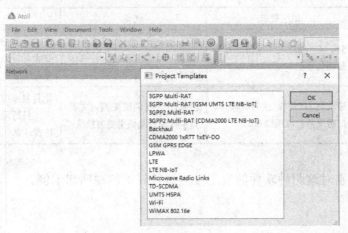

图 6.2　Atoll 创建工程页面

Atoll 中支持 3GPP Multi-RAT 即多制式联合仿真，可根据工作需要和软件许可情况选择相应的模板进行工程创建。

6.2.3　导入地图

Atoll 的路径损耗计算是基于数字化的电子地图和传播模型的，而且站点的经纬度要能够和地图的坐标系匹配才能正常显示，因此，在创建工程后、导入基站之前，要先导入地图数据。

Atoll 使用的电子地图主要包括两大类：一类是栅格地图，另一类是矢量地图。

1. 栅格地图（Raster Map）

栅格地图即以栅格（$n \times n$ m 的正方形栅格，n 取决于地图的精度）形式存储和呈现的地理信息数据，主要包括以下几种地图。

（1）Height：即海拔高度地图，Atoll 导入时，对应为 Altitude 类型。

（2）Clutter：即地物类型数据，Atoll 导入时，对应为 Clutter class。

（3）Clutter height：即地物高度地图，Atoll 导入时，对应为 Clutter height。

常规的宏基站仿真中，主要用到 Height 和 Clutter 两类地图，如果要对地物的绕射损耗进行计算，则需要有 Clutter height 地图，否则只能对同一种地物设定相同的高度，计算的准确性会存在较大偏差。

2. 矢量地图（Vector Map）

矢量地图即以矢量形式存储和显示的线性或封闭图形地图，其中与传播损耗计算相关的主要是建筑物矢量图。而建筑物矢量图是 5 m 以上精度的电子地图才有的数据，它以矢量形式存储了建筑物的外轮廓和高度信息，是进行室内外联合 3D 射线跟踪仿真的必要配置，因为在建筑物密集的城市区域，建筑物尤其是高层建筑对无线信号的传播路径和损耗有至关重要的影响。

Atoll 中的地图导入可以通过 File->Import，选择对应的地图文件进行导入。如果是 bil 格式的地图，软件会自动匹配地图类型，如果是其他格式的，还需要手动指定对应的地图类型。Raster 地图导入如图 6.3 所示。

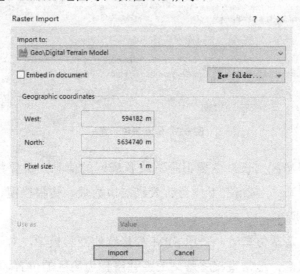

图 6.3　Raster 地图导入

Vector 地图的导入方法和 Raster 地图的路径一样，导入页面如图 6.4 所示。

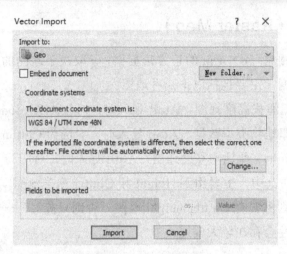

图 6.4　Vector 地图导入

需要注意的是，如果采用的是 3D 射线跟踪模型，通常还要在传播模型中重新进行 Vector 地图的导入和设置，详见 6.2.5 节传播模型设置的相关内容。

6.2.4　基站建模

基站建模主要包括 3 个层次：Site → Transmitter → Cell。

Site 即基站列表，主要记录基站的经纬度、海拔高度（可根据 Height 地图自动获取）等信息，如图 6.5 所示。

Name	Longitude	Latitude	Altitude (m)	Comments	Support Height (m)	Support Type	Max S1 interface throughput (DL) (kbps)	Max S1 interface throughput (UL) (kbps)
Site0	106.71392	35.54457	[1,330]		50		950,000	950,000

图 6.5　Site 表单示意

Transmitter 即扇区列表，主要记录基站各扇区的信息，主要包括天线类型、相对位置（DX、DY）、方向角、下倾角、天线端口数量、传播模型、计算半径、仿真精度等，如图 6.6 所示。

以往在进行宏基站仿真时，采用 SPM 等传统的经验模型，对于基站扇区的位置准确度要求不是很高，通常直接将基站的经纬度作为扇区的位置，不进行局部修正，因此，3 个扇区的位置完全相同。而实际上对于楼顶抱杆站来说，各个扇区通常是分布在楼顶不同的边角位置，相对位置偏移可能有数十米。而且采用射线跟踪模型进行传播损耗计算时近处楼体自身的阻挡对于计算结果影响非常大，因此，必须要精确给出每个扇区在楼面的位置，才能保证计算结果的准确性。如图 6.7 所示，如果在 Transmitter 表里面不加修改，直接以基站的经纬度（通常是大楼的中心位置）作为扇区位置，则仿真出来的覆盖效果明显差于天线在楼顶外墙不同边角位置的覆盖效果。

Site	Transmitter	Antenna	DX (m)	DY (m)	Height (m)	Azimuth (°)	Mechanical Downtilt (°)	Number of Transmission Antenna Ports	Number of Reception Antenna Ports	Transmission Feeder Length (m)	Main Propagation Model	Main Calculation Radius (m)
Site0	Site0_1	65deg 18dBi 4Tilt 2100M	0	0	30	0	0	2	2	0	(Default model)	4,000
Site0	Site0_2	65deg 18dBi 4Tilt 2100M	0	0	30	120	0	2	2	0	(Default model)	4,000
Site0	Site0_3	65deg 18dBi 4Tilt 2100M	0	0	30	240	0	2	2	0	(Default model)	4,000

图 6.6　Transmitter 表单示意

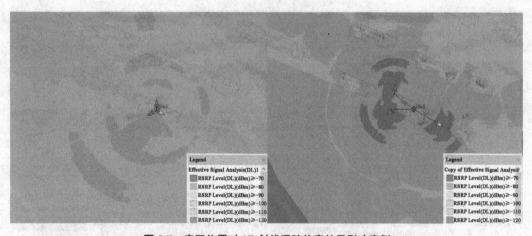

图 6.7　扇区位置对 3D 射线跟踪仿真结果影响案例

Cell 表即小区表，里面记录的是每个小区（载扇）的详细配置信息。Atoll 中的 Cell Table 并未直接显示在 Network 的导航栏中，而是需要通过右击 Transmitter → Cells → Open Table 来打开，如图 6.8 所示。

Cell 表单的主要参数有频段、信道、功率配置、小区接入重选参数、功控参数、干扰协调、子帧配置（TDD 系统）、MIMO 配置、上下行负荷等参数，对覆盖、性能（SINR、Throughput 等）等的仿真结果会产生重要影响，如图 6.9 所示。

Atoll 支持小区分层，即设置不同的 Layer，不同层可设置不同的接入优先级以及最大移动速度限制等，如图 6.10 所示。

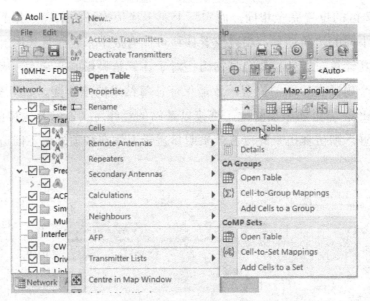

图 6.8　Cell 表单打开方式

Transmitter	Name	Layer	Cell Type	Frequency Band	Channel Number	Physical Cell ID	Max Power (dBm)	RS EPRE per antenna port (dBm)	SS EPRE Offset / RS (dB)	PBCH EPRE Offset / RS (dB)	PDCCH EPRE Offset / RS (dB)	PDSCH EPRE Offset / RS (dB)	Min RSRP (dBm)	Cell Selection Threshold (dB)
Site0	Site0_1(0)	Macro	LTE	E-UTRA Band 1 - 10MH	50	0	43	15.4	0	0	0	0	-140	0
Site0	Site0_2(0)	Macro	LTE	E-UTRA Band 1 - 10MH	50	0	43	15.4	0	0	0	0	-140	0
Site0	Site0_3(0)	Macro	LTE	E-UTRA Band 1 - 10MH	50	0	43	15.4	0	0	0	0	-140	0

Cell Selection Threshold (dB)	Cell Individual Offset (dB)	Handover Margin (dB)	Cell Edge Margin (dB)	Fractional Power Control Factor	Max Noise Rise (UL) (dB)	Max PUSCH C/(I+N) (dB)	Interference Coordination Support	Frame configuration	TDD subframe configuration	Reception Equipment
0	0	0	0	1	6	20	Static DL	Default 50 RB		Default Cell Equipment
0	0	0	0	1	6	20	Static DL	Default 50 RB		Default Cell Equipment
0	0	0	0	1	6	20	Static DL	Default 50 RB		Default Cell Equipment

Diversity Support (DL)	Diversity Support (UL)	Number of co-scheduled MU-MIMO users (DL)	Number of co-scheduled MU-MIMO users (UL)	Traffic Load (DL) (%)	Traffic Load (UL) (%)	UL Noise Rise (dB)	Max Traffic Load (DL) (%)	Max Traffic Load (UL) (%)	Cell-edge Traffic Ratio (DL) (%)	ICIC Noise Rise (UL) (dB)	Additional DL Noise Rise (dB)	Additional UL Noise Rise (dB)
Transmit Di	Receiv	2	2	100	100	0	100	100	0	0	0	0
Transmit Di	Receiv	2	2	100	100	0	100	100	0	0	0	0
Transmit Di	Receiv	2	2	100	100	0	100	100	0	0	0	0

图 6.9　Cell 表单主要参数截图

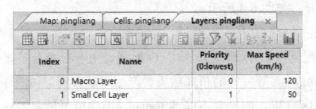

Index	Name	Priority (0:lowest)	Max Speed (km/h)
0	Macro Layer	0	120
1	Small Cell Layer	1	50

图 6.10　层配置

带宽及频段号等的设置是在频段（Frequency Band）中进行的，如图 6.11 所示，

Cell 表中选定频段后，对应的也就限定了信道号的取值范围，这里的频段号只是个序号，可以和现实网络中的编号规则不一致。

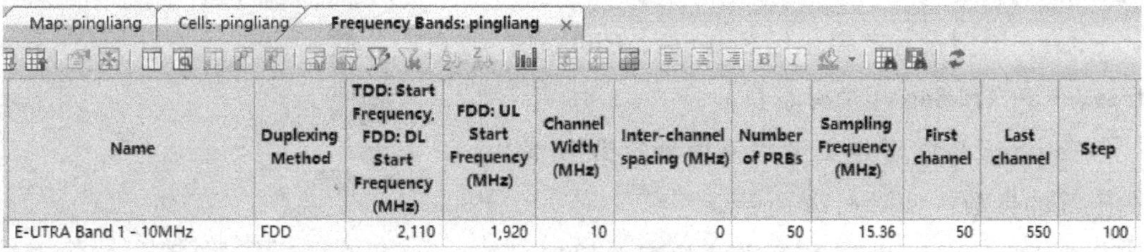
Map: pingliang
Cells: pingliang
Frequency Bands: pingliang

Name	Duplexing Method	TDD: Start Frequency, FDD: DL Start Frequency (MHz)	FDD: UL Start Frequency (MHz)	Channel Width (MHz)	Inter-channel spacing (MHz)	Number of PRBs	Sampling Frequency (MHz)	First channel	Last channel	Step
E-UTRA Band 1 - 10MHz	FDD	2,110	1,920	10	0	50	15.36	50	550	100

图 6.11　频段配置

Atoll 中的信道功率设置主要是设置其他信道和信号相对于 RS 信号的功率偏置以及最大功率，然后自动计算出 RS ERPE。基站的总功率也就是 Max Power 默认的是 43 dBm（20 W），而小基站设计中可能会用到各种功率的设备，因此，在进行小基站仿真中，要根据实际的设备载波功率进行小区载波功率的设置，如图 6.12 所示。

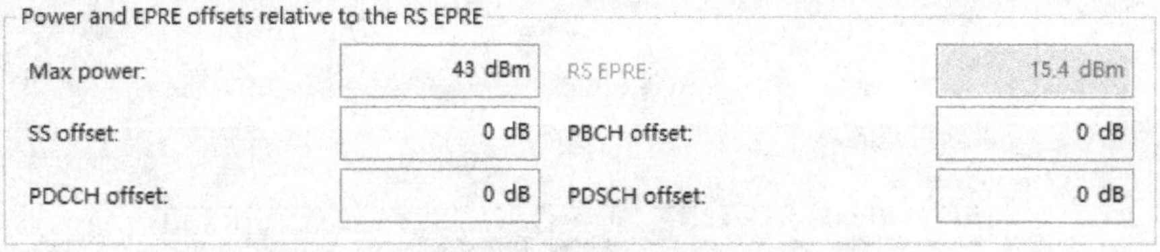
Power and EPRE offsets relative to the RS EPRE
Max power:
43 dBm
RS EPRE:
15.4 dBm
SS offset:
0 dB
PBCH offset:
0 dB
PDCCH offset:
0 dB
PDSCH offset:
0 dB

图 6.12　功率配置

LTE 小区的性能指标（如 SINR 和吞吐率）与本小区及相邻小区的业务负荷密切相关，因此，在完成覆盖预测之后，需要基于话务地图和小区业务量等数据，运行仿真，采用随机撒用户的方式模拟现网中的用户行为，得到每个小区的业务负荷，然后再基于这些业务负荷进行 SINR 和吞吐率等的预测。即使没有话务数据，也可以为小区设置固定的负荷。

6.2.5　传播模型设置

Atoll 中的传播模型主要有两大类（如图 6.13 所示），一类是经验模型，计算复杂度低同时精准度也低；另一类是确定性模型，也即我们前面所说的 3D 射线跟踪类模型，要基于高精度的电子地图和无线信号传播理论，构造收发之间的主要传播路径，计算每条路径的传播损耗，并进行矢量叠加，最终得到各点的预测结果。

通常来讲，经验模型的适用范围是传播距离 1 km 以上，而小基站的站间距往往只有几百米甚至百米以内，因此，经验模型的精准度难以满足小基站精准仿真的要求，建议采用确定性模型进行室内外联合仿真。

下面以 Aster 模型为例对传播模型的设置进行说明。

Aster 模型设置主要包括 Settings、Clutter、Geo、Ray Tracing 几个标签页。

Settings 页面可定义考虑室内计算或者室内天线的参数，如图 6.14 所示。

Configuration 中可查看当前的配置情况，默认为"Standard"配置，可通过右键单击 Aster 模型，选择"Configuration"进行配置，如图 6.15 所示。

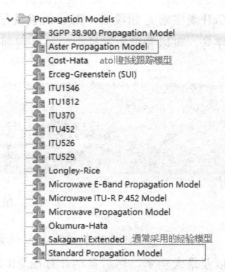

图 6.13　Atoll 中的传播模型

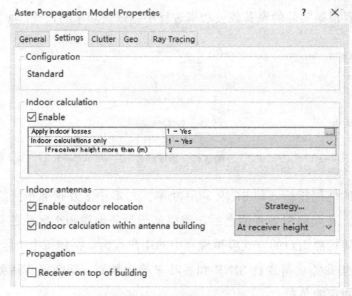

图 6.14　Aster 模型设置（Settings）页面

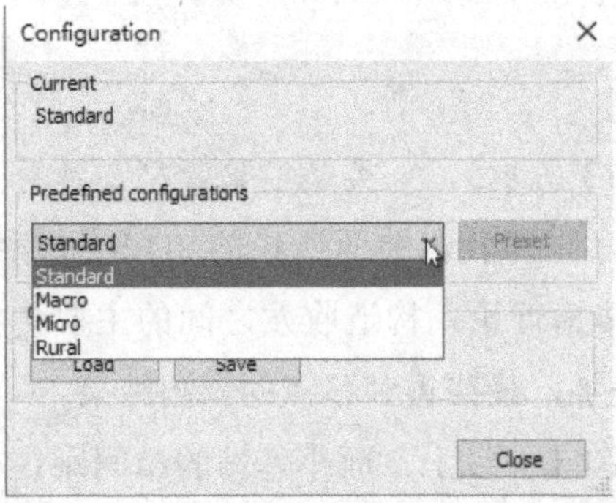

图 6.15　Aster 模型配置（Configuration）页面

不同配置的差别如下。

Standard：适用于所有环境，允许射线追踪技术。

Macro：适用于宏蜂窝环境，仅使用垂直衍射（没有射线追踪功能）。

Micro：适用于微蜂窝环境，有射线追踪功能以及微蜂窝模式计算。

Rural：适用于郊区环境，没有射线跟

踪功能。

如果是经过校正的模型，此处会显示"From Calibration"。

Indoor Calculation 如果勾选"Enable"，表示考虑室内传统损耗计算，如图 6.16 所示。

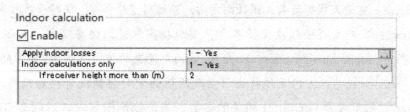

图 6.16　Aster 模型室内计算（Indoor Calculation）设置

Apply indoor losses 选择"1-Yes"，考虑室内穿透损耗，"0-No"表示不考虑。当考虑穿透损耗时，使用的是 Clutter 标签页中设置的损耗值。

"Indoor calculations only"表示仅计算室内覆盖，预测图只出室内的，默认为"0-No"。如果选择"1-Yes"，"If receiver height more than（m）"默认为 2，表示当接收机高度大于 2 m 时，才会只出室内覆盖；如果接收机高度低于 2 m，覆盖图就是室外加室内的。这样设置在进行多层仿真时，可以减少除首层外其余楼层室外区域的计算量，因为正常来讲，这些区域都是处于空中，一般不会有用户存在。

此外，Atoll 还增加了一个天线位置自动重置的功能，即 Indoor antennas 自动检测和重置功能。当勾选"Enable outdoor relocation"时，如果软件计算发现天线位于室内，会强制依照选定的策略将位于室内的天线放到室外，如图 6.17 所示。通常情况下，天线是位于室外的，但有时基站的天线挂高弄错，本来应该是位于室外的天线变成了室内的天线，这时这个功能可以把天线自动移到室外；如果不勾选，将会按照实际天线高度进行计算。

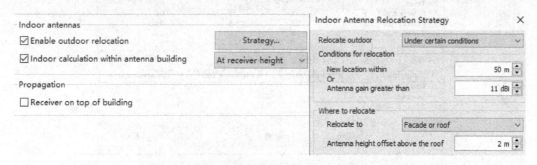

图 6.17　Aster 模型室内天线位置重置（Indoor autenna relocation）设置

Relocate Outdoor：选择重置天线位置的条件如下。

Always：表示把检查到的所有位于室内的天线强制放置到室外。

Under Certain Conditions：表示满足特定条件才可以移动到室外。

● 如果室外的位置在"New Location Within"定义的范围内，默认是50 m。

● 天线增益大于定义的天线增益，默认是11 dBi。

天线重置位置的选择策略有以下几种。

● Façade：室内天线将沿着天线径向方向，移动到室外楼侧，保持天线挂高不变。

● Roof：室内天线经纬度保持不变，增加挂高放置到楼房顶部，天线挂高增加到比屋顶高（Antenna height offset above the roof中设置的值，默认为2 m）的位置。

● Façade or roof：室内天线将会移动到附近的室外楼侧或者楼房顶部。

Clutter 页面是设置与 Clutter 相关的参数，当地物地图导入之后就会自动识别地物对应的 Aster 传播类型，如图 6.18 所示。

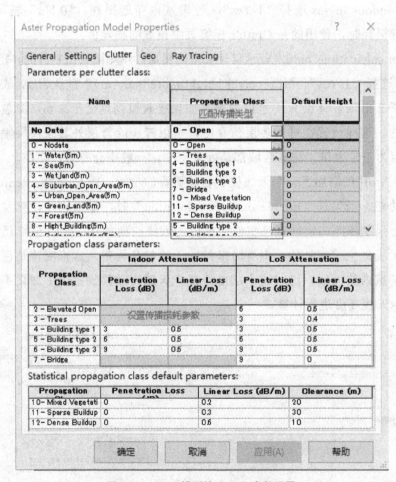

图 6.18 Aster 模型的 Clutter 参数设置

图 6.18 中"Default clutter height（m）"中的高度值来自 Clutter 地图中设置的自定义的地物高度，在低精度地图的情况下可以设置此值，如果具备 Clutter height 地

图，此处可以不需要设置。

Aster 模型中设定了几种地物传播类型，针对每种传播可以单独设置室内外传播损耗参数，需要根据区域的实际情况和经验进行合理设置。

另外，Aster 模型的 Geo 界面有建筑物矢量地图导入和配置模块，如图 6.19 所示。

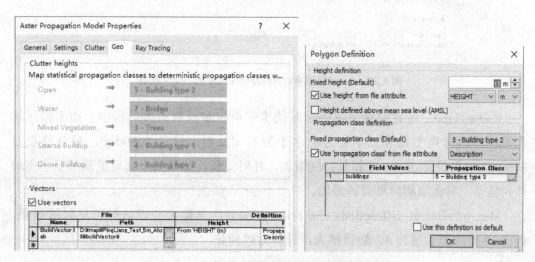

图 6.19　Aster 模型 Geo 设置

通过"File → Path"按钮，可以选择打开对应的建筑物矢量地图，注意路径及文件名不能有中文字符。单击"Description"按钮，可以进行地图相关设置，主要包括高度设置和传播类型定义。

Height definition 通常勾选"Use 'height' from file attribute（下拉菜单选择对应的字段，通常默认设置为 height）"。注意一般不要勾选"Height defined above mean sea level"，因为建筑物矢量的高度通常是建筑物本身的高度，即相对于地表高度的，而非平均海平面高度。

通常建筑物矢量图中所有建筑物都归为一类，而实际上不同建筑物由于外墙材质、内部隔断的差异，室内损耗参数千差万别，而传播模型中同一类建筑物只能设置一套统一的损耗参数，因此，如果要体现不同建筑物的区别，主要有以下两种途径。

（1）根据建筑物的聚类分析，将建筑物矢量地图中的类型属性由统一的一种描述改为若干种分类，并在传播模型中对应进行传播损耗参数的设置。

（2）分区域进行仿真，将建筑物特性不同的建筑物群划分成不同的仿真区域，分别设置不同的参数进行仿真。

当然第一种方法是更为根本和广泛适用的方法，但是地图修改的工作量较大，而第二种方法只适用于同质化的小范围区域内。

Ray Tracing 页面设置是否考虑射线追踪的算法，勾选"Enable ray tracing"表示考虑，如图 6.20 所示。

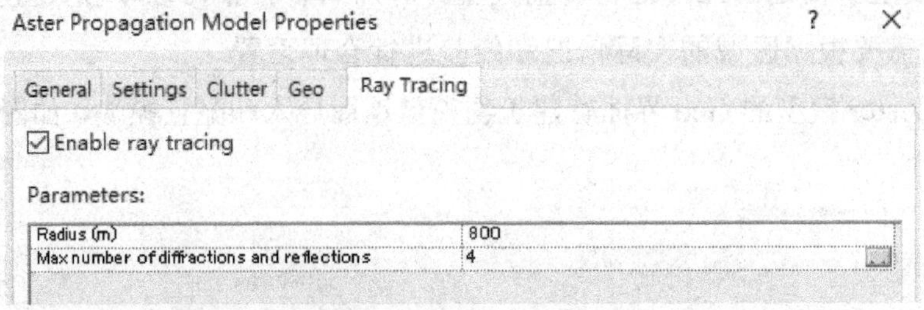

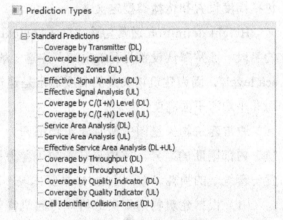

图 6.20　Aster 模型中的射线跟踪（Ray tracing）选型

Radius（m）：设置射线追踪处理时的水平衍射和反射的考虑范围。如果超过这个范围，信号电平计算就不会考虑水平衍射和反射。缺省为 800 m，推荐值也是800 m，如果设置过大，计算复杂度增加，耗时太长，如果太小则可能漏掉很多强的多径信号，导致预测结果误差增加。

Max number of diffractions and reflections：定义最大考虑衍射和反射的数量，最多 10 个。默认值为 4。数值越大，计算时间越长。

6.2.6　仿真计算

Atoll 中可以做的仿真类型主要有以下几种，如图 6.21 所示。

其中，前面 5 项是覆盖类的预测，而后面的仿真项则是与性能相关的，要基于小区上下行负荷才能做出相对准确的预测。如果要进行 RS CINR 的预测，则要先分配好 PCI，否则默认的全是相同的 PCI，同频干扰将非常严重，预测结果也将非常差，如图 6.22所示。

从预测仿真流程来看，小微基站和常规的宏基站仿真类似，这里不再

图 6.21　Atoll 中预测类型

赘述。需要特别指出的是，小微基站点规划更应注重室内深度覆盖，因此，预测时要合理设置室内穿透损耗参数。

从图 6.23 的仿真对比结果看，是否考虑 Indoor Loss，对室外的仿真结果无影响，但是对建筑物内部的电平具有直接影响，因此，如果想要真实反映室内外的综合覆盖情况，需要考虑 Indoor Loss。

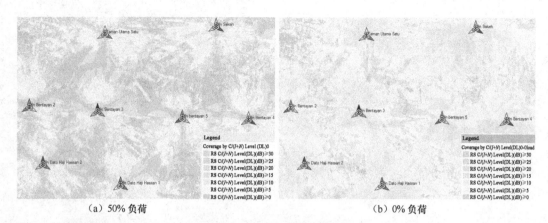

（a）50% 负荷　　　　　　　　　　（b）0% 负荷

图 6.22　小区负荷对 CINR 的影响

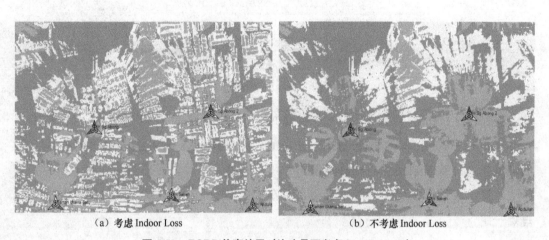

（a）考虑 Indoor Loss　　　　　　　　（b）不考虑 Indoor Loss

图 6.23　RSRP 仿真结果对比（是否考虑 Indoor Loss）

6.2.7　多层立体仿真

　　以往的宏基站预测仿真往往只考虑地面的覆盖效果，而小微基站点设计中更多关注的是室内深度覆盖，底层覆盖只是室内深度覆盖中的一小部分，只有掌握各个楼层的覆盖效果，才能全面反映室内覆盖的整体效果。

　　Atoll3.3.2 版本增加了"Multi-storey Prediction"功能，可以一键操作，实现对多层的仿真，大大简化了立体覆盖效果仿真操作的流程。

　　图 6.24 是 Atoll 中多层预测的设置页面。

　　可以基于某个单层的预测结果进行多层预测。

　　其中可以设置的主要参数有以下几种。

　　Resolution：分辨率，默认与当前仿真设置中的相同。

　　Number of storeys：计算的楼层数。

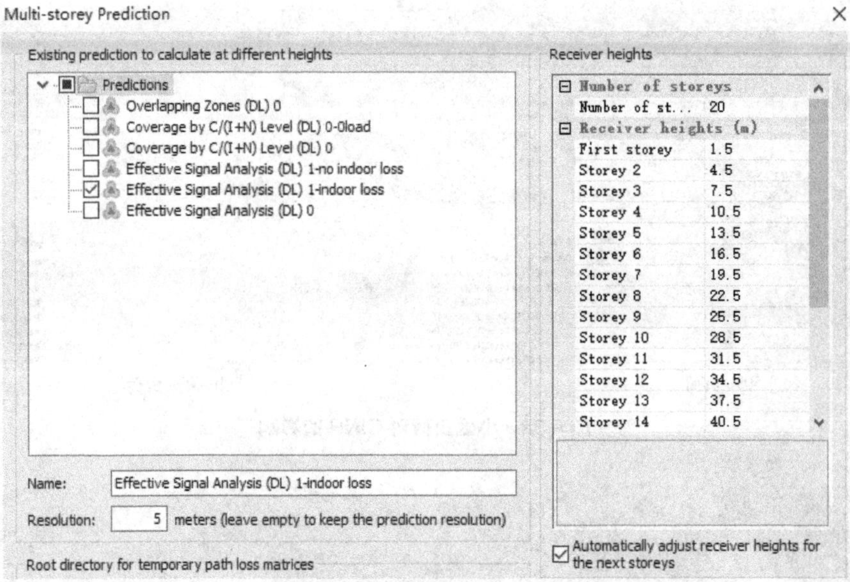

图 6.24　多层预测设置界面

Receiver heights：每层用户接收高度，默认楼层间间距为 3 m。如果勾选 "Automatically adjust receiver heights for the next storeys"，则会自动根据 1 ～ 2 层的高度差，计算其余楼层的接收高度。

计算结束后，多层预测的结果会显示在 "Predictions" 目录下，如图 6.25 所示，每层一组。

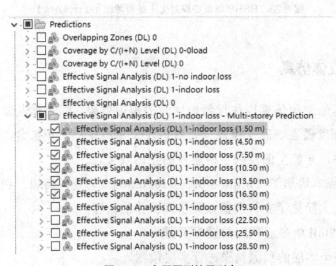

图 6.25　多层预测结果列表

如果计算的高度超过楼宇的高度，则不会进行计算，由于选择了 2 层以上只计算室内，所以 2 层以上只有室内有预测结果，如图 6.26 所示。

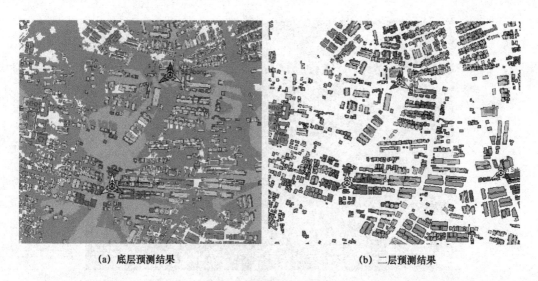

(a) 底层预测结果　　　　　　　　　　　(b) 二层预测结果

图 6.26　多层预测结果示例

6.2.8　结果呈现

Atoll 中的仿真结果呈现仍然是 2D 平面形式的，即使进行了多层预测，结果也是逐层分别呈现的，但是 Atoll 的多层预测结果可以输出到 Google Earth 中进行 3D 呈现。

图 6.27 是导出的界面。

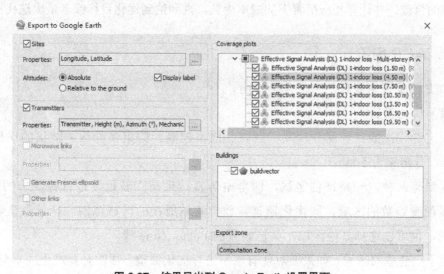

图 6.27　结果导出到 Google Earth 设置界面

仿真结果导出时，也可以同时导出基站数据以及建筑物矢量。

导出后的结果呈现如图 6.28 所示。

图 6.28 仿真结果立体呈现

6.2.9 自动小区规划的应用

Atoll 中具有自动小区规划（ACP）的功能，可通过网络参数（主要是功率和天线参数，如 RS 信号发射功率、天线类型、方位角、下倾角、高度，以及备用站址选择等）的自动调整，实现覆盖场强和 SINR、吞吐率的优化。

其运算过程就是基于规划目标和成本函数的迭代优化过程，每次迭代相当于一个网络参数的修改，并计算相应配置下的成本函数，直到达到优化目标或者最大迭代次数。

1. ACP 配置

ACP 的配置主要包括以下几个方面。

（1）优化设置。

设定迭代次数、计算分辨率、区域、成本控制、约束条件等。默认的迭代次数是 100，分辨率为 50 m。

区域有两种，一是评估区域，即考察仿真结果是否满足设定目标要求的区域；二是重配置参数的区域，即优化调整参数的基站所在的区域范围。区域默认都是计算区域，也可以选择其他区域，如已设置的 Focus Zone 等。

对于已建成的区域，如果要对现有基站进行优化调整，通常是要产生成本费用的，如果对总的费用有限制，可以在成本控制（Cost Control）中进行设置，如图 6.29 所示。

成本控制设置有 3 种选项。

● No Cost Control：无成本控制。

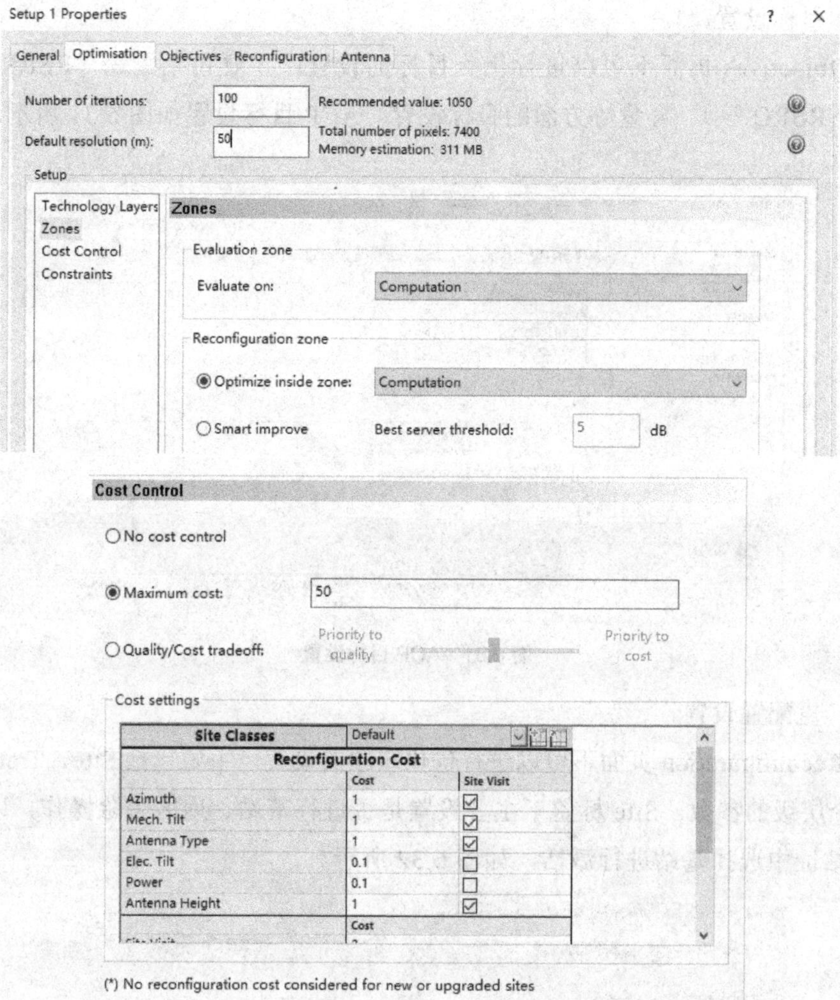

图 6.29　Cost Control 设置

● Maximum Cost：限定最大成本。

● Quality/Cost Tradeoff：在质量和成本之间进行折中。

Cost Setting 中可以对每种优化手段的成本进行设置。

如图 6.30 所示，限制条件（Constraints）中主要对最大激活站点数量、最小站间距等进行设置。

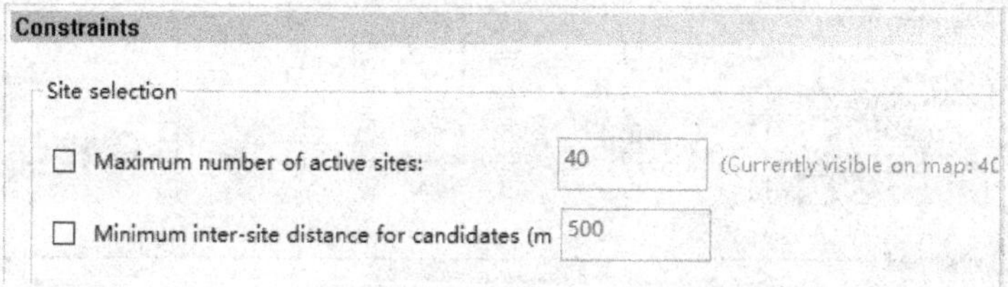

图 6.30　基站选址限制条件

（2）目标设置。

在 Objectives 页面下可以进行优化目标的设置，主要包括覆盖（RSRP）、质量（CINR、RSRQ 等）、容量等方面的目标设置。ACP 目标设置如图 6.31 所示。

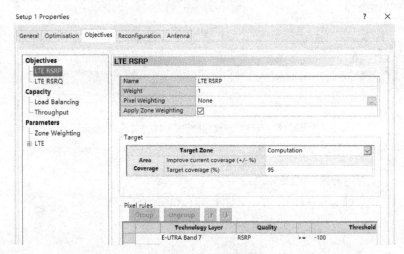

图 6.31　ACP 目标设置

（3）重配置设置。

在 Reconfiguration 页面下可以进行优化事项的设置，主要包括 Site、Transmitter、Cell 3 个层级的参数。Site 标签下主要设置是否进行基站、扇区去除操作，以及是否从候选站址中选择基站进行激活，如图 6.32 所示。

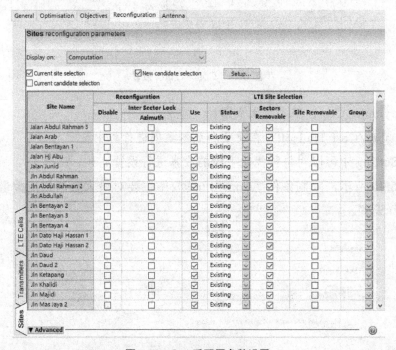

图 6.32　Site 重配置参数设置

Transmitter 标签项中主要设置天线类型、下倾角、方向角、挂高等的调整范围、步长等参数，如图 6.33 所示。

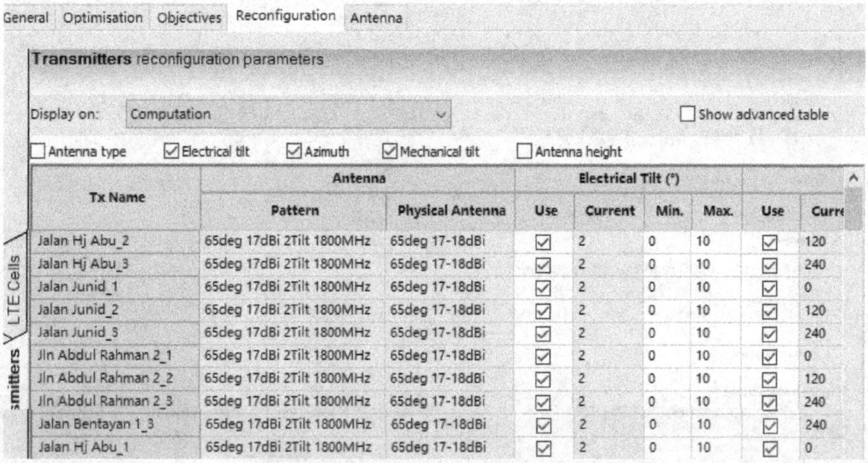

图 6.33　Transmitter 重配置参数设置

Cell 标签中主要是对基站的功率进行设置，如图 6.34 所示。

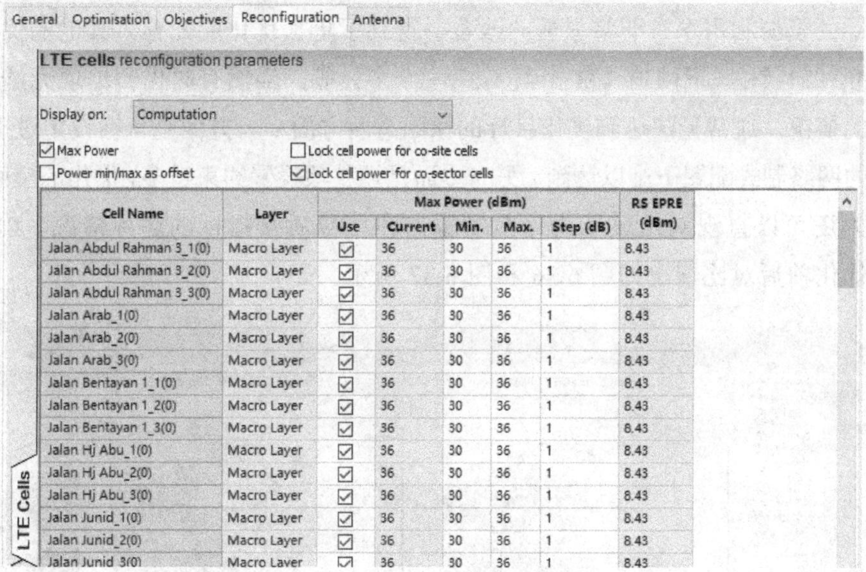

图 6.34　Cell 重配置参数设置

配置完成后单击"Run"即可开始优化迭代运算。

2．优化结果

图 6.35 是统计结果页面示例，主要包括 RSRP 和 RSRQ 的改善情况，以及优化条目的统计情况。

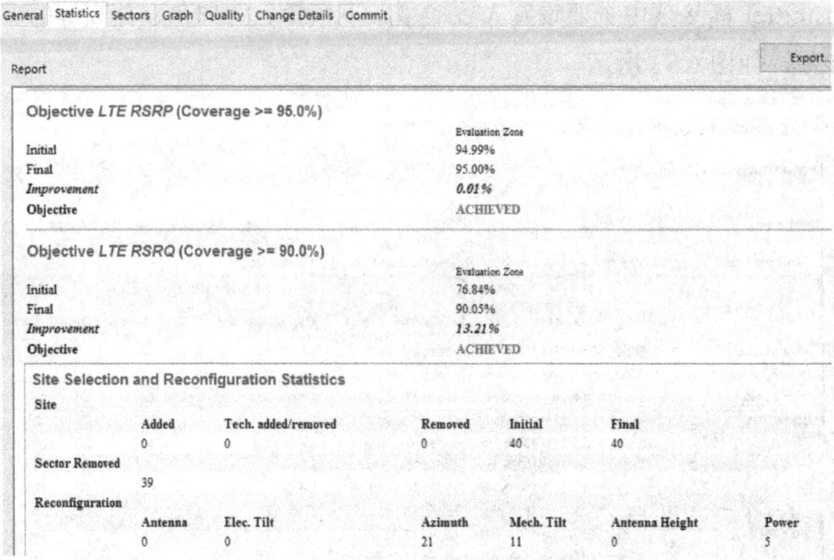

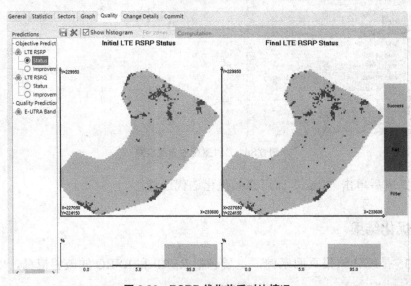

图 6.35　ACP 结果统计示例

　　以上述结果为例，可见在设定的条件下，优化目标均已达到，具体来讲，覆盖指标略有改善，但是信号质量指标明显提升，这主要是因为关闭了近 1/3 的扇区，由此可见实际的资源利用率有非常显著的改善，得到了更加优化的配置。其他的优化项还有方向角（21 个）、下倾角（11 个）、功率（5 个）等。当然有时也会出现无法达到优化目标的情况，通常无法达到优化目标的原因有两方面：一方面是目标设定过于理想，在现有的网络制式配置下难以达到；另一方面是调整项设置约束过多，优化的空间有限。

　　此外还可以直观对比显示优化前后覆盖和信号质量指标的达标情况。RSRP 和RSRQ 优化前后对比情况如图 6.36 和图 6.37 所示。

图 6.36　RSRP 优化前后对比情况

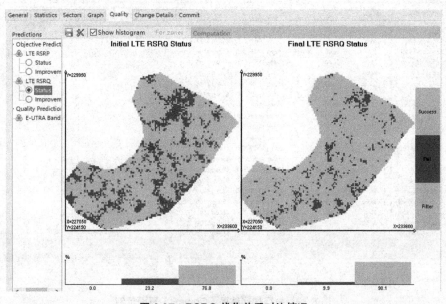

图 6.37　RSRQ 优化前后对比情况

在调整细节页面，可以详细列出每个调整项对指标优化的贡献情况，如图 6.38 所示。

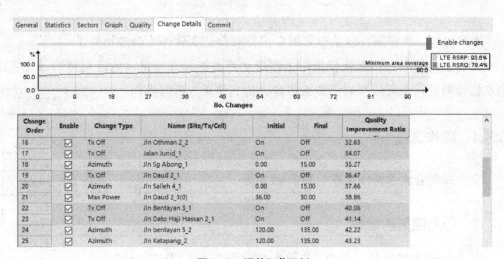

图 6.38　调整细节示例

在执行（Commit）页面，可以选择采纳所有或者部分优化项，此外也可以通过 "Roll Back"（回滚）的功能恢复初始设置，如图 6.39 所示。

Cell/Tx Name	Max Power (dBm)			Antenna Pattern			Azimuth (°)			Mechanical Tilt (°)		
	Use	Initial	Final	Use	Initial	Final	Use	Initial	Final	Use	Initial	Fina
Jalan Abdul Rah	☐	36.00	36.00	☐	65deg 17dBi 2Tilt	65deg 17dBi 2Tilt	☐	0	0	☐	2	2
Jalan Abdul Rah	☐	36.00	36.00	☐	65deg 17dBi 2Tilt	65deg 17dBi 2Tilt	☐	120	120	☐	2	2
Jalan Abdul Rah	☐	36.00	36.00	☐	65deg 17dBi 2Tilt	65deg 17dBi 2Tilt	☑	240	220	☐	2	2
Jalan Arab_1(0)	☐	36.00	36.00	☐	65deg 17dBi 2Tilt	65deg 17dBi 2Tilt	☐	0	0	☐	2	2
Jalan Arab_2(0)	☐	36.00	36.00	☐	65deg 17dBi 2Tilt	65deg 17dBi 2Tilt	☐	120	120	☐	2	2
Jalan Arab_3(0)	☐	36.00	36.00	☐	65deg 17dBi 2Tilt	65deg 17dBi 2Tilt	☐	240	240	☑	2	5
Jalan Bentayan 1	☐	36.00	36.00	☐	65deg 17dBi 2Tilt	65deg 17dBi 2Tilt	☐	0	0	☑	2	5
Jalan Bentayan 1	☐	36.00	36.00	☐	65deg 17dBi 2Tilt	65deg 17dBi 2Tilt	☐	120	120	☐	2	2
Jalan Bentayan 1	☐	36.00	36.00	☐	65deg 17dBi 2Tilt	65deg 17dBi 2Tilt	☐	240	240	☐	2	2
Jalan Hj Abu_1(0	☐	36.00	36.00	☐	65deg 17dBi 2Tilt	65deg 17dBi 2Tilt	☐	0	0	☐	2	2
Jalan Hj Abu_2(0	☐	36.00	36.00	☐	65deg 17dBi 2Tilt	65deg 17dBi 2Tilt	☐	120	120	☐	2	2
Jalan Hj Abu_3(0	☐	36.00	36.00	☐	65deg 17dBi 2Tilt	65deg 17dBi 2Tilt	☐	240	240	☐	2	2
Jalan Junid_1(0)	☐	36.00	36.00	☐	65deg 17dBi 2Tilt	65deg 17dBi 2Tilt	☐	0	0	☐	2	2
Jalan Junid_2(0)	☐	36.00	36.00	☐	65deg 17dBi 2Tilt	65deg 17dBi 2Tilt	☑	120	135	☐	2	2
Jalan Junid_3(0)	☐	36.00	36.00	☐	65deg 17dBi 2Tilt	65deg 17dBi 2Tilt	☐	240	240	☐	2	2
Jln Abdul Rahma	☐	36.00	36.00	☐	65deg 17dBi 2Tilt	65deg 17dBi 2Tilt	☐	0	0	☐	2	2
Jln Abdul Rahma	☐	36.00	36.00	☐	65deg 17dBi 2Tilt	65deg 17dBi 2Tilt	☐	120	120	☐	2	2
Jln Abdul Rahma	☐	36.00	36.00	☐	65deg 17dBi 2Tilt	65deg 17dBi 2Tilt	☐	240	240	☐	2	2
Jln Abdul Rahma	☐	36.00	36.00	☐	65deg 17dBi 2Tilt	65deg 17dBi 2Tilt	☐	0	0	☐	2	2
Jln Abdul Rahma	☐	36.00	36.00	☐	65deg 17dBi 2Tilt	65deg 17dBi 2Tilt	☐	120	120	☐	2	2

Legend: Reconfiguration　TX added　TX removed

Roll back to initial state　　Commit

图 6.39　执行优化结果（Commit）页面示例

6.3　室内外联合仿真软件

本节内容以杰赛科技自主研发的室内外联合仿真软件为例进行描述。

杰赛室内外联合仿真软件采用了图形化界面的形式，可以通过菜单的方式完成建筑物模型导入、天线布放、覆盖仿真、仿真结果分析等操作。

6.3.1　操作流程

室内外联合软件操作流程如图 6.40 所示。

1. 导入建筑物模型

在下拉菜单中选择"文件""导入平面图"，在"Building"的文件夹中选择相应的建筑物模型文件，单击打开，建筑物的模型即可导入到系统中，如图 6.41 所示。

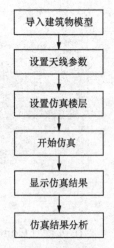

**图 6.40　室内外联合
软件操作流程**

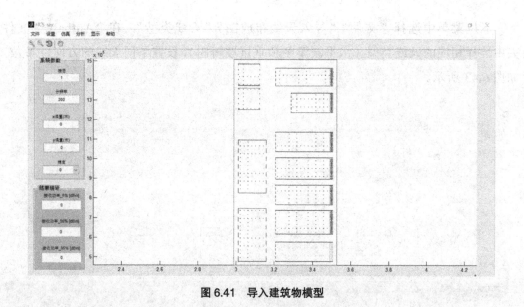

图 6.41　导入建筑物模型

2. 导入天线布放图

平面图导入以后，就可以进行室内及室外天线点位的布放。天线布放可以支持手动布点以及通过文件导入两种方式完成。手动布点方式可以在下拉菜单中选择"文件""导入天线布放图""手动导入"，通过鼠标进行天线布点。手动布点完成后，可以保存为工程文件，方便以后调用。通过文件导入的方式可以在下拉菜单中选择"文件""导入天线布放图""文件导入"，在"Antenna"的文件夹中选择相应的天线布放文件。单击打开，天线的相关信息即可导入到系统中，如图 6.42 所示。

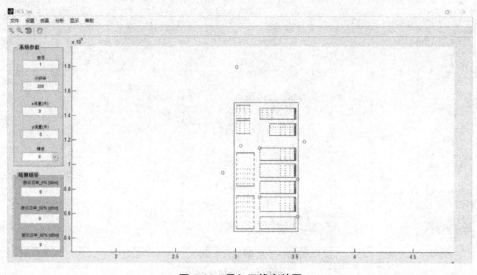

图 6.42　导入天线布放图

下拉菜单中选择"文件""导入天线布放图""天线类型"，在"Antbase"文件夹中选择相应的天线类型（水平波瓣图和垂直波瓣图），设置不同天线的方向性参数，如图 6.43 所示。

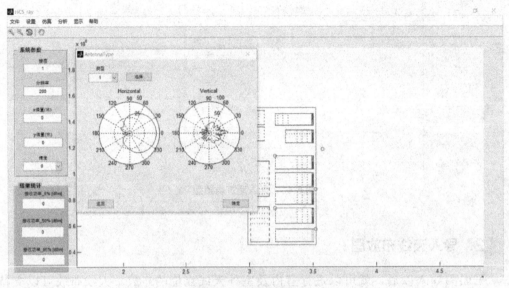

图 6.43　配置天线型号

3．设置楼层

在系统参数中，设置需要仿真的楼层，如图 6.44 所示。

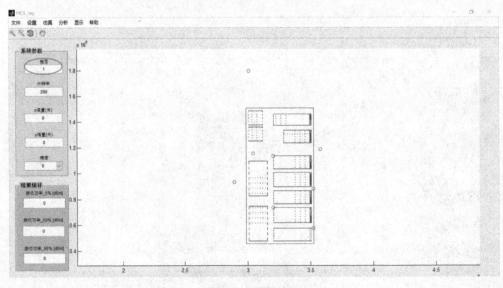

图 6.44　设置楼层

4．设置分辨率以及精度

在系统参数中，设置分辨率及精度，分辨率及精度越高，显示结果越精细，但运算的时间也越长，如图 6.45 所示。

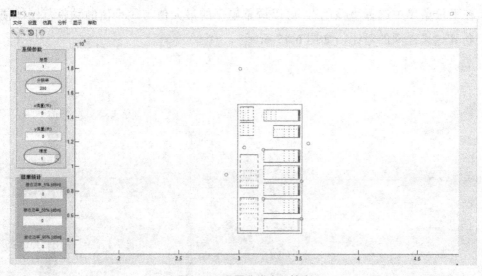

图 6.45　设置分辨率及精度

5．运行仿真

在下拉菜单中，选择"仿真""运行仿真"，仿真完成后，可以得到图形化的输出相关的统计结果，如图 6.46 所示。

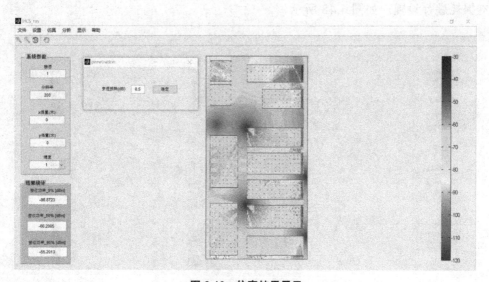

图 6.46　仿真结果显示

6.3.2 附加功能

1. 设置颜色

在下拉菜单中选择"颜色"，可以调整电平的最大值与最小值的颜色范围，便于不同仿真结果之间的对比，如图 6.47 所示。

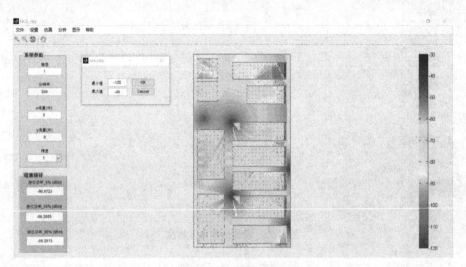

图 6.47　设置颜色区间

2. 设置穿透损耗

在下拉菜单中选择"设置""材质参数"，可以根据实际情况对不同材质墙体的穿透损耗进行设置，如图 6.48 所示。

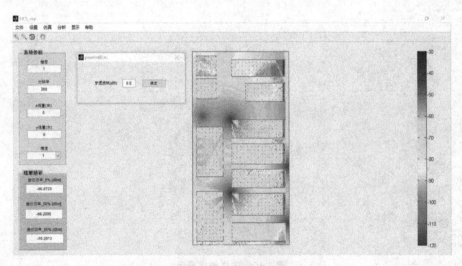

图 6.48　设置穿透损耗

3．设置天线参数

在下拉菜单中选择"设置""天线参数"，可以对天线的参数进行设置，如图 6.49 所示。

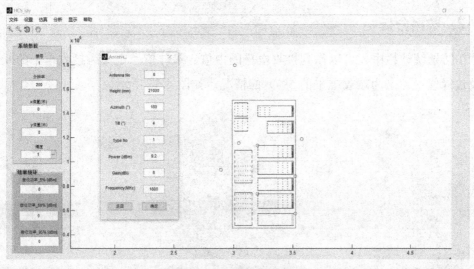

图 6.49　设置天线参数

4．移动天线

在下拉菜单中选择"设置""移动天线"，可以对天线的位置进行调整。

5．删除天线

在下拉菜单中选择"设置""删除天线"，可以删除所选的天线，如图 6.50 所示。

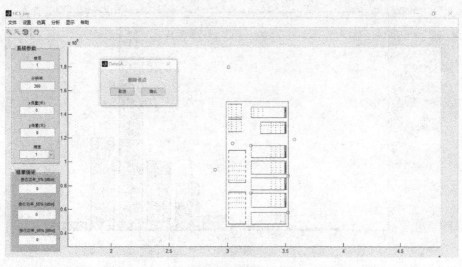

图 6.50　删除天线

6．增加天线

在下拉菜单中选择"设置""增加天线"，可以手动添加天线。

7．数据分析

在结果统计栏中，可以得到接收电平的中值、最佳值（定义为接收电平的 95%）以及边缘值（定义为接收电平的 5%）的情况，如图 6.51 所示。

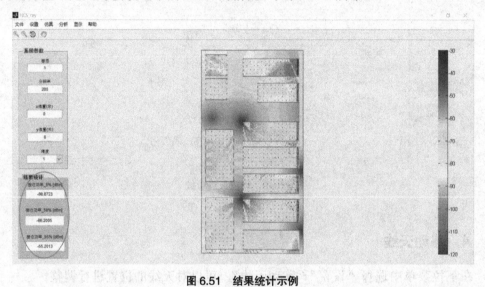

图 6.51　结果统计示例

在下拉菜单中选择"分析""直方图"，可以显示接收电平的柱状图，如图 6.52 所示。

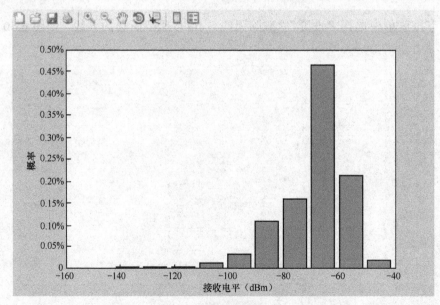

图 6.52　接收电平直方图

在下拉菜单中选择"分析""覆盖率",可以显示接收电平大于指定门限值的占比,如图 6.53 所示。

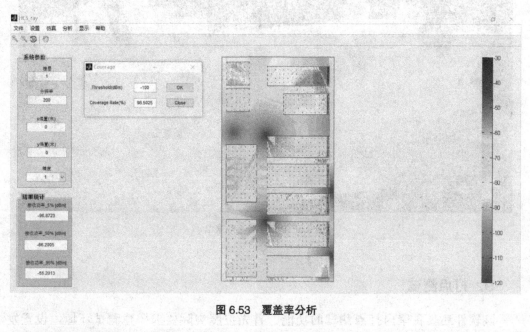

图 6.53　覆盖率分析

8. 三维展示

得到各楼层的仿真结果后,可以对建筑物的整体覆盖效果进行三维展示,如图 6.54 和图 6.55 所示。

图 6.54　三维覆盖效果 1

图 6.55　三维覆盖效果 2

9．打点测试

该软件还具备室内打点测试的功能。首先按照实际要求搭建测试环境，设置发射机的位置、发射功率、工作频率、天线增益等参数。准备工作完成后，在系统中导入建筑物的平面图，然后在下拉菜单中选择"测量""连接"，将仿真器与接收机对接。连接完成后，选择"打点"，就可以在地图中记录并保存打点测试的结果，如图 6.56 所示。

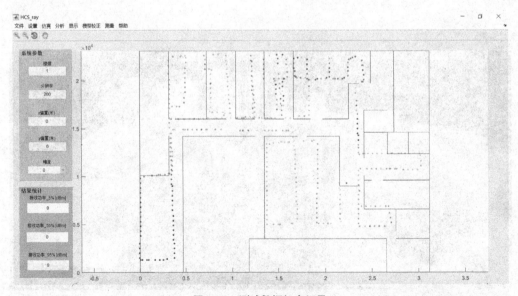

图 6.56　测试数据打点记录

10．传播模型校正

室内外联合仿真软件可以根据测试数据对传播模型的参数进行校正，提高仿真的准确度。首先导入建筑物的平面图，并且根据测试时的参数设置天线的参数，包括天线安装的位置、功率、增益、工作频率等。设置完成后，在下拉菜单中选择"模型校正""导入数据"，将打点测试的结果导入系统中，然后选择"开始校正"，就可以对传播模型的参数进行校正，如图 6.57 所示。校正完成后，会弹窗显示校正前后的参数值以及误差统计情况。单击"接受"，仿真器就可以按照校正后的参数进行仿真。

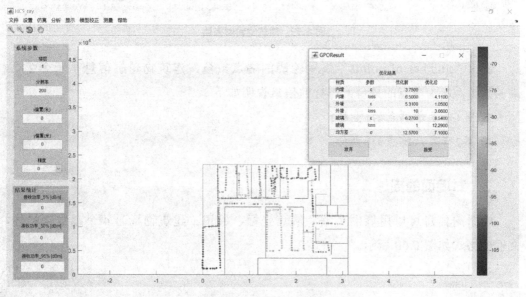

图 6.57　模型校正结果

6.3.3　建筑物三维建模

建筑物模型文件放在"Building"目录下，是 txt 格式的文件，包括 3 个方面的内容，分别是对建筑物整体的描述、对建筑物轮廓的描述、对各个墙面的描述。

1．对建筑物整体的描述

建筑物整体的信息可以用建筑物数量、建筑物轮廓端点数以及建筑物层数 3 个参数进行描述，文件格式如图 6.58 所示。

表头"number of buildings"表示建筑物的数量，建筑物整体信息是一个 $M \times 2$ 维的数组，M 为建筑物

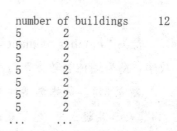

图 6.58　建筑物整体描述

的数量，每列的信息说明如下：

● 第1列表示建筑物的端点数；

● 第2列表示建筑物的层数。

2. 对建筑物轮廓的描述

建筑物的轮廓信息可以用坐标的形式进行描述，文件的格式如图 6.59 所示。

```
number of points        60
3206560 3206560 3506560 3506560 3206560 3206560 3206560 3506560 3506560 3206560 3206560 3206560 ······
476684  576684  576684  476684  476684  616684  736684  736684  616684  616684  766684  866684 ······
```

图 6.59 建筑物轮廓描述

表头"number of points"表示轮廓的端点数量，建筑物轮廓信息是一个 $2 \times N$ 维的数组，N 为端点的数量，每行的信息说明如下：

● 第1行表示端点的 x 坐标；

● 第2行表示端点的 y 坐标。

3. 对墙面的描述

墙面的信息可以用墙面类型、端点坐标、标识、建筑物标号 4 个参数来描述，文件的格式如图 6.60 所示。

```
number of planes      3865
1    371109  143447  0    370563  142603  0    370563  142603  3000    371109  143447  3000    0    1
1    371572  144340  0    371109  143447  0    371109  143447  3000    371572  144340  3000    0    1
1    370563  142603  0    369851  141875  0    369851  141875  3000    370563  142603  3000    0    1
1    369041  141279  0    368147  140816  0    368147  140816  3000    369041  141279  3000    0    1
1    369851  141875  0    369041  141279  0    369041  141279  3000    369851  141875  3000    0    1
1    353537  144125  0    353454  145515  0    353454  145515  3000    353537  144125  3000    0    1
1    353785  142719  0    353537  144125  0    353537  144125  3000    353785  142719  3000    0    1
1    353454  145515  0    353570  146922  0    353570  146922  3000    353454  145515  3000    0    1
1    353835  148311  0    354240  149609  0    354240  149609  3000    353835  148311  3000    0    1
1    353570  146922  0    353835  148311  0    353835  148311  3000    353570  146922  3000    0    1
1    368147  140816  0    367221  140485  0    367221  140485  3000    368147  140816  3000    0    1
1    361545  141759  0    360817  142421  0    360817  142421  3000    361545  141759  3000    0    1
1    362339  141163  0    361545  141759  0    361545  141759  3000    362339  141163  3000    0    1
1    360817  142421  0    360221  143232  0    360221  143232  3000    360817  142421  3000    0    1
1    359725  144125  0    359427  145052  0    359427  145052  3000    359725  144125  3000    0    1
1    360221  143232  0    359725  144125  0    359725  144125  3000    360221  143232  3000    0    1
...    ...    ...    ...    ...    ...    ...    ...    ...    ...    ...    ...    ...    ...    ...
```

图 6.60 建筑物墙面描述

表头"number of planes"表示墙体的数量，建筑物墙体信息是一个 $K \times 15$ 维的数组，K 为墙体的数量，每列的信息说明如下。

● 第1列：墙体类型编号，"1"表示砖墙；"2"表示玻璃；"3"表示木材；"4"表示混凝土；"5"表示金属。

● 第2~4列：第一个点的坐标 $x_1/y_1/z_1$。

● 第5～7列：第二个点的坐标$x_2/y_2/z_2$。

● 第8～10列：第三个点的坐标$x_3/y_3/z_3$。

● 第11～13列：第四个点的坐标$x_4/y_4/z_4$。

● 第14列：标识符，"0"表示垂直的墙体，"1"表示水平的楼板。

● 第15列：建筑物标号，"1"表示第一栋建筑物，"2"表示第二栋建筑物，如此类推。

6.3.4　天线参数

天线相关信息放在"Antenna"目录下，可以用坐标、方向角、下倾角、天线增益、天线类型标识、发射功率、工作频率等参数进行描述，文件格式如图 6.61 所示。

3202650	736684	12000	215	8	15	1	9.2	1800
3202650	736684	12000	355	8	15	1	9.2	1800
3202680	1136680	12000	220	8	15	1	9.2	1800
3202680	1136680	12000	350	8	15	1	9.2	1800
3045650	1154680	21000	340	12	15	1	9.2	1800
3011560	1794680	21000	160	4	15	1	9.2	1800
3577590	1187680	24000	190	4	15	1	9.2	1800
3577590	1187680	24000	340	4	15	1	9.2	1800
3522560	576684	15000	220	4	15	1	9.2	1800
3522560	576684	15000	350	4	15	1	9.2	1800
3522560	883291	15000	210	4	15	1	9.2	1800
3522560	883291	15000	350	4	15	1	9.2	1800
2894560	932684	42000	30	15	15	1	9.2	1800
2894560	932684	42000	150	15	15	1	9.2	1800

图 6.61　天线参数描述

数据的内容是一个 $M \times 9$ 维的数组，M 表示天线的数量，每列信息说明如下。

● 第1列：天线位置的x轴坐标。

● 第2列：天线位置的y轴坐标。

● 第3列：天线的高度。

● 第4列：天线的方向角，北向为0°，按顺时针方向递增。

● 第5列：天线的下倾角，水平为0°，按顺时针方向递增。

● 第6列：天线增益，单位为dBi。

● 第7列：天线类型表示。

● 第8列：天线发射功率，单位为dBm。

● 第9列：天线工作频率，单位为MHz。

不同天线类型的方向性数据放在"Antbase"目录下，为 xls 格式的文件，分别记录不同型号天线的水平方向图和垂直方向图，如表 6.2 所示。

文件格式如图 6.63 所示。每种天线共有 360 行，代表从 0°～360°方向上的增益，第 1 列为水平方向的增益，第 2 列为垂直方向的增益。

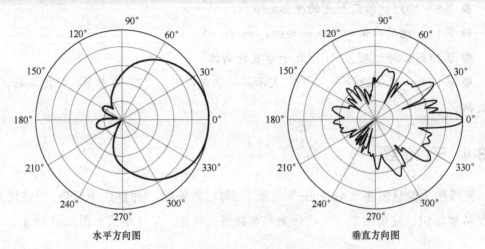

水平方向图　　　　　　　垂直方向图

图 6.62　天线方向图

表 6.2　天线方向图数据

	1	2
1	0	1.300 0
2	0	0.300 0
3	0	0
4	0	0.400 0
5	0	1.400 0
6	0.100 0	3.400 0
7	0.100 0	6.600 0
8	0.200 0	11.700 0
9	0.300 0	19.700 0
10	0.400 0	19.200 0

第7章
Chapter 7

小基站传输

7.1 传送网概述

传送网是承载业务、同步、信令及管理信息的基础网络，是整个通信网络稳定和发展的保障，是运营和竞争的实力根基，其地位和重要性正越来越受到重视和体现。

现在的本地传送网主要是以原来的移动传送网为基础，整合部分其他网络资源发展而来，采用了多业务综合承载的思路，针对现有业务，在架构和部署策略方面都有了较大的发展，且趋于成熟。传送网架构按分层模型部署，主要分为核心层、汇聚层和接入层，该模型结构稳定，有很大的适应性和灵活性，且易于扩展。

传送网投资大、涉及因素多、协调难、建设期长，为了适应业务发展趋势，传统上都是采用业务预测加适度超前的思路进行规划建设。传送网过去通常采用适度超前的建设方式进行应对，然而，由于通常不直接产生效益，适度超前有时也难以得到很好的保证，为了提升承载效率和运营效率，曾普遍形成"全业务综合承载一张网"的认识，但新需求、新技术、新形势的发展仍让传送网的规划建设疲于应对、捉襟见肘，需求的发展速度往往高于现网的期待。

● 客户专线市场逐渐成为运营商看重的优势市场，但业务出现之前的不可预测和一旦出现要求短期开通的急迫性，都对传送网形成了压力，业务发展好的地方甚至接近"吃光"原有网络预留资源，要求另建一张专线承载网的呼声也时有出现，并且有现实案例。

● 小基站（含BBU-RRU）建设方式的出现和增长，对传送网接入段的需求尤其是线路资源的需求压力很大，前期也具有很大的不确定性，需求数量和地理位置难以预先确定。

● 3G、4G基站的带宽需求相比2G有大幅提高，客户宽带带宽提升急速膨胀。

● 即将到来的5G时代网络结构的变更、带宽需求的增长、低延迟要求等，都将给传送网提出新的需求。

综上所述，种种业务发展压力在召唤我们改变思想、提升认识，创新传送网的规划建设模式，从过去的业务应对提升到传送网战略布局将是传送网规划建设的出路。传送网分层结构模型如图7.1所示。

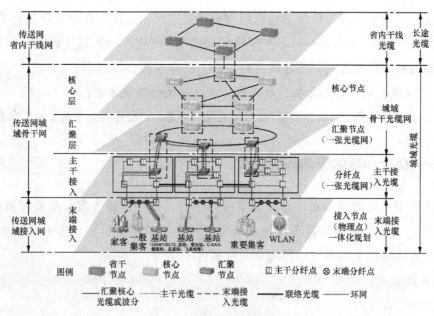

图 7.1 传送网分层结构模型

注：主干接入光缆含原有接入主干、接入配线、沟通光缆。

● "全业务综合承载一张网"调整为"全业务综合承载一张光缆网"，重点锁定管线基础资源网，设备、系统技术是不断发展演进的，管线可认定是长期稳定的战略资源，给予设备、系统一定的灵活发展空间，可根据当地的实际业务发展情况和当前技术的先进性，在上级部门的统一指导下进行部署。

● 充分认识基础资源的重要性，抓住核心机房、汇聚机房、综合业务区、网格/微网格以及管道、线路等的系统性战略建设和储备，可以让传送网的规划建设从被动变为主动，迎接新时代的挑战。当然，这需要有高瞻远瞩的魄力，同时有雄厚的资金作为支持。另外，先在业务密集区进行推进，边远地区则继续根据实际需求跟进。

需要指出的是，传送网毕竟是为业务服务的，其架构和功能必须与业务适配，随着各种需求和新业务的发展，网络需要向支持大带宽、多连接、低延时的方向演进，SDN 和 NFV 等技术给网络发展提供了支持，许多网络功能将逐渐下移，资源池化、云化、统计复用等都将是考虑的方向。一方面，各种处理机制将更靠近用户，满足时延要求；另一方面，提高资源利用率，降低对核心网和传送网的压力。

7.2 小基站传输概述

小基站传输属于传送网所有承载业务中的一种，总体而言，小基站传输的主要压力在传送网的接入段，传统的传送网建设模式在接入层面不能给人以足够的信心，尤其在面对小基站这类业务时。在即将到来的 5G 时代，小基站建设方式极有可能成为主要的基站建设方式，传送网应对策略主要体现在以下方面：

● 关注接入技术的新发展、新应用，寻找合适的解决方案；

● 做好综合业务接入区、网格/微网格的规划部署，以整体规划布局应对需求变化。

7.2.1 一体化小基站传输解决方案

一体化小基站的传输解决方案基本等同于宏基站的解决方案，需要配置传输设备。通常的传输方式可以有多种技术选择（其中，PTN 是目前主要的方式），具体方案根据实际情况采用其中一种或某几种组合：

● 光纤直连；

● SDH/MSTP；

● WDM/OTN；

● PTN；

● xPON；

● 无线回传，如微波、网桥，甚至卫星等。

对于小基站传输，有两点值得指出的是：

（1）可能没有机房，需要将传输设备安装在室外一体箱中，一体箱的设计需要给传输预留位置，如果采用全室外安装，设备选型时要选用室外型设备，并关注设备参数是否满足相应的使用环境条件，设备用电也要做相应考虑；

（2）小基站的建设使基站密度相应增加，意味着站与站之间的距离减少，都配传输设备的话，传输设备数量也相应增加，如果考虑节约设备和减少对环境（机房）的依赖度，也可将传输设备安装在附近宏基站的机房里，而小基站采用业务光口拉远的方案，但毕竟业务口的组网能力较弱，不建议大规模采用。

7.2.2 拉远型小基站传输解决方案

1. 含义

小基站传输可以分为两部分来考虑。

（1）向上传输。

小基站向上传输指的是小基站向上接入网络，直观地说就是 BBU 向上通过传送网接入核心网，俗称回传。

（2）向下传输。

小基站向下传输是指针对拉远型小基站的 BBU 与 RRU 之间的传输，俗称前传。

2. 解决方案

（1）向上传输方案。

该类小基站向上传输的解决方案与前一类小基站传输解决方案无异，BBU 也需要接入到接入层传输设备来进入网络，可能不具备宏基站机房那样的安装坏境，比如安装空间、空调、电源等，甚至是室外坏境（采用室外环境箱安放设备），小基站需要根据具体情况，选择满足条件的接入传输设备、合适的供电方式等，或者采用裸光纤进行光接口拉远到附近宏基站机房内的接入传输设备的光接口模块上。

（2）向下传输方案。

BBU 与 RRU 之间的传输，目前国内主要采用光纤直接相连，中间不增加传输设备。这样做的理由主要有以下几点：简单、方便快捷、成本低、维护量少，不受 CPRI 接口协议的限制，中间无须供电，可靠性高。但需要较多光纤资源支持，对光纤资源需求的多少具体要看部署 RRU 的数量及 RRU 厂家是否支持级联、支持多少级级联等。国内在这一点上的普遍认识倾向于：如果在其间加入传输设备，付出的代价可能会高于获得的收益。

受光纤资源限制，国内也尝试在 BBU 与 RRU 之间加入无源波分系统来节省光纤资源，华为等厂家也提供相应设备支持，但鉴于以上原因，目前规模采用的并不多，后期或许是一个发展方向。而韩国在 BBU 与 RRU 之间加入波分系统比较普遍，他们的波分单元设备还分为有源和无源拉远，图 7.2 所示为 SKT 公司 C-RAN 传送结构示意图。

3. 关于 BBU 池 +RRU 传输方案演进的探讨和建议

如果小基站规模集中部署，可能存在 BBU 池 +RRU 的场景，会消耗大量光纤资源。面对这种场景的一些困惑如下。

● 本地网的光缆资源基本是根据可预见的需求按网络进行部署，而此种需求仅仅是接入的某一段，且以某个点为中心呈现辐射状，如果不加限制地利用现网资源，或许会对已经成网的资源造成一定程度的伤害，造成后续组网资源的匮乏。如果这部分需求过大，则会影响到本地网的后续发展，需要从长远考虑进行扩容，或者直接脱离原本地网规划，另外单独采用灵活方式新建以满足小基站RRU的引接需求。

● 前期RRU的部署点无法提前进行预估，不能像传统基站一样在规划阶段就能形成预案，往往是根据网络测试和勘察进行补充式覆盖，因此，相应的光纤资源需求也很难进行预规划，往往呈现出突发式需求，让传输很难及时应对。

为改善BBU池+RRU对传输资源（光纤、接口等）的消耗，专门提供以下演进思路，有些方案可能需要厂家和多专业配合（注：只是提供演进的一些思路，具体能否实现需要多因素支持）。

（1）传统方案。

● 如图7.3所示，BBU放置在一起（BBU池），每个BBU向上需要单独的传输接口，每个BBU的资源仅分配给与之相连的RRU。

● 每RRU需要1～2条纤芯连接（非级联）。

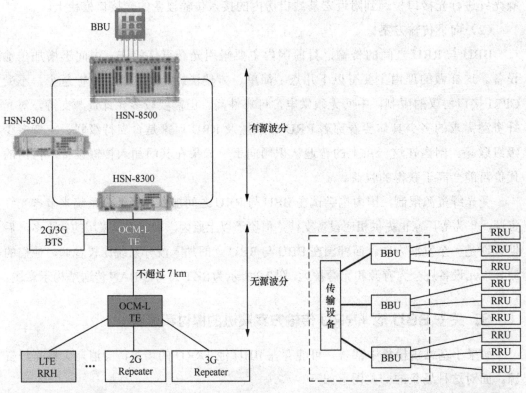

图7.2　SKT公司C-RAN传送结构示意（SK Telecom）　　图7.3　BBU-RRU传统传输结构模型

（2）演进方案1。

● 如图7.4所示，BBU向上加入汇聚设备，将各BBU对传输的接口进行统一整合，通常传输设备也具备这一功能，但如果将这一功能集成在BBU的安装架上，也可以简化连接、降低工程和维护难度。

● 节省传输接口和连线，方便施工维护。

（3）演进方案2。

● 如图7.5所示，无线BBU侧增加主控设备，该设备的功能主要有两个：一是灵活智能地调度BBU资源，合理分配到各个RRU上，实现真正"池化"，而不仅仅是物理上摆在一起；另一个是整合BBU对传输的需求，提供统一接口到传输设备。

● 这类主控设备需要厂家支持，能否出现，主要看发展和厂家取向。

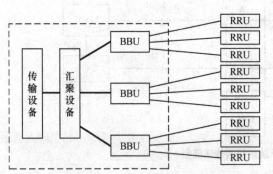

图 7.4　BBU–RRU 传输结构改进模型 1　　　　图 7.5　BBU–RRU 传输结构改进模型 2

（4）演进方案3。

● 如图7.6所示，BBU向下在合适位置增加波分设备，节省主干光纤。

● 波分设备可以多种形态，可以有源或无源，甚至新技术、新协议。

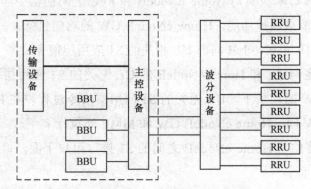

图 7.6　BBU–RRU 传输结构改进模型 3

注：图中光纤只是示意，无对应关系。

7.2.3　Femto 小基站传输

1. Femto 系统结构与传送路径

运营商部署 Femto 基站，需要新增 SeGW、HNB GW 等网元及网管系统，如图 7.7

所示。

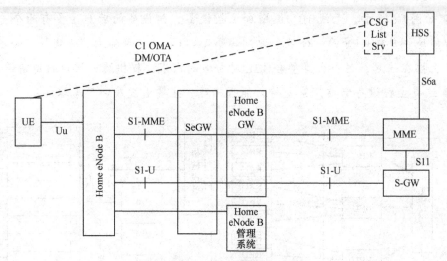

图 7.7　Femto 系统结构与传送路径

SeGW 是安全网关（Security Gateway），主要功能是提供 Home eNodeB 到 HeMS 和 Home eNodeB GW/MME 的安全接入，是一个必需的逻辑功能，负责建立 IPSec 安全隧道，鉴权加密 Home eNodeB 和 Home eNodeB GW 间或者 Home eNodeB 和 EPC 间的数据，SeGW 可作为独立网元存在，也可集成在 Home eNodeB GW 中。

Home eNodeB GW 负责对 Home eNodeB 和 EPC 之间的信令和数据进行汇聚和转发，支持 NAS 节点选择功能。Home eNodeB GW 的功能包括：

（1）中转 MME 和 eNodeB 间的 UE 相关的 S1 应用层信令；

（2）终结去往 MME 和 Home eNodeB 的 UE 无关的 S1 应用层信令，在部署了 Home eNodeB GW 的场景下，UE 无关的 S1 应用层信令过程将在 Home eNodeB 和 Home eNodeB GW 间、Home eNodeB GW 和 MME 间执行；

（3）可选的终结与 Home eNodeB 之间的 S1 接口用户平面，以及与 S-GW 之间的 S1 接口用户平面；

（4）支持 Home eNodeB 使用的 PLMN ID 和 TAC。

2. Femto 接入及传输

Femto 基站目前提供约 100 Mbit/s 下载速率和 10 Mbit/s 上传速率，能同时提供话音和数据业务，其接入传输基于 Internet。

Femto 基站采用 FE 或 GE 接口，通过传统的 Internet 和标准的 IP 传输数据到运营商的核心网。基于 Internet 的传输可以降低运营商的建网成本，同时降低用户的使用费用。Femto 传送路径示意如图 7.8 所示。

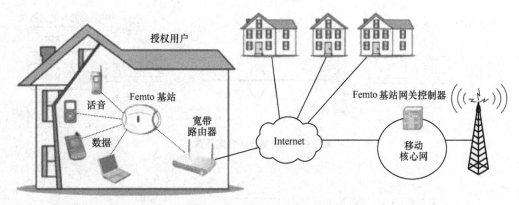

图 7.8　Femto 传送路径示意

其产品形式主要有两种：一是独立的 Femtocell，通过以太网连接到现有 Cable 或者 ADSL Modem；二是 Femtocell 与 Modem 甚至是家庭网关集成。

需要指出的是，如果 Femto 开通话音等 CS 业务，为了保障 CS 业务的体验，固网宽带需要提供完善的端到端 QoS 保障策略，这在 Femto 与固网宽带不属于同一运营商的实际应用场景下，会增加问题的复杂性。

具体的运营模式和费用方案有待继续探讨。

7.3　新技术带来变革

7.3.1　无源波分技术

无源波分技术的采用或许是一个越来越引发兴趣的方案，既可以节省纤芯资源，又可以简化运维（如图 7.9 所示）。需要指出的是，业务两端需要更换为对应的彩光模块，且两端对应使用，如果波长数较多，波长规划也会增加运维的难度。

还有一种基于远端集中光源的新型无源波分方案成为大家关注的一个热点（见图 7.10）。

RRU/AAU 侧光模块无源化，不含光源，所有光模块完全一样，不区分波长（无色化或无源化），降低了成本，提高了运维便利性。在 CO 节点设置集中光源，向各个无源模块节点输送不带调制的直流光信号，无源光模块接收来自集中光源的连续光波并加以调制，成为上行信号光返回 CO 点。

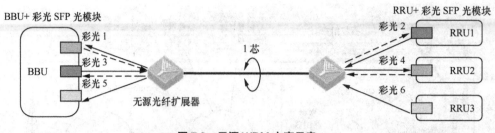

图 7.9　无源 WDM 方案示意

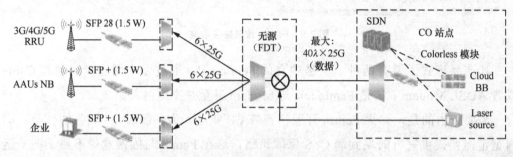

图 7.10　光源集中型无源 DWDM 方案示意

该方案需要协议层和物理层的双重支持，尤其是对波长资源的灵活分配和应用，目前为一关注方向，尚未看到实际的商用推广案例，最后具体的技术细节和应用建议仍需进一步跟踪。

7.3.2　G.metro 技术

无线基站前传可能在不久的将来迎来大的变革，这主要得益于一种叫作 G.metro 的新技术的出现。为应对固移融合统一超宽带综合业务接入网络的发展需求，ITU-T SG15 于 2014 年启动了 G.metro 标准化工作。

G.metro 技术基于密集波分复用，具备波长自动适配功能，大大简化了网络建设及运行维护；带宽大、支持 2.5G/10G 速率、后续支持 25G 及更高速率、端口可独立按需升级；提供光波长级连接、波道独立工作、用户间物理隔离、安全性高；对业务信号透明传输、不感知业务信号及内容、不影响业务性能。G.metro 技术采用单纤双向透明传输，减少了 OTN 带来的电层封装处理时延，并可实现时间同步信号的对称传递。

G.metro 面向城域低成本多业务综合接入，应用场景包括移动前传、移动回传、企业专线、高端固定宽带接入等，可以直接提供光波长到 RRU/ 基站 / 桌面 / 用户等，实现波长级的高带宽服务，可以具有满足应用的 OAM。

2016 年 7 月下旬，中国联通网研院联手德国 ADVA 公司在主语城实验室和天津联通现网开展了 G.metro 设备面向移动前传应用的测试和验证，运行效果良好，试验情况大致如下。

● HEE端（连接无线BBU设备）与TEE端（连接无线RRU设备）间采用100 GHz波道间隔的 DWDM波长单纤双向光链路，单系统最高支持40个波长，每波长最高支持10 Gbit/s速率，无光放大情况下可支持20km的传输距离。

● TEE端采用波长可调光模块，根据所连接的DWDM端口进行自动波长调整，HEE端无须预先对TEE端进行波长配置。

● 在中国联通主语城实验室内，测试演示了该系统传输移动前传CPRI信号（Option3～Option 7）的性能。系统固有单向时延为130 ns，在15km光纤传输距离下进行连续15小时的测试，最大双向时延抖动为2.3 ns（基于VeEX公司带有原子钟的高精度CPRI业务分析仪TX300S测试），并且CPRI业务长时间运行零误码。

G.metro 技术可望在 2018 年正式发布，该技术将让我们更有信心面对前传段的各种复杂情况，应对诸如光纤资源紧张、带宽需求大、时延要求低、机房空间不够、维护困难等困境，同时做到投资受控。

7.4　光缆光纤

7.4.1　特性

光纤的主要成分是二氧化硅，通俗而言，光纤就是一根很细的、纯度很高的玻璃丝，为保证其通信寿命，还需要防水，敷设、接续工艺不规范，维护不到位，将对使用寿命产生严重影响。

光缆是将一根或多根光纤组合在一起，加上加强芯和各种保护层，注入油膏（主要起抗拉、抗压、防水等作用），当然，对于特殊环境、特殊用途，还可以加入其他相应的各种工艺，比如防鼠、防蚁、加入远供导线、具有更小弯曲半径的入户光缆等。

7.4.2　敷设

光缆的敷设方式主要有 3 种：管道、直埋和架空，管道费用最高，但最安全可靠，可重复使用，还不影响环境和市容，得到越来越广泛的应用，架空主要用在郊区和农村环境，直埋主要用在长距离、较偏远的环境。

光缆光纤的敷设布放要符合中华人民共和国国家标准 GB 51158-2015《通信线路工程设计规范》要求。

● 室外和跨越机房需要采用光缆，不得采用光纤。

● 局站内的光缆金属构件应接防雷地线。

● 光纤的连接（熔接、活接等）需要专业水平支持，连接的好坏对链路质量保证起关键作用。

● 室内的布放可以结合具体环境和要求，采用多种新技术和工艺，如暗管、线槽/管、皮线光缆，甚至隐形光缆等。

7.5 关注和提醒

针对延伸覆盖和精细覆盖要求，小基站将是未来的主要建设方式，甚至可能会慢慢取代大基站，而在数量上有爆炸式增长，一个站的问题解决不好，或者一个站的一个细节处理不好可以说是小问题，但由千千万万个小基站体现出来的就是大问题，如果忽略这些问题，后面就有可能出现积重难返的局面，因此需要一开始就重视小基站的光缆接入场景和传输解决方案。对某些特定场景，微管微缆是一个可关注方向，但材料质量和施工工艺有待进一步改进和规范，提升使用寿命和便于维护，以满足多种复杂环境的规模部署的要求。图 7.11 和图 7.12 分别是乱拉线路和微管微缆敷设示例。

图 7.11　乱拉线路示例　　　　　　　图 7.12　微管微缆敷设示例

小基站站址资源和光缆覆盖及引入资源将成为未来网络建设和运营的一个决定性因素。有必要对小基站前传段的线路需求进行总体规划和部署，建议纳入网格化（甚至微网格）的规划部署中，以资源储备的方式来应对后续小基站的规模部署，而不是哪里要建小基站了才开始相应资源的准备和建设，这需要把认识和规划建设都提升到一个新的战略层面。

第8章

小基站干扰分析与辐射安全

8.1 干扰分类

干扰问题是移动通信系统中固有的难题，而随着网络部署从精心规划的宏蜂窝网络架构，到 4G 及后 4G 时代的异构网络，各种小基站的密度越来越高，干扰问题日益突出。大量如皮蜂窝和微蜂窝之类的小基站的部署给网络性能带来了更大的挑战。

总的来说，移动通信的干扰可分为三大类：噪声、系统内干扰、系统间干扰，如图 8.1 所示。

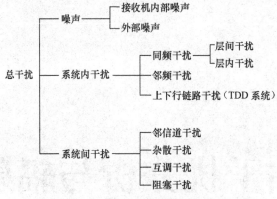

图 8.1　移动通信系统干扰组成

8.1.1 噪声

噪声可以按照来源分为接收机内部噪声和外部噪声。接收机内部噪声包括导体的热噪声和放大器的噪声放大；外部噪声是指来自接收机以外的非移动通信发射机的电磁波信号，可以分为自然噪声和人为噪声。

（1）热噪声是白噪声，在整个频段均匀分布，随工作温度的变化而变化。此外，接收机是有工作带宽的，只有有效带宽内的热噪声被接收进来，所以接收机内的热噪声大小随其工作带宽的变化而变化。由于接收机内都有非绝对零度的导体存在，所以热噪声是不能避免的噪声。

（2）放大器的噪声放大。接收机中的放大器受其器件的电流波动或表面杂质、半导体晶体不纯净等因素的影响，会放大噪声，导致经过放大器的信号信噪比（S/N）恶化。

（3）自然噪声包括天电噪声、宇宙噪声、大气噪声、太阳射电噪声等。

（4）人为噪声包含各种工业和非工业电磁辐射引入的噪声。

一般来讲，后面两类噪声通常是随机的、不可控的，但是由于其发生的概率相对较低，尤其是自然噪声，我们在系统设计中一般不予考虑。对于一些非法的人为干扰噪声，可以通过干扰排查确定干扰源之后协调予以排除，确实因为特殊原因无法排除的，对应区域进行系统设计时要留有足够的干扰储备。而前面两种噪声是设备固有的噪声，是始终存在的，因此，规划设计中所谓的噪声通常指的就是热噪声和放大器的噪声放大，计算公式如下。

$$N=10\log（KTB）+NF$$

其中，K 为玻尔兹曼常数，T 为开尔文绝对温度，通常取常温 290 K 左右，因此，两者的乘积取对数之后约为 -174 dB。B 为接收机有效带宽，单位为 Hz。NF 为接收机的噪声系数，基站一般取 2 ～ 5 dB，终端接收机的噪声系数通常为 6 ～ 11 dB。

以 LTE 系统为例，其基站接收机每个 PRB 上的噪声电平正常值为

$$-174+10\log（180×10^3）+2=-119.45 \text{ dBm}$$

即在正常无干扰的情况下，LTE 每个 PRB 上的基底噪声约为 -119 dBm，如果实际测试噪声远高出该值，则很可能存在干扰。

8.1.2　系统内干扰

系统内干扰是本移动通信系统内各无线网元收发单元之间的干扰。

1．同频干扰

LTE 系统中的同频干扰主要是同频的其他小区的干扰，在异构组网场景下，这类干扰又包括宏微基站之间的层间干扰，以及微基站之间的层内干扰，这也是 LTE 系统中干扰协调、抑制技术要解决的问题，8.2 节中详细描述了协议中引入的各种小基站干扰协调技术。

2．邻频干扰

由于收发设备滤波性能的非完美性，工作在相邻频道的发射机会泄漏信号到被干扰接收机的工作频段内，同时被干扰接收机也会接收到工作频段以外其他发射机

的工作信号。

邻频干扰的大小受被干扰系统接收机的邻道选择性（ACS，Adjacent Channel Selectivity）和干扰系统发射机的邻道泄漏比（ACLR，Adjacent Channel Leakage Ration）两方面的因素影响，工程中采用邻频道干扰功率比（ACIR）来衡量 ACLR 和 ACS 的共同作用，ACIR 由 ACLR 和 ACS 计算得出［式（8.1）中各参数的单位是倍数而不是 dB］。

$$ACIR = \cfrac{1}{\cfrac{1}{ACLR} + \cfrac{1}{ACS}} \tag{8.1}$$

从式（8.1）可以看出，ACIR 主要受制于两者中较低的那个指标，所以，为提高 ACIR，需要尽量提升 ACLR 和 ACS 指标较低的一方。

假设不同频率上的终端数量和位置分布相同，从标准要求的 ACS 和 ACLR 指标来看，相对于同频干扰，系统内的邻频干扰对接收机的影响通常小于 30 dB 以上，即邻频干扰比同频干扰弱 1 000 倍以上，可以忽略不计。

3. TDD 系统上下行链路间干扰

TDD 系统上下行工作在相同的频点，只是通过不同发射时间进行区分。上行与下行之间因时间转换点不一致或无线信号传播时延等，可能出现"重叠"（某一个基站在进行下行信号发射时，另一基站正在进行上行信号接收）的时间点（如图 8.2 和图 8.3 所示），引起 eNode B 小区间或终端用户间的干扰，这是 TDD 系统特有的干扰，可以通过基站间的严格同步，以及根据小区的覆盖半径合理选择保护时间间隔、CP 长度等参数来规避。此外，同一区域的基站之间应保持上下行时隙配置的一致性。

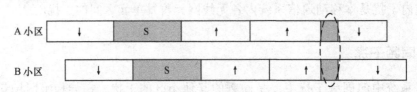

图 8.2　基站之间失步导致上下行时隙重叠

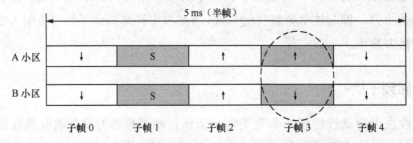

图 8.3　基站之间时隙配比不一致导致上下行时隙重叠

8.1.3　系统间干扰

系统间干扰指的是不同移动通信系统之间（如 3G 和 4G 系统之间，或不同运营商的独立组网的 4G 系统之间）的干扰，从形成机理角度可分为邻频干扰、杂散辐射、接收机互调 / 交调干扰和阻塞干扰等。

1.　邻频干扰（ACI）

如果不同的系统分配了相邻的频率，就会发生邻频干扰，其原理和系统内的邻频干扰类似。

根据 3GPP 36.104 标准中对于微基站 ACS 的要求，在容量损失小于 5% 时，允许的邻道干扰功率为 -44 dBm（5 MHz 带宽），考虑终端最大发射功率为 23 dBm，工作带宽为 10 MHz，则干扰系统的终端和被干扰基站之间的 MCL 要求为

$$23-10\log(10/5)-(-44)=64 \text{ dB}$$

通常情况下，基站和终端之间的空间传播损耗要远大于 64 dB，因此，上行邻频干扰一般不会对系统性能产生明显影响。

根据 3GPP 36.101 标准中的要求，带宽为 10 MHz 时，终端的 ACS 不低于 33 dB。也即只要干扰基站的下行功率比当前服务小区的下行功率高出的程度在 33 dB 以下，就可满足要求。从降低下行邻频干扰的角度看，应尽可能保证不同系统的基站共站址建设。当两系统基站不共站时，有可能出现终端位于本系统小区边缘，而靠近干扰基站的情况。假设无线信号的空间损耗因子为 3.76，则在规划中应避免将 eNode B 设置在距离异系统 eNode B 8R/9 以外的区域内。如图 8.4 所示，异系统的 eNode B 应避免设置在阴影区域；或者 eNode B 按照最大覆盖半径的 8/9 进行设置，通过缩小站距避免出现图中不宜设置异系统 eNode B 的阴影区域。

2.　杂散辐射（Spurious Emissions）

由于发射机中的功放、混频、滤波等部分工作特性非理想，会在工作带宽以外很宽的范围内产生辐射信号分量（不包括带外辐射规定的频段），包括电子热运动产生的热噪声、各种谐波分量、寄生辐射、频率转换产物以及发射机互调等。

邻频干扰和杂散辐射不同，邻频干扰中所考虑的干扰发射机泄漏信号指的是被干扰接收机所处频段距离干扰发射机工作频段较近，尚未达到杂散辐射的规定频段的情况，即有效工作带宽 2.5 倍以上（或者工作带宽上下边界 10 MHz 以外的频段），当两系统的工作频段相差带宽 2.5 倍以上（或者相隔 10 MHz 以上）时，滤波器非

理想性将主要表现为杂散干扰。根据标准中对发射机发射性能的最低要求和接收机灵敏度计算出的系统间杂散干扰隔离度见表 8.1。

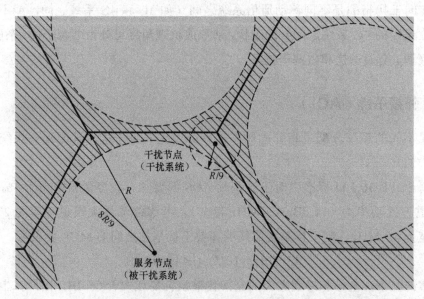

图 8.4　不宜设置异系统 eNode B 的阴影区域示意

表 8.1　系统间杂散干扰隔离度要求

干扰系统	杂散信号功率（dBm）	测量带宽（MHz）	被干扰系统	系统带宽（MHz）	接收机灵敏度（dBm）	RoT（dB）	允许杂散干扰电平（dBm）	隔离度要求（dB）
GSM900	-98	0.1	LTE	20	-104	1	-105	30
DCS1800	-98	0.1	LTE	20	-104	1	-105	30
WCDMA	-98	0.1	LTE	20	-104	1	-105	30
CDMA800	-47	1	LTE	20	-104	1	-105	71
LTE	-96	0.1	LTE	20	-104	1	-105	32
LTE	-98	0.1	GSM900	0.2	-104	1	-119	24
	-98	0.1	DCS1800	0.2	-104	1	-119	24
	-96	0.1	WCDMA	3.84	-123	1	-109	29
	-96	0.1	CDMA800	1.23	-117	1	-109	24

3. 接收机互调干扰

互调干扰主要包括多干扰源形成的互调、发射分量与干扰源形成的互调（TxIMD）、交叉调制（XMD）干扰 3 种。

多干扰源形成的互调是由于被干扰系统接收机的射频器件的非线性在两个以上干扰信号分量的强度比较高时，所产生的互调产物。

发射分量与干扰源形成的互调是由于双工器滤波特性不理想，所引起的被干扰系统的发射分量泄漏到接收端，从而与干扰源在非线性器件上形成互调。

交叉调制也是由于接收机非线性引起的，在非线性的接收器件上，被干扰系统的调幅发射信号与靠近接收频段的窄带干扰信号相混合将产生交叉调制。

3GPP 标准（例如 WCDMA 标准、LTE 标准）中虽未给出发射机互调指标的具体数值，但是明确要求发射互调电平不得超过带外辐射或者杂散辐射的要求，因此，只要满足杂散干扰的隔离度要求，则互调干扰的隔离度要求也可同时满足，故此处不再对互调干扰进行详细分析。实际系统部署时，应尽量避免一个系统的三阶互调产物落入另一系统的工作频段，如果多系统合路后共天馈，应保证合路器件的互调抑制比满足干扰隔离的要求。

4．阻塞干扰

阻塞干扰并不是落在被干扰系统接收带宽内的，但由于干扰信号功率太强，而将接收机的低噪声放大器（LNA）推向饱和区，使其不能正常工作。根据标准中对基站接收机阻塞电平的要求和典型的基站发射功率计算出系统间阻塞干扰隔离度要求见表 8.2。

表 8.2　系统间阻塞干扰隔离度要求

干扰系统	干扰信号最大功率（dBm）	被干扰系统	允许阻塞电平（dBm）	阻塞干扰隔离度要求（dB）
GSM900	43	LTE	16	27
DCS1800	43		16	27
WCDMA	43		16	27
CDMA800	43		16	27
LTE	43		16	27
LTE	40	GSM900	8	32
	40	DCS1800	0	40
	40	WCDMA	16	24
	40	CDMA800	-17	57
	40	LTE	16	24

注：LTE 作为被干扰系统时，按小基站功率为 10 W 计算。

根据空间隔离度经验公式，可以算出系统间隔离距离见表 8.3。

表 8.3　LTE 小基站与其他系统隔离距离要求

其他系统	隔离度要求（dB）	G_r+G_t（dBi）	垂直间距（m）	水平间距（m）	备注
GSM900	32	0	0.2	0.5	LTE 阻塞干扰
DCS1800	40	0	0.3	1.3	LTE 阻塞干扰
WCDMA	30	0	0.2	0.4	W 网杂散干扰
CDMA800	71	0	2.0	47.0	C 网杂散干扰
LTE	32	0	0.2	0.5	LTE 杂散干扰

8.2 小基站干扰协调

为了使系统的整体性能最优化，除了合理的站址选择和无线参数设计之外，各种干扰减缓技术的应用在小基站的部署中将起到关键作用。传统的增强小区间干扰协调技术（eICIC）已不适用于超密集组网场景，基于云资源池的动态 eICIC 及协同多点传输技术（CoMP）则可能成为未来网络中干扰协调的主要趋势。目前来看，干扰减缓技术包括多种不同的形式，如表 8.4 所示，列举了 3GPP 所采用的主要干扰协调技术。从网络侧来看，相邻的干扰小区可以采用不同形式的资源分区以减少同信道干扰。资源分区主要从时域、频域、空域协调进行，动态匹配网络中的用户业务需求。此外，UE 也可以提供强大的干扰处理技术，具有多个天线的 UE 可以探索线性干扰抑制技术，如最小均方误差干扰抑制技术（MMSE-IRC）就在 Release11 版本规范中作为 2 天线的终端性能要求进行了标准化定义。理论上，有 M 个天线的手机，具有 $N=M-1$ 的空间自由度，可用于对 N 个干扰数据流进行干扰抑制或者分集接收。另一类基于 UE 的干扰缓解技术是采用非线性干扰抵消技术，其基本思路是 UE 对干扰信息进行估计和重构，并在对期望信号进行解码之前将其减去。这一技术对半静态的信号如 CRS、广播信道、同步信道等的干扰消除更为有效。由于业务信道的调度和链路自适应是高度动态的，各个小区之间是相互独立的，所以以对业务信道进行非线性干扰消除相对具有更大的挑战性，通常需要网络侧的额外辅助，如 Release12 协议中以符号级干扰消除（SLIC，Symbol-Level Interference Cancellation）形式给出的网络辅助的干扰消除和抑制（NAICS，Network Assistance Interference Cancellation and Suppression）。网络侧会提供辅助信息，如干扰小区的天线端口数和其他特征等，因此 UE 可避免对其进行盲检测。

表 8.4　3GPP 中的下行干扰缓解技术

基于网络的资源分区	空域资源分区	诸如高阶扇区化和协调波束赋形之类的空间滤波技术
	时域资源分区	又称协调静音。如 3GPP 定义的 eICIC 和（e）CoMP 等技术
	频域资源分区	频域资源分区可以在 PRB 粒度上进行，如果网络有多载波，也可以在载波粒度进行，包括邻区之间的硬或软频率复用
基于网络的发射功率控制	小区级的发射功率控制	调整每个小区的发射功率以改善干扰状况。包括 3GPP 定义的用于降低同信道多用户干扰的飞蜂窝发射功率调整技术
基于用户的干扰缓解	线性干扰抑制	通过在 UE 天线处接收信号的线性叠加进行干扰抑制，如 IRC 技术
	非线性干扰抑制	UE 对干扰信号进行估计和重构，并在对期望信号解码之前将干扰信号消除

基于网络的干扰协调和基于用户的干扰缓解技术并不是互斥的，而是可以有效结合的。eICIC 就是基于网络和用户的干扰缓解技术相结合的例子。

尽管表 8.4 中的干扰缓解技术主要是从下行链路进行描述的，但在很大程度上，上行也可以采用类似的技术。然而总的来说，上行的控制小区间同信道干扰的手段主要还是针对每个用户的发射功率控制机制。

总的来说，Release 8 版本协议中提出了频域 CQI 报告和分组调度的技术以避免小区间干扰，即小区间干扰协调（ICIC）技术。测试结果显示分组调度方案可使小区边缘数据速率提升 50%。Release 10 版本协议增加了 eICIC，可在时域进行干扰管理。eICIC 是为 HetNet 异构网络部署设计的，需要基站之间保持同步，但对回传的要求并未增加。eICIC 可使平均数据速率提高超过 50%，小区边缘数据速率提高超过 100%。eICIC 要求根据用户位置动态调整子帧和参数配置。Release 11 版本协议中定义了 CoMP 技术，它是一种采用联合处理的高级多小区传输解决方案。联合处理对传输的要求很高，实际上，往往需要基带单元和射频前端之间通过光纤直连。Release 12 协议中增加了 eCoMP 技术，允许采用其他非直连光纤的非理想回传。eCoMP 采用基站之间通过 X2 接口进行资源协调的方案，可使小区边缘速率改善 20%。上述干扰缓解技术的对比见表 8.5。

表 8.5　不同干扰缓解技术的对比

	ICIC	eICIC	CoMP	eCoMP
作用域	频域	时域	增加了空域（天线）	增加了空域（天线）
操作原则	频域 CQI 反馈	异构网络中时域资源共享	多小区传输和接收	通过非理想回传的快速多小区协调
基站时间同步	不需要（仅需要频率同步）	需要	需要	需要
传输需求	无要求	要求低，仅控制面	高传输要求，用于联合处理	要求低
3GPP 协议版本	Release 8	Release 10 中引入了 eICIC，Release 11 中引入了 feICIC	Release 11	Release 12

具体来说，36.872 小基站增强协议中提出了小基站之间干扰规避和协调的机制，主要包括小基站开关、增强型功率控制 / 调节、增强型的频域功率控制和 / 或 ABS、负载均衡 / 转移等。

8.2.1　小基站开 / 关方案

小基站开 / 关主要包括以下几种方案。

（1）基准方案：无开 / 关，即小基站始终处于开通状态。

（2）长期开 / 关方案（为了节能）：在这类方案中，小基站只在较长的时间跨度上进行开 / 关操作，在 RAN3 节能 SI/WI 中进行研究。

（3）半静态开 / 关方案。

（4）理想的动态开 / 关方案：在这种方案下，小基站可能在子帧的粒度上进行开 / 关。

（5）采用 NCTCRS 的 NCT（NCT）：不连续发射在 NCT WI 中进行研究。

1. 半静态开 / 关

在这一方案下，小基站可以半静态开 / 关。基站开 / 关的判别准则可能是业务负荷增加 / 减少、UE 到达 / 离开（如 UE 小区关联），以及分组数据呼叫的到达 / 完成等。传统上来说，可能的半静态开 / 关通常是在几百毫秒到几秒的时间粒度上进行，而采用增强技术时，如果所有的 UE 都接入 Release 12 以上版本的基站，转换时间可能减至数十毫秒。

评估结果显示，采用低或中等小基站关闭比例（随机选择关闭不超过 40% 的小基站）且业务负荷低或中等时，基于业务负荷的半静态开 / 关可获得中等增益（通常集中在 5% ～ 27% 的区间）

2. 理想的动态小区开 / 关方案

在此方案中，小基站可以在子帧的粒度上根据分组数据到达 / 完成的标准进行开 / 关操作，从而达到子帧时间尺度上进行干扰协调 / 规避的目的。也就是说，在有分组数据分组到达时，基站可以立即开启并向 UE 发送数据分组，而数据分组传送完成后就可以立刻关闭基站。同样地，小基站也可以根据干扰协调和规避的需要随时开启和关闭。然而，根据目前的标准来看，还不支持这一方案，小基站增强研究计划（SCE SI）中将对其进行研究以获得动态开 / 关的性能增益上限。

3. NCTCRS

减少 CRS 的 NCT（NCTCRS，NCT with Reduced CRS）技术在 NCT 工作组中进行研究。在 SCE 中开发的小基站开关技术也可以应用于 NCT。

以上各种小基站开 / 关方案的性能对比如表 8.6 所示，详细结果及场景说明参见 3GPP TR 36.872 V12.1.0 规范。

表 8.6　不同小基站开 / 关方案性能对比

方案	开 / 关标准	开 / 关参数设置	场景	业务负荷	性能增益
半静态开 / 关	基于业务负荷	随机选择不超过 40% 的小基站进行关闭	—	低或中等	中等（主要集中在 5% ~ 27% 的区间）
		大于或等于 50%	—	高	低或消失，甚至为负
	基于 UE-cell 关联	（400，200）转换	—	低或中等	中等（约 10%）到高（大于 20%，通常是在 UE 分散的情况下）
	基于分组呼叫到达 / 结束	转换时间短于 100 ms，CID 未规划，未配置 MBSFN 子帧	—	低或中等	多数情况增益大于 20%，甚至高于 40%
		转换时间短于 100 ms，CID 未规划，配置 6 个 MBSFN 子帧	—	任意	至少在一个性能维度（均值 / 最差的 5%/50%/95%）中等到高增益（绝大多数大于 10%）
		转换时间短于 50 ms，规划了 CID，无 MBSFN 子帧	—	每簇 4 个微基站	边缘增益中等（10% ~ 25%），50%UPT 的增益较低（5% ~ 15%）
			—	每簇 10 个微基站	边缘和 50% 的增益均低（小于 15%）
		转换时间大于 100 ms	—		大多数情况下增益较低或者无增益
理想的自动开 / 关	基于分组呼叫到达 / 结束	未规划 CID，无 MBSFN	—	低或中等	大于 20%（一些情况下大于 50%）
		规划了 CID，无 MBSFN	1	低或中等	低（小于 10%）
		规划了 CID，无 MBSFN	2a	低 / 中 / 高	中等（10% ~ 20%）
		未规划 CID，每帧 6 个 MBSFN	1	低或中等	中等（约 10%）
		未规划 CID，每帧 6 个 MBSFN	2a（每个宏基站带 4 个小基站）	低 / 中 / 高	中等（约 10%）
		未规划 CID，每帧 6 个 MBSFN	2a（每个宏基站带 10 个小基站）	低 / 中 / 高	从低（小于 10%）到高（大于 30%）大幅波动
		规划了 CID，每帧 6 个 MBSFN	1	低或中等	低（小于 10%）
		规划了 CID，每帧 6 个 MBSFN	2a（每个宏基站带 4 个小基站）	低 / 中 / 高	低（小于 10%）或无增益
		规划了 CID，每帧 6 个 MBSFN	2a（每个宏基站带 10 个小基站）	低 / 中 / 高	中等到高等（10% ~ 30%）
NCTCRS	—	—			与理想的自动小基站开 / 关方案相当

　　小基站开 / 关，除了可以获得干扰抑制性能增益之外，还有节能的效果，然而，也可能存在潜在的不利影响，如网络覆盖、传统 UE 的支持、移动性等方面的问题。如果存在基础的覆盖层（如宏蜂窝层），则网络的覆盖和对空闲 UE 的支持仍然可以

得到保证。移动性方面的问题在 RAN1 标准化组中还尚未讨论。

总的来说有以下结论。

（1）基于现有的 RAN3 机制的休眠态的引入是有关小基站半静态开 / 关的增强技术的开端。

（2）减少小基站开 / 关转换时间可提升性能。

● RAN1发现缩短小基站开/关转换时间是有好处的。

● 增益随着转换时间的降低而增加。

● 缩短转换时间的小基站开/关也可以采用现有的切换、CA激活/去激活、双连接等过程。

● 新增加的物理层过程——激活的辅小区操作开/关可进一步缩短转换时间（取决于具体的详细解决方案）。

（3）为了支持转换时间缩减增强，需要增加发现过程 / 信号。

● 小区在进行开/关操作时，需要发送发现信号（Discovery Signal）用于小区识别、时/频粗同步、同频/频间RRM测量等。

● 可能要包括对下行链路发现和测量增强技术及其相关过程的支持。

8.2.2　增强的功率控制 / 自适应

增强的功率控制 / 自适应包括上下行发射功率控制。

小基站下行功率控制指的是小基站发射功率的自适应调整，可能包括公共信道和数据信道的发射功率。下行功率增强可被设计为小区特有的或者用户特有的方式。

通过下行功率控制来减轻小基站的干扰需要综合考虑其对移动性的影响以及功控调整时间粒度的问题。

上行功率控制增强需要考虑对非服务小区产生的干扰。其中一种上行功率控制方案中，综合考虑了到多点的路径损耗以确定上行发射功率。

8.2.3　多小区场景频域功率控制和 / 或 ABS 增强

频域功率控制的一个例子是基站相对窄带发射功率限制（RNTP，eNodeB Relative Narrowband TX Power Restrictions）。

1.（e）ICIC

从 Release 8/Release 9 版本协议开始，ICIC 作为一种频域干扰协调方案被引入以降低同频部署场景下的小区间干扰，其基本原理是在 PRB 层级进行发射功率限制（RNTP）。在 Release 10 和 Release 11 版本协议中，eICIC 作为一种时域的协调方案被引入，通过应用近乎空白帧（ABS，Almost Blank Subframes）以减少同频部署时小区之间的某个主干扰源的干扰。而在 Release 12 版本小基站密集部署场景下，可能不再有单个主干扰源，小基站之间的干扰将随着部署小站数量的增加而显著增加。

协议中给出了针对小基站部署的多小区场景（e）ICIC 增强技术，包括以下几种。

（1）时域干扰协调。

● 不同的小基站配置不同的ABS模式。

● 快速ABS模式自适应。

● eNB可能采用不同的下行功控策略，考虑到数据区域内存在CRS的影响。

（2）频域干扰协调。

● 不同小基站可以配置不同的PRB/CC，包括自主载波选择。

支持（e）ICIC 可能存在以下潜在影响。

（1）研究回程需求。

● 定义信令和时间尺度以支持更快速的eICIC适配速率。

（2）设计时域和频域资源协调调度的机制。

（3）SCall 也要支持严格的子帧测量。

（4）CSI 测量增强以支持更多的干扰水平。

● 为UE配置更多的CSI报告过程以支持两个以上干扰水平的上报。

2. 小基站部署 EPDCCH 增强

在 Release 11 协议中，引入了 EPDCCH（Enhanced PDCCH）以改善频域控制区域内的 ICIC 性能。在 Release 12 小基站部署场景中，密集部署时的小区间干扰变得更为严重。与 PDSCH 相比，EPDCCH 需要更大的顽健性，因为它没有 HARQ。因此，为了保证稳定和高效的 EPDCCH 性能，需要通过小区之间的协调来对 EPDCCH PRB 进行保护。

eNB 之间为了支持 EPDCCH 小区间干扰协调增强，所需识别的信令消息如下所示。下列一个或者多个消息的组合将通过 OAM 配置 / 下行高干扰指示（DL HII，High Interference Indicator）/ 增强的 RNTP 信令 / 负荷指示过程来传递。

（1）eNB 之间交换 EPDCCH 资源分配信息。

● 指示用于EPDCCH传输的PRB资源。

● 指示用于EPDCCH传输的优选EREG组。

（2）eNB 之间交换 EPDCCH 时域资源分配信息

● 指示配置用于EPDCCH传输的时刻。

（3）eNB 之间交换 PRB 多层发射功率信息。

● 指示EPDCCH和PDSCH PRB的不同发射功率。

（4）eNB 之间交换 PRB 块的多层干扰偏好信息。

● 指示本小区PRB的干扰灵敏度水平，为其他小区安排其对邻小区干扰灵敏度水平提供参考。

（5）eNB 之间交换用于敏感数据保护（如 EPDCCH）的独立的 PRB 集合信息。

● 指示某个PRB集合需要在一个相对长的时间内维持低功率发射。

当然，所有可能的技术都需要考虑在 EPDCCH ICIC 技术和网络整体频谱效率之间进行折中。

8.2.4　负载均衡 / 转移

36.872 标准中给出了小区关联的相关技术研究，但仅作为信息参考，而非标准建议。

负载均衡 / 转移目的是通过改变小区和层之间的业务负荷分布来改善系统整体性能。负载均衡的一个目的是使小区和层间的业务负荷分布更加平均，而其另一个目的则是将业务集中到少数的小区以减轻小基站密集部署时的小区间干扰。

负载均衡 / 转移可以通过小区关联来实现。标准组对以下几种小区关联选择进行了研究：

● 基于RSRP以及小区关联偏好来进行小区关联；

● 基于RSRP以及小区关联偏好或门限来进行小区关联；

● 基于UE长期的SINR测量以及小区关联偏好来进行小区关联；

● 基于UE测量功能（RSRP、RSRQ、长期SINR）及网络侧的信息（如小区资源使用情况等）来进行小区关联；

● 基于短测量间隔的RSRQ或SINR测量的小区关联。

注意：短测量间隔可能可以更快地适配频率层间的负荷变化，但同时也需要考虑缩短测量间隔对 RRM 测量准确性的影响。

8.3　电磁辐射与公众健康

移动通信自诞生以来，大大增加了人与人、人与外界之间沟通交流的便捷性，移动互联网的迅速普及和发展，更是使人们对移动通信的依赖度越来越高，手机已经成为现代人不可或缺的第一大"外部器官"。而与此同时，随着人们生活水平的提高，对自身健康的关注程度也越来越高，对于移动通信带来的电磁辐射也越来越担忧。

电磁辐射所衍生的能量取决于频率的高低——频率越高，能量越大。频率极高的 X 光和 γ 射线所产生的较大能量能够破坏合成人体组织的分子，令原子和分子电离化，然后产生不可恢复的器质性病变，故被称为"电离辐射"。而频率较低不能破解把分子紧扣在一起的化学键的辐射则被称为"非电离辐射"，也就是一般的无线电类的辐射。

国内外的大量研究表明，超量的微波辐射会对人体健康产生不利影响，其中研究最多的是微波辐射的致癌作用与对神经系统的危害，特别是对脑部的危害。

电磁场或电磁波作为一种物质形态主要用场强、频率、波长、波形、功率密度和作用时间等参数来描述它们的不同。不同的电磁场与生物的作用机理和产生的生物效应也不一样，即不同场强、频率、振幅的电磁场，由于自身的特点不同，它所作用的生物对象、作用范畴、作用的时间、能量和信息交换的方式及交换的值等都是不相同的。根据电磁波的频谱特性和它们产生的生物效应的特点，可把电磁频谱分成 5 个主要区间，如表 8.7 所示。

表 8.7　电磁频谱划分

波长	mm	km m cm	mm	μm	nm
频率	50 Hz、300 Hz、3 kHz	30 kHz、300 kHz、3 MHz、30 MHz、300 MHz、3 GHz、30 GHz	300 GHz、3 THz、30 THz	300 THz	
电磁场分类	低频电磁场	射频电磁波与微波	毫米波、T 赫兹波、红外线	可见光	电离辐射
实例	静电场、静磁场、高压线场、家电等	微波设备、短波和超短波辐射；雷达、电视台、基站、手机	一些军用设备，红外装置等	照明、自然光等	紫外线、X 射线、γ 射线、粒子辐射等

（1）电离区，波长小于 400 nm，包括紫外线在内的电磁波或辐射粒子处在电磁辐射的电离区。在这一区间，有机物质分子遭到破坏，发生电离现象，但主要是破坏生物分子中的共价键和 DNA 的基因及它的序列，生物体将遭受破坏性的损伤。

（2）可见光区，当电磁波的波长处于 400 ～ 800 nm 的范围内，不管电磁波强度有多么大，都不会使生物分子中电子产生电离，但能发生能级跳跃，所以，波长大于 400 nm 的电磁波成为非电离辐射波。

（3）红外和毫米波区，从数十微米到 1 毫米波段，包括 T 赫兹波。它的主要效应是引起生物大分子的振动和转动，或者说使生物大分子的高级结构发生变化。

（4）辐射区，它包括了很长一段波长的电磁波。当电磁波的频率为 1 MHz ～ 30 GHz 时，电磁波对生物体的作用主要以辐射方式进行，称为电磁辐射区。特别是频率为

100 MHz ～ 30 GHz 的分米波和厘米波称为微波辐射，是电磁辐射生物效应研究的重点区间，包括了移动通信系统的核心工作频段。

（5）低频区，由直流到大约 3 000 Hz 的电磁波对生物体的作用主要以感应极化或传导的方式进行，称为低频电磁场区。它引起了生物介质的极化，改变电荷分布及传导，可引起细胞和组织的整体振动等。

辐射生物效应与电磁辐射的功率密度密切相关。功率密度通常是指空间一点的电场强度矢量和该点上的磁场强度矢量的矢量积（也成为坡印亭矢量）的实数部分 $S=\mathrm{Re}\{E\times H\}$，式中 E 是电场强度矢量（V/m），H 是磁场强度矢量（A/m）。

一般情况下，电磁辐射的远区场可以按球面波的传播规律估计生物体位置上的电磁辐射功率。$S=\dfrac{P}{4\pi r^2}$，其中，S 为电磁辐射的功率密度（W/m²），P 为辐射源的辐射功率（W），r 是生物体到辐射源的距离（m）。但需要指出的是，该式计算的数值只有参考意义，并不等于进入人体的电磁辐射强度，更不是人体或生物体吸收的电磁辐射能量。

生物体在电磁波照射时由于所处位置不同，电磁波对它的影响是不同的。通常把电磁波照射区域分成远场区和近场区两部分。在远场区，电磁波总是以辐射的形式传播，电磁波的电场和磁场相互垂直，并同时与传播方向垂直，其电场强度与磁场强度的比称为媒质波阻抗，空气的波阻抗为 377Ω。在近场区及电磁波频率比较低时，电磁波通常以准静态电磁场或驻波的形态存在，电磁波的电场与磁场的关系无普遍规律性，与周围环境和物体形状关系极大。因此，电场和磁场必须分别测量或计算。近场区的等效平面波功率密度可以按电场和磁场分别定义为 $S_E=\dfrac{|E|^2}{Z_0}$，$S_H=|H|^2 Z_0$，这里 E 是研究或测量点的电场强度，H 是该点的磁场强度，Z_0 是媒质的波阻抗。近场区还可以细分为近区辐射场和近区感应场。远区辐射场满足 $r\geqslant 2d^2/\lambda$，近区辐射场满足 $\dfrac{\lambda}{2\pi}\leqslant r\leqslant\dfrac{2d^2}{\lambda}$，而近区感应场是 $r\leqslant\dfrac{\lambda}{2\pi}$。其中，$r$ 为电磁辐射源到人体或生物体的距离（m），d 是天线或其他辐射体的最大线度（m），λ 是辐射电磁波的波长。

【算例 1】宏基站场景，频段：2 GHz，天线线度为 1 m。

则远区、近区辐射场、近区感应场的分界线分别为 13.3 m 和 0.024 m。

由于宏基站的挂高通常是要高于 20 m 的，所以一般情况下，移动用户是处于基站的远区辐射场。

【算例 2】小基站场景，频段：2 GHz，天线线度 0.3 m。

则远区、近区辐射场、近区感应场的分界线分别为 1.2 m 和 0.024 m。

由于小站的挂高一般也是高于 3 m 的，因此，到人体的距离会大于 1.2 m，也是处于基站的远区辐射场。

由于生物体各部分的组成不同，电磁特性差异很大，各部分吸收的电磁辐射功率也有很大差异，局部比吸收率差别也大。电磁辐射功率密度在 300 MHz 以上时通常用功率密度 S 来估算，而高频电磁辐射场合 SAR 最常用。

微波和射频波与生物作用的一个共同特点就是存在"频率窗""功率窗"和"作用时间窗"。这表明，仅在一个特定频率范围和作用时间段内才能出现极大的微波和射频波的吸收，从而产生显著的生物效应，其频率窗表示所加的外电磁波的频率只有与生物内的分子或集团的固有振动频率相一致，并产生共振时，生物大分子才能从电磁波吸收到能量。一些蛋白质分子和多肽等大分子的整体转动或振动频率恰好也处于高频微波波段，所以它们可以频率共振方式吸收微波能量。功率窗表示作用的电磁波的能量与触发这种生物效应存在一个阈值能量，只有超过此阈值才有明显的生物效应。而作用的时间窗则是触发的生物活动的进程演化或自身调制的演化存在一个时间积累，仅在一定的时间进程后，才有生物效应，使温度升高。这种现象就是电磁辐射的阈值效应，这种现象的发生主要是因为人体对外界能量的传导有一定的自我调节能力。如当人遭受轻度电磁辐射，产生的比吸收率小于 1 W/kg 时，人体温度不会升高，故不会有热效应。当比吸收率处于 1 ～ 20 W/kg 时，温度升高，但是经过一定的时间后，人体温度不会再升高而是保持稳定。当比吸收率大于 100 W/kg 时，人体温度又会持续线性地升高。此时，人体已经失去调控体温的能力。能使人体达到新的温度平衡水平而且体温不再升高的时间就称为热效时间常数，用 HTC 表示。对于整个人体的全身平均比吸收率来说，热效时间常数为 30 min；对于部分人体的局部比吸收率来说，热效时间常数为 6 min，这也是辐射限值通常取 6 min 或 30 min 均值的原因。

小基站的密集部署是否将加剧电磁辐射对公众健康的影响？下面我们将对此进行详细分析。

8.3.1　基站电磁辐射

国际非电离辐射保护委员会（ICNIRP，International Commission on Non-Ionizing Radiation Protection）给出了非电离辐射频段的人体辐射暴露安全基准——在一段时间内的辐射均值不超过 10 W/m²，随着频率的增加，时间间隔缩短（10 GHz 为 6 min，300 GHz 为 10 s）。此外，对于脉冲信号，要求峰值脉冲宽度内的功率最大不超过

10 kW/m²。而对应的职业辐射限制分别为 50 W/m² 和 50 kW/m²。这些值可以认为是可避免由于温和的全身热应力引起的副作用和 / 或局部过度热效应引起的组织损伤的辐射限值。

需要注意的是，毫米波身体扫描操作采用的是脉冲模式，这些毫米波身体扫描仪的功率不高，但是在脉冲宽度范围内平均功率谱密度高达 1.0 kW/m²，但也只是目前推荐的公众照射限值的 1/10 而已。

我国的国标 GB8702-2014《电磁环境控制限值》中制定的公众曝露控制限值如表 8.8 所示。

表 8.8 电磁环境公众曝露控制限制

频率范围	电场强度 E(V/m)	磁场强度 H（A/m）	磁感应强度 B（μT）	等效平面波功率强度 S_{eq}（W/m²）
30 ～ 3 000 MHz	12	0.032	0.04	0.4
3 000 ～ 15 000 MHz	$0.22f^{1/2}$	$0.000\ 59f^{1/2}$	$0.000\ 74f^{1/2}$	$f/7\ 500$
15 ～ 300 GHz	27	0.073	0.092	2

注：1. 频率 f 的单位为所在行第一栏的单位。

　　2. 0.1 MHz ～ 300 GHz 频率，场量参数是任意连续 6 min 内的方均根值。

　　3. 100 kHz 以下频率，需同时限制电场强度和磁感应强度。100 kHz 以上频率，在远场区，可以只限制电场强度或磁场强度，或等效平面波功率密度；在近场区，需同时限制电场强度和磁场强度。

现有 2G/3G/4G 系统的频率范围都在 3 GHz 以下，对应的等效平面波功率强度限值为 0.4 W/m²，而 5G 系统将部署在 3 GHz 以上频段，以 3.5 GHz 为例，其对应的等效平面波功率强度限值为 0.467 W/m²，可见我国的安全辐射标准不到 ICNIRP 推荐限值的 1/20，相对严格很多。

以基站输出功率 10 W 的小基站为例，设基站天线增益为 14 dBi，天线到用户的最小距离为 3 m，频段为 1 800 MHz，按照自由空间传播公式，可以计算出用户侧的接收信号强度为 4.9 mW，远低于辐射要求的限值。

需要注意的是，以上计算是针对单个制式系统进行的，实际上由于天面资源的稀缺性，在基站选址尤其是宏基站建设中，多运营商多系统的共建共享是较为常见的情况，这样会加大总体辐射水平，而小基站建设时多系统共建的概率相对较低，因此，辐射强度成倍叠加的概率也相对较低。

8.3.2 手机电磁辐射

当用户使用手机进行呼叫或上网操作时，手机作为无线通信设备会发射高频电磁波（300 MHz ～ 3 GHz），这一频段的光子能量不足以导致原子和分子电离，只会产生非电离辐射。

非电离辐射危害人的机理主要是电效应、非热效应和累积效应等。

（1）热效应：人体 70% 以上是水，水分子受到电磁波辐射后相互摩擦，引起机体升温，从而影响到体内器官的正常工作。

（2）非热效应：人体的器官和组织都存在微弱的电磁场，它们是稳定和有序的，一旦受到外界电磁场的干扰，处于平衡状态的微弱电磁场即将受到破坏，人体也会遭受损伤。

（3）累积效应：热效应和非热效应作用于人体后，在人体的伤害尚未来得及自我修复之前，如果再次受到电磁波辐射，其伤害程度就会发生累积，久而久之就会成为永久性病态，危及生命。对于长期接触电磁波辐射的群体，即使功率很小，频率很低，也可能会诱发想不到的病变，应引起警惕。

参考文献 [7] 对智能手机在 900 MHz 和 1 800 MHz 频段下 SAR 值进行了测试。测试结果显示人头模型靠近手机部分的 SAR 值明显高于其他区域，随着深度增加，SAR 值迅速衰减；且 SAR 的峰值随着手机远离人头而迅速衰减，距离每增加 2 cm，峰值减少约 50%，见表 8.9。

表 8.9　不同频段和距离时，人体头部组织内部 SAR 测试值（不同进入深度）

距离头部的距离（cm）	900 MHz 人体头部组织内部 SAR（每 1 g 人体组织）								
	0	1	2	3	4	5	8	10	15
$D=0$（贴脸）	2.17	1.83	1.56	1.29	1.02	0.746	0.425	0.243	0.068
2	1.01	0.84	0.716	0.501	0.487	0.342	0.218	0.093 6	0.006
4	0.451	0.38	0.324	0.268	0.211	0.155	0.098	0.042 3	0.004
距离头部的距离（cm）	1 800 MHz 人体头部组织内部 SAR（每 1 g 人体组织）								
	0	1	2	3	4	5	8	10	15
$D=0$（贴脸）	1.64	1.39	1.18	0.975	0.77	0.565	0.359	0.154	0.045
2	0.549	0.453	0.355	0.326	0.257	0.109	0.12	0.051 5	0.004
4	0.328	0.277	0.216	0.199	0.154	0.113	0.072	0.030 2	0.002

参考文献 [6] 中对 52 款 GSM 和 CDMA 终端的微波辐射强度进行了测量，测试结果显示距手机 1 cm 处的平均微波辐射强度一般在 $5 \sim 15 \ \mu W/cm^2$，可折算为 $0.05 \sim 0.15 \ W/m^2$，处在安全的强度范围内。

手机的电磁辐射水平会因手机类型不同、手机离基站距离的远近、手机所处空间位置、同小区内使用手机人数的多少等的变化而变化。从人体辐射安全的角度出发，各国都在制订电磁辐射标准。目前，世界上很多国家和机构在制订和测量电磁辐射标准时，普遍采用吸收率 SAR 对手机辐射进行量化和测量，即单位时间内单位质量的物质吸收的电磁辐射能量。

根据比吸收率，目前国际上有两个比较通用的标准，分别是欧洲标准和美国标准。欧洲标准规定电磁辐射吸收比不得超过 2 W/kg（6 min 内的均值），美国标准规定不超过 1.6 W/kg。我国也制定了标准，在 GB22188-2007 标准中明确规定手机电磁辐射暴露限值为任意 10g 生物组织、任意连续 6 min 平均比吸收率 SAR 值不得超过 2.0 W/kg，和欧洲的标准一致。

目前通过正常渠道销售的合格手机都经过专业测试，其 SAR 值一般为 0.2 ～ 1.5 W/kg。

SAR 的测量是复杂的，需要专业仪器。参考文献［5］根据电磁学理论和比吸收率 SAR 测量模型，简化了智能手机电磁辐射测量方法，用手机近场辐射的磁感应强度值来衡量手机的电磁辐射水平。

相对于基站辐射而言，手机终端由于离用户更近，虽然其发射功率相对小很多，但实际到人体的有效辐射功率可能比基站的辐射大很多。如果辐射在 0.4 μT 以上属于较强辐射，0.3 ～ 0.4 μT 属于警戒值，0.3 μT 特别是 0.1 μT 以下可以认为是安全的。

根据参考文献［5］的测试结果，几款代表型号智能终端在关闭数据流量、拨打电话的过程中的手机电磁感应强度测试结果见表 8.10。

表 8.10　几款典型的智能手机在不同状态下的电磁感应强度测试结果　　　单位：μT

手机型号	待机	响铃	接通瞬间	通话中	挂断瞬间
红米 Note2	0	0.101	0.121	0.034	0.027
华为荣耀 5X	0	0.180	0.181	0.024	0.121
iPhone6 plus	0.002	0.162	0.174	0.062	0.068

同款手机在不同覆盖场景下的测试结果见表 8.11。

表 8.11　苹果手机在不同状态下的电磁感应强度测试结果　　　单位：μT

手机型号	测试环境	待机	响铃	接通瞬间	通话中	挂断瞬间
iPhone6 plus	室外	0.002	0.162	0.174	0.062	0.068
	电梯	0.010	0.201	0.210	0.105	0.070

同款手机在不同距离处的测试结果见表 8.12。

表 8.12　同款手机在不同距离处的电磁感应强度测试结果　　　单位：μT

距离（cm） 品牌	0	1	2	3	4
iPhone6 plus	0.062	0.042	0.021	0.005	0

从测试的结果看，在待机、正常通话状态下，智能手机的电磁辐射是在安全范围之内的，并且手机在进行呼叫接入和挂断的瞬间电磁辐射较大，这时应让手机远离头部，可采用耳机接听，或者使用手机接通振动功能，显示接通后再放到耳边。由于电磁波的空间衰减特性，人体（尤其是头部）距离手机越远，收到的有效辐射能量越小。在开启手机数据业务和接通 Wi-Fi 上网时，手机一般和身体有一定距离，电磁辐射较小。

此外，为了控制干扰以及节约电量，手机的上行发射一般采用功率控制，当手机和终端之间传播损耗小时，手机将在功控的作用下降低发射功率，辐射将进一步降低。而采用小基站组网时，基站密度更大，更有利于实现均匀和良好的覆盖，从而有利于降低终端的整体发射水平，降低终端辐射强度。

8.4　小结

总体来说，无线基站和终端的辐射强度都是可控的、低于公众安全暴露标准的，低强度的照射不会对公众健康产生不利影响。而小基站建设采用多点小功率的方式，有利于无线信号的均匀、良好覆盖，对于降低高辐射强度风险尤其是终端高辐射是有利的，但是需要注意小基站天线和人体之间要有 3m 以上的安全距离，避免近场强辐射的发生。

参考文献

[1] 3GPP TR 36.872 V12.1.0 (2013-12). Small Cell Enhancements for E-UTRA and E-UTRAN - Physical Layer Aspects (Release 12).

[2] 3GPP TR 36.819 V11.2.0 (2013-09). Coordinated Multi-point Operation for LTE Physical Layer Aspects (Release 11).

[3] GB 8702-2014. 电磁环境控制限值.

[4] GB18871-2002. 电离辐射防护与辐射源安全基本标准.

[5] 孙静，魏作余. 智能手机电磁辐射研究. 电子测试 [J]. 2017(10):55-56.

[6] 伏代刚，龙云芳，赵立强. 手机微波辐射强度及对人体健康的影响 [J]. 职业卫

生与伤病，2005,20(2):85-89.

[7] 朱青.智能手机 SAR 值测试与研究 [J]. 电子制作，2016(11x):2-3.

[8] GB 21288-2007. 移动电话电磁辐射局部暴露限值.

[9] 0～300 GHz 电磁场安全限值导则. ICNIRP，1998.

第9章

小基站优化

9.1 小基站优化概述

丰富的基站形态在带来覆盖和容量提升优势的同时，也使网络复杂度大大增加，给运营商带来了全新的挑战。

网络结构更加复杂，首先会增加干扰控制的难度。多种形态基站共同部署必然带来多层网络结构。由于 LTE 采用同频组网，如何规避小区之间的干扰是必须面对的挑战。

其次，小基站部署对于传输提出了更高的要求，当前普通的 LTE 基站主要采用 PTN 传输，需要专门的传输设备，而传输设备需要独立的环境。小基站的广泛应用需要解决天线、传输一体化的问题。

同时，要充分发挥小基站的作用，需要做好宏微协同。目前，业界大部分的 HetNet 解决方案中普遍采用宏基站与小基站同频组网的方式，通过宏基站与小基站协同来消除干扰。在一定程度上，小基站是宏基站的覆盖扩展和容量增强的方式，不是一张简单叠加的网络，这样能使干扰最小化。做好小基站与宏网络的协同，就必须要求各厂商做好标准化和协作，才能实现不同厂商间网络设备的协同。因此，宏基站与小基站混合组网、立体组网也成为网络深度建设的优化热点。

移动通信网络发展至今，基础网络部署已经基本完成，城区宏基站距（>600 m）占比已经很低，宏基站覆盖半径普遍小于 400 m，宏基站站间距已趋于极限，站址资源获取已成为瓶颈；随着人们对基站辐射的敏感性加强和政府对城市环境美观的要求，传统宏基站难以在居民区和景点等室外热点区域落地部署；现有城市有很多密集的楼房，深度覆盖仍然不足，小基站是攻克最后深度覆盖的一把利器。小基站跟宏基站网络的关系，是一种立体方位的补充，如何协调与宏基站（包括室内分布）网络的关系是小基站优化的重点。

本章后续章节的内容将围绕小基站性能优化、提升展开，结合实际的案例进行详细论述。

9.2　小基站关键性能指标优化

9.2.1　掉线率指标优化

掉线率优化的主要流程如下。

（1）本站硬件排障——是否存在异常告警或传输闪断。

① 通过 LST ALMAF 查询站点实时告警，参考历史告警。

② 通过 DSP BRD 查询单板运行情况。

（2）邻区故障排查——通过提取两两小区切换，确定目标小区。

① 确定目标小区运行情况，是否基站故障或异常告警。

② 检查邻区间参数设置是否正确。

③ 通过地理化工具检查小区邻区配置是否合理，进行邻区合理性优化。

④ 检查基站是否周边站点缺少，如为孤站，可视为正常。

（3）检查 S1 链路是否配置正确。

正常情况下统计 eNodeB 发起的 S1 RESET 导致的 UE Context 释放次数应为 0，如统计出现释放次数，需要进行针对排查。

（4）参数是否设置合理。

① 查询掉线类定时器设置是否正确（T310、N311、N310、T311、T301）。

② 如掉线率突增，查询操作日志，确认是否有修改，导致小区异常。

（5）干扰排查。

① 通过地理化工具查看小区 PCI 复用是否合理，是否存在模三冲突。

② 检查小区时隙配比是否设置准确（DE:SA2\SSP7;F:SA2\SSP5）。

③ 如每 PRB 上干扰噪声平均值＞ -110 dBm，确认小区存在上行干扰，同时可通过后台跟踪，确认干扰类型。

（6）是否存在高质差。

① 通过观察小区上下行分组丢失率是否正常，如分组丢失率偏高，基本断定小区存在质差。

② 通过后台误码率跟踪，如 $BLER>10\%$，确定小区存在高误码。

（7）是否存在弱覆盖。

① 检查传输模式，是否为 TM3，如长时间为 TM2，确认设置正确的情况下，

基本确定小区存在弱覆盖。

② 对比 64QAM 和 QPSK 占比，如后者比例远大于前者，可确定小区覆盖异常。

（8）现场测试及后台跟踪。

① 安排前场人员现场测试，同时后台通过信令跟踪，配合查找问题原因。

② 如果确认问题后，需第三方配合解决，转发相关人员处理，做好跟踪工作，直至问题闭环。

9.2.2 接通率分析和优化思路

接通率分析优化流程如下。

1. 筛选 TOP 小区

RRC 建立成功率 TOP、E-RAB 建立成功率 TOP 条件相同：建立成功率 <98%，连接请求次数极少。

2. 是否存在干扰

（1）通过 Mapinfo 等地图软件查看小区 PCI 复用是否合理，是否存在模 3 冲突。

（2）检查小区时隙配比是否设置准确（DE:SA2\SSP7;F:SA2\SSP5）。

（3）如每 PRB 上干扰噪声平均值 > -110dBm，确认小区存在上行干扰，同时可通过后台跟踪，确认干扰类型。

（4）发送干扰组协助处理。

3. 是否存在覆盖问题

（1）检查传输模式，是否为 TM3，如长时间为 TM2，确认设置正确的情况下，基本确定小区存在弱覆盖。

（2）对比 64QAM 和 QPSK 占比，如后者比例远大于前者，可确定小区覆盖异常。

（3）邻区告警、故障等导致 TOP 小区存在弱覆盖。

（4）天馈问题。

（5）无线环境差。

（6）基站规划、建设、施工问题。

（7）天线权值配置与现场天线参数不一致。

（8）核查参考信号功率是否偏低［常规设置 92（对应 RS 功率为 9.2 dBm），122

（对应 RS 功率为 12.2 dBm），需结合现场设置]。

4．是否存在高质差

（1）通过观察小区上下行分组丢失率是否正常，如分组丢失率偏高，基本断定小区存在质差。

（2）通过后台误码率跟踪，如 *BLER*>10%，确定小区存在高误码。

5．是否存在资源不足

（1）参数调整，流量均衡。

（2）天馈调整，分担流量。

（3）热点区域，增补基站。

6．终端、用户行为是否异常

结合用户投诉情况，安排前场人员现场测试，同时后台通过信令跟踪，配合查找问题原因。

9.2.3　切换分析思路

切换请求次数的统计点是从源 eNB 发起 HO Request 开始的，因此，前面源 eNB 和 UE 进行测量控制、测量报告上报等信令交互都不影响切换成功率的计算，即只要源小区不发送 HO Request，切换成功率的分母部分尚未计数，均不会影响切换成功率指标。

因此，对切换成功率有影响的主要环节如下。

1．切换准备阶段

（1）信令失败点：源小区向目标小区发送 HO Request，但目标小区未回复 HO Request ACK。

（2）其他特征：目标小区切入准备成功率低，有时伴有阻塞或告警。

（3）可能原因及解决方案：

① 目标小区故障——排障。

② 目标小区资源不足、拥塞——负荷均衡、区域扩容。

③ 特例：源小区与目标小区 MME 配置不一致。此时分析邻区对数据时，可能

只有某几对邻区之间切换准备较多，其他小区向目标小区切换准备正常。

此时如跟踪 X2 信令，会发现 Handover Cancel 消息的原因为 Unkown MME Code。

2．切换执行阶段

案例 1

（1）信令失败点：源小区向终端发送 RRC 重配指示，但终端并未收到；X2 口信令表现为源小区 T304 超时后，发起 Handover Cancel。

（2）其他特征：终端未收到下行的 RRC 重配指示，说明此时下行链路较差，可能的原因是下行干扰（此时源小区的接通率、掉线率等 KPI 也会较差）、切换过晚或弱覆盖（掉线率指标可能略差）。

（3）可能原因及解决方案。

① 干扰——干扰排查。

② 切换过晚——核查切换参数（CIO、offset 等），并检查有无漏配邻区。

③ 弱覆盖——调整天线、功率、加站等改善覆盖。

案例 2

（1）信令失败点：终端无法接入到目标小区，X2 口信令表现与案例 1 相同。

（2）其他特征：切换时终端接入目标小区的过程与初始接入类似（除了前导码不需要竞争外），因此，如果切换时接入困难，那么其他终端初始接入也有可能有问题，此时可以考察目标小区的接通率是否有问题。

（3）可能原因及解决方案

● 目标小区故障——排障。

● 目标小区受干扰——排查干扰。

● 接入参数设置问题——核查目标小区接入参数。

● 弱覆盖——调整天线、功率、加站等改善覆盖。

● 特例：PCI 混淆。

PCI 和频点是终端测量时区别各个邻区的唯一标志，如果终端实际检测到的小区和实际源小区的邻区列表中该 PCI 对应的小区不一致，就会造成源小区向错误的邻区发送 HO Request，终端向错误的小区发起接入请求，一定不会成功。

小结

由于统计点的特殊性，切换成功率差的小区不一定就是差小区，往往是它的邻区存在问题，因此，很多情况下我们要根据切入成功率来定位问题，结合其他的指标互相印证，快速提升切换成功率。

9.3 小基站干扰优化

小基站所处环境复杂，非法干扰源多，加之微基站本身发射功率较低，因此更加容易受到外部干扰。

按照干扰产生的起因可以将干扰分为系统内干扰和系统间干扰。

系统内干扰的产生：系统内干扰通常为同频干扰。由于数字技术相对于模拟技术的抗干扰能力较强，可以实现同频组网。比如 TD-S 同一个小区内的不同用户使用相同的频率资源，它们之间是通过正交码字来进行区分的。TD-LTE 系统中虽然同一个小区内的不同用户不能使用相同频率资源（多用户 MIMO 除外），但相邻小区可以使用相同的频率资源。这些在同一系统内使用相同频率资源的设备间将会产生干扰，也称为系统内干扰。

系统间干扰的产生：系统间干扰通常为异频干扰。发射机在指定信道发射的同时将泄漏部分功率到其他频率，接收机在指定信道接收时也会收到其他频率上的功率，也就产生了系统间干扰。

本书第 8 章中对干扰的分类、形成原因、规避手段等进行了论述，这里不再赘述。本节重点讨论各种干扰的分析和整治思路。

9.3.1 阻塞干扰分析和整治

阻塞干扰一般为附近的无线电设备发射的较强信号被 LTE 设备接收导致的，比如移动的 F 频点，容易受到电信 FDD 的阻塞干扰。

阻塞干扰整治方法有以下 3 种。

（1）在受干扰基站上安装相应频段的滤波器。

（2）增加两个系统间的隔离度，比如升高干扰源基站或受干扰基站的天线高度，使其从水平隔离变为垂直隔离（一般情况下垂直隔离度大于水平隔离度 10 dB 以上）。

（3）将受干扰的 LTE RRU 更换为抗阻塞能力更强的 RRU。

案例 1

【问题描述】：电信 FDD-LTE 阻塞干扰：中国电信正在部署 FDD-LTE 实验网，部分城市使用的下行频段为 1 860 ～ 1 880 MHz，与中国移动公司 F 频段（1 880 ～ 1 900 MHz）相邻，且中间无任何保护频带间隔，对移动 F 频段造成了严重上行阻塞干扰。

【扫频】：电信 FDD-LTE 使用 1 880 MHz，图 9.1 为 JDSU 扫频仪在某移动、电信共址站点现场捕获的频率使用信息，可以清晰看出 1 860 ～ 1 880 MHz 存在 FDD-

LTE 信号。

测试手机：利用电信 SIM 卡和 4G 终端对此处疑似信号进行测试，发现电信 LTE 信号如下：TDD 2 530 ～ 2 550 MHz band41，FDD 下行 1 850 ～ 1 870 MHz、1 860 ～ 1 880 MHz band3。

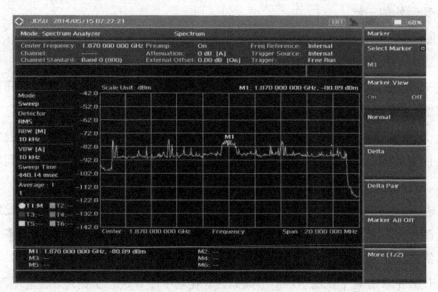

图 9.1　现场频谱仪测试结果

【排查方法】：后台上行 PRB 干扰统计，F 频段低端靠近 1 880 MHz 附近 PRB 呈现连续性高电平干扰；使用扫频仪对疑似 FDD-LTE 频段进行扫频（1 870 ～ 1 880 MHz；1 860 ～ 1 880 MHz）确认；协调电信关闭同站的 FDD 站点，后台实时 PRB 干扰消失，确认干扰源。

【解决方案】：经无委协调，中国电信将 FDD 频段更换为 1 855 ～ 1 875 MHz 后阻塞干扰消失，如图 9.2 所示。

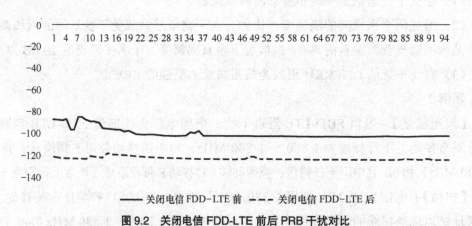

图 9.2　关闭电信 FDD-LTE 前后 PRB 干扰对比

9.3.2　互调干扰分析和整治

互调干扰一般为附近的无线电设备发射的互调信号落在 LTE 基站接收频段内造成的，由于互调干扰随阶次的增加而大幅降低，因此，通常影响比较大的是二阶互调或者三阶互调干扰。例如，GSM900 系统下行二阶互调对 TD-LTE F 频段的干扰、1 800 MHz 互调干扰对 F 频段的干扰等。在多系统合路的情况下，互调干扰的模式尤为复杂，见表 9.1。

表 9.1　多系统互调干扰组合

系统互调组合（MHz）	上行链路可能受干扰的系统
中国联通 SDR- 中国移动 TD-F：（1 830 ～ 1 860）～（1 885 ～ 1 915）	中国联通 SDR 中国电信 LTE1.8 中国移动 TD-F 中国电信 LTE 2.1 中国联通 WCDMA
中国电信 LTE1.8- 中国移动 TD-F：（1 865 ～ 1 880）～（1 885 ～ 1 915）	中国移动 TD-F 中国电信 LTE 2.1
中国电信 LTE1.8- 中国电信 LTE2.1：（1 865 ～ 1 880）～（2 110 ～ 2 125）	中国移动 TD-E
中国联通 SDR- 中国电信 LTE1.8（1 830 ～ 1 860）～（1 865 ～ 1 880）	中国移动 TD-F

其干扰特点如下。

（1）小区级平均干扰电平与干扰系统的话务关联大，干扰系统话忙时 LTE 系统干扰大。

（2）干扰小区天线与被干扰 LTE 小区天线隔离度越小，干扰越严重。

（3）PRB 级干扰呈现的特点是有一个或多个干扰凸起，且受干扰的 PRB 所对应的频率与干扰小区的频点的互调频率对应。

如某小区的小区级干扰曲线如图 9.3 所示。

该小区 PRB 级干扰如图 9.4 所示。

从小区级干扰可以很明显地看到该小区的干扰特点，凌晨时分干扰最小，很明显凌晨是 2G 小区话务较低的时候；而从 PRB 级干扰可以看出该小区存在明显干扰的 PRB 在 PRB93 左右和 PRB25 左右。根据工参信息，该站点同一扇区有 GSM900 基站，频点较多，BCCH 频点为 69，TCH 频点为 13/10，计算得到的二阶互调 & 二次谐波如表 9.2 所示。

因此，从表 9.2 就可以判断出 TD-LTE 扇区是受到了 GSM900 小区的二阶互调干扰，可将该站点初步定位为受到了 GSM900/1 800 基站的阻塞干扰，且由于 BCCH 频点常发，因此，其自身产生的二次谐波干扰最为明显，这与该小区话务量不高有关。

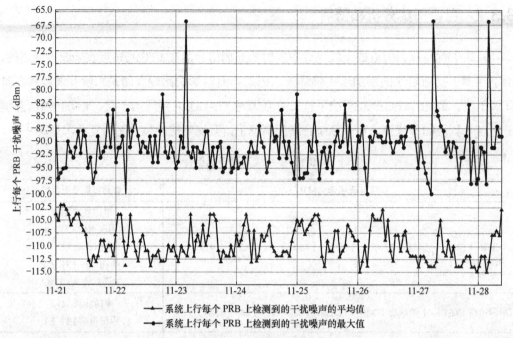

图 9.3　小区级干扰曲线

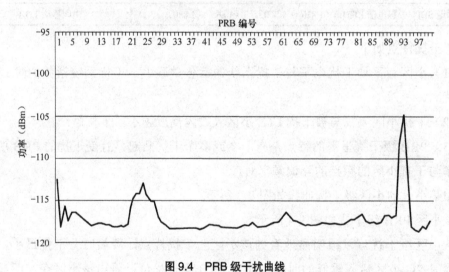

图 9.4　PRB 级干扰曲线

表 9.2　互调和谐波干扰 PRB

产生二阶互调 & 二次谐波频点	干扰 F 频段 PRB 的编号
69 号和 10 号频点产生的二阶互调	PRB25 ～ 27
69 号和 13 号频点产生的二阶互调	PRB28 ～ 31
69 号频点自身的二次谐波	PRB91 ～ 93

通过网管确认互调干扰通常采用降低同一基站同扇区 GSM900/1 800 基站功率 10 dB 以上，对受干扰 TD-LTE 小区前后各一段时间（如 10 min）的 PRB 进行轮询

来完成确认。

图 9.5 中，黑色实线为所有基站正常运行时受干扰 TD-LTE 小区的 PRB 干扰波形图，可以确认是受到了同一个基站相邻 2G 小区的互调干扰。

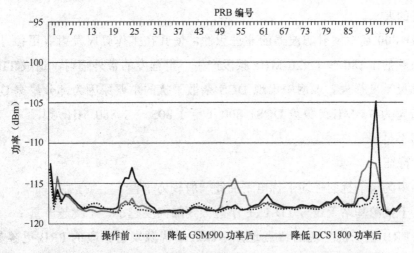

图 9.5　PRB 干扰随着 GSM900 和 GSM1 800 降低功率变化情况

互调干扰整治方法有以下两种：

（1）将干扰源基站天线与受干扰 LTE 基站天线由水平隔离改造为垂直隔离；

（2）干扰源基站和被干扰基站天线在水平距离达到 2 m 以上，或本就是垂直隔离的情况下，可将干扰源基站天线更换为二阶互调抑制度更高的天线。

案例 2

某基站 TD-LTE 3 小区受到了 2G 小区的互调干扰，更换 2G 双频 4 口天线后，互调干扰从 −105 dBm 下降到 −116 dBm，下降了约 11 dB，如图 9.6 所示。

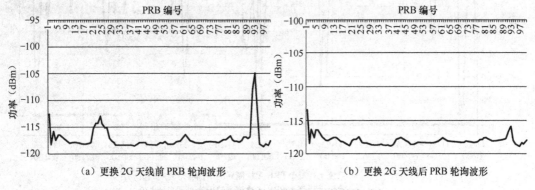

（a）更换 2G 天线前 PRB 轮询波形　　　　（b）更换 2G 天线后 PRB 轮询波形

图 9.6　更换 2G 天线前后的 PRB 干扰轮询对比

9.3.3　杂散干扰分析和整治

杂散干扰是一个系统的发射频段外的杂散发射落入到另外一个系统接收频段内

造成的干扰。杂散干扰直接影响了系统的接收灵敏度。若杂散落入某个系统接收频段内的幅度较高，被干扰系统接收机系统是无法滤除该杂散信号的，因此，必须在发信机的输出口加滤波器来控制杂散干扰，或者增加系统间隔离度以满足对受扰系统灵敏度的要求。

DCS1 800 基站发射滤波器的非理想性，使其在工作频段发射有用信号的同时，还将在邻频的 1 880 ～ 1 920 MHz 频段产生一定程度的带外辐射，造成 TD-LTE 基站接收机灵敏度损失。现网中出现 DCS 杂散干扰的主要原因为部分厂家 DCS1 800 双工器带宽为 75 MHz（覆盖 DCS1 800 下行 1 805 ～ 1 880 MHz 频段），对 F 频段杂散抑制不足。

干扰特征：

（1）小区级干扰的平均干扰电平曲线一般较为平直；

（2）干扰源基站天线与 TD-LTE 小区天线隔离度越小，干扰越严重；

（3）PRB 级干扰呈现的特点是频率靠近干扰源发射频段的 PRB 更容易受到干扰，且干扰电平值呈现左高右低或左低右高的频谱特性。

某小区的小区级干扰电平曲线如图 9.7 所示。

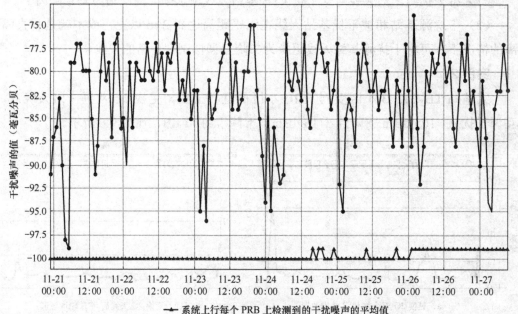

图 9.7 小区级干扰电平曲线

该小区 PRB 轮询频谱特征如图 9.8 所示。

从图 9.7 中可以看到，受到杂散干扰的小区其小区级干扰曲线较为平直，波动一般在 1 dB 左右；而从图 9.8 可以看出，该站点受到低于自身频段的杂散干扰。

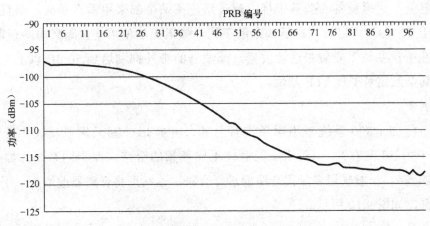

图 9.8　杂散干扰小区 PRB 轮询结果示例

通过网管确认杂散干扰通常采用降低同基站同扇区 GSM900/1 800 基站功率 10 dB 以上，对受干扰 TD-LTE 小区前后各一段时间如 10 min 的 PRB 进行轮询来完成确认。

在图 9.9 中，杂散干扰的站点的 PRB 干扰图基本不受降功率影响，并且该小区 RB0 ～ RB99 所受干扰呈现"左高右低"平滑下降态势，可以确认是受到了其他基站的杂散干扰，需要去现场确认。

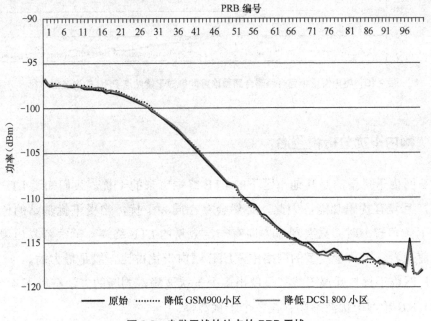

图 9.9　杂散干扰的站点的 PRB 干扰

杂散干扰整治方法有以下两种：

（1）通过增大 LTE 基站天线与干扰源基站天线的系统间的隔离度；

（2）通过在干扰源基站加装带通滤波器来降低杂散干扰。

为避免不达标设备的杂散干扰，建议新建基站全部采用垂直隔离，垂直隔离度一般大于 70 dB，可以较好地解决杂散干扰。如果无法使用垂直隔离消除杂散干扰，就必须在干扰基站上安装带通滤波器，滤波器的带外抑制达到 50 dB 以上一般就可以抑制其杂散信号干扰 LTE 基站。

案例 3

某小区与 1 800 系统采用电桥进行合路，并共用一套天馈系统。由于电桥隔离度差（30 dB 左右），一般用于同系统不同载频的合路。而不同系统，如 LTE 与 1 800 的合路，一般采用多频段合路器进行合路。该站点将合路器改造后，干扰明显得到改善，如图 9.10 所示。

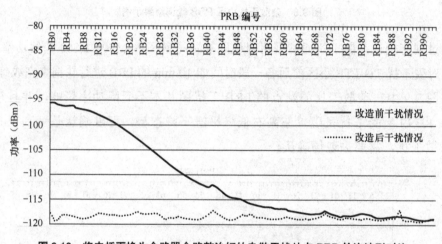

图 9.10　将电桥更换为合路器合路整治好的杂散干扰站点 PRB 轮询波形对比

9.3.4　网内干扰分析和整治

LTE 网内干扰指的是其他小区下的 LTE 终端带来的干扰。我们知道 LTE 采取同频组网，且没有扰码功能，因此，必然会存在同频干扰，当受干扰基站的位置过高且天线下倾角较小时，只要覆盖方向有一定数量的 LTE 终端，就很容易出现同频干扰。目前来看，用户量较多的网络中，LTE 网内干扰占比一般是最大的。

LTE 网内干扰与互调干扰都呈现出多个干扰波峰，判断的方法有以下 4 个。

（1）RB 轮询干扰波形图存在多个干扰波峰。

（2）小区级干扰也呈现忙闲特点，即忙时干扰大，闲时干扰小。

（3）在降低同基站方向大致相同的其他系统基站功率时，LTE 干扰大小没有变化，变化的只是被干扰的 PRB（有时甚至变大），而互调干扰，其干扰的 PRB 一般固定。

（4）基站位置一般较高、天线下倾角较小且视野开阔。

网内干扰分析的总体思路如下。

（1）分析全网的重叠覆盖比例，反映网内干扰的总体情况。

图 9.11 是根据 MR 分析的小区之间重叠覆盖比例，一般大于 15% 的需要进行覆盖控制。

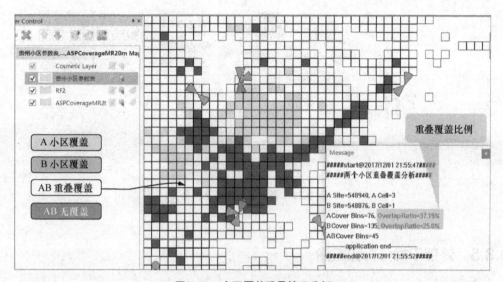

图 9.11　小区覆盖重叠情况分析

AB 重叠覆盖区域已经达到 37%，需要进行覆盖控制，控制手段主要是天线调整和功率配置调整。

（2）分析 PCI 码间干扰。

需要注意 PCI 的模 3/6/30 干扰，以确认无明显的干扰情况，如图 9.12 所示。

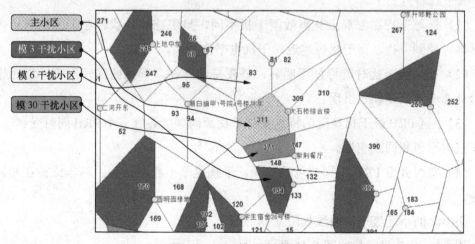

图 9.12　PCI 模 3 干扰图示

通过 MR 可以分析是否实际存在码间干扰，图 9.13 存在由于越区覆盖导致的模3 干扰，需要进行 RF 调整控制覆盖。

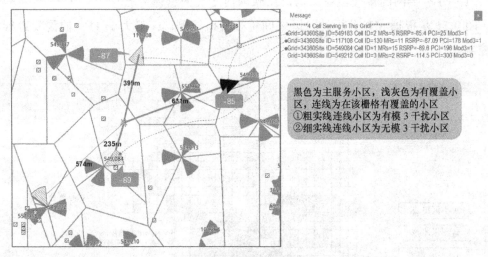

图 9.13　各小区干扰详细情况

9.3.5　外部干扰分析和整治

外部干扰一般是指当前网络制式之外的干扰源引起的干扰。为了与以上干扰分类加以区分，特将移动通信系统之外的干扰源引起的干扰统称为外部干扰。外部干扰源是由于非法或不当使用引起的干扰，集中体现为同频干扰。常见的外部干扰包括军区的通信系统、学校及社会考点的信号屏蔽装置、银行 ATM 机内警用信号干扰装置等。

其干扰特点如下。

（1）外部干扰在宏观上与离散型干扰不同，呈现连续片状。在干扰源周边多个扇区同时受到干扰。离干扰源越近，干扰电平值越大。

（2）小区级干扰时段特征不明显，昼夜持续存在，干扰曲线较平直，当然也有部分外部干扰只是偶尔出现。

（3）小区 PRB 级干扰呈现的特点是与干扰源同频的连续多个 PRB 同时受到干扰，且干扰电平值相同或相近。

（4）实时开启 PRB 轮询或现场扫频。干扰电平不存在跳变，基本维持在相同的强度。

某小区的小区级干扰曲线如图 9.14 所示。

该小区 PRB 级干扰如图 9.15 所示。

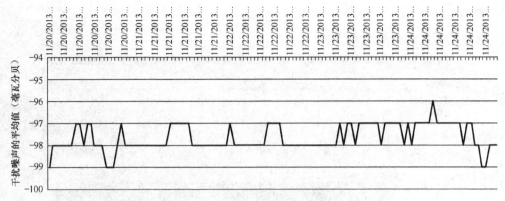

图 9.14　上行 PRB 干扰详细情况

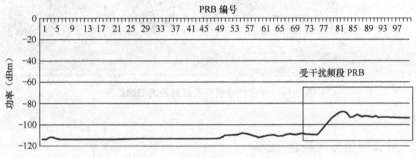

图 9.15　各小区干扰详细情况

从小区级干扰可以很明显地看到该小区的干扰特点，受干扰的 PRB 为连续的频段，且干扰电平强度相差不大。

外部干扰通过后台对相邻扇区降功率操作发现 PRB 频谱变化不大，可以安排外场进行扫频排查。

外部干扰整治方法：大部分的外部干扰持续存在，因此可以较顺利地找到干扰源，有的还可以直接协调关闭，如图 9.16～图 9.18 所示。但有些外部干扰只是偶尔出现，追踪起来具有一定的难度。

案例 4

某小区受到军区通信系统干扰。

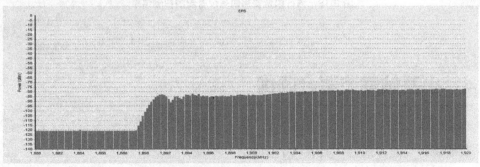

图 9.16　军区干扰源设备的扫频结果（扫频仪为 40 MHz 带宽）

案例 5

学校的手机信号屏蔽器干扰。

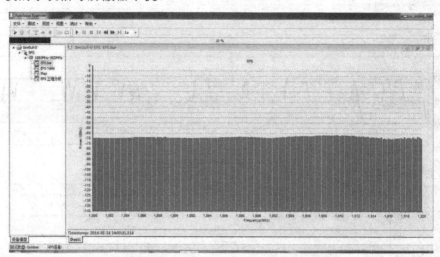

图 9.17　学校的手机信号屏蔽器的扫频结果

案例 6

银行内置警用信号屏蔽器干扰。

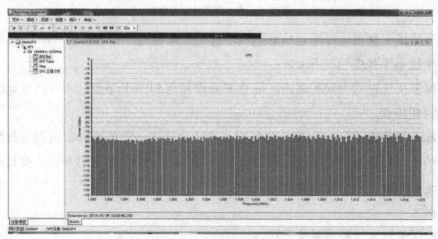

图 9.18　银行内置警用信号屏蔽器的扫频结果

9.4　小基站载波聚合调优

载波聚合功能开通后，具有以下优势。

（1）资源整体调度，利用率最大化：通过载波聚合，CA UE 可以同时利用多载波上的空闲 RB（Resource Block），以实现资源利用率最大化，避免整体资源利用率的浪费。

（2）有效利用离散频谱：通过载波聚合，运营商的一些离散频谱可以得到充分利用。

（3）更好的用户体验：通过下行载波聚合，CA UE 相对非 CA UE 下行峰值速率可以提升 100%（CA UE 支持 Category 6 的情况下）。在实际商用网的多用户场景下，CA UE 激活 SCell（Secondary Cell）后可以更好地利用空闲资源，提升整网非 PRB 满载时 CA UE 的吞吐量，给用户带来更好的体验以及更好地均衡小区资源利用率。

9.4.1　载波聚合的要求

1．射频模块

为满足同步时延要求，对于频段内载波聚合应采用一个双载波射频模块来支持，或者采用两个相同型号的射频模块。对于频段间载波聚合无特殊要求。

2．基带板

可以在一块基带板内做 CA，也可以在两块基带板间做 CA。

其他特殊要求以华为的设备为例：如果是一块基带板，除不支持两个位于 LBBPc 的小区做载波聚合之外，其他均支持。

如果是两块基带板做 CA，除不支持 LBBPc+LBBPc 的组合之外，支持 LBBPc、LBBPd、UBBP 板各种型号基带板的两两组合。

说明：目前不支持 LBBPc 单板上的小区做 PCell。

3．时延要求

Intra-band CA（Continuous）两频点采用不同的 RRU/RFU，同步时延需在 130 ns 以下。

Intra-band CA（Non-continuous）两频点采用不同的 RRU/RFU，同步时延需在 260 ns 以下。

Inter-band CA 两频点采用不同的 RRU/RFU，同步时延需在 1.3 μs 以下。

为保证 CA 的性能，建议通过合理配置双层小区功率，确保两载波同覆盖。

4．频率配置原则

Intra-band CA（Continuous）中心频点间隔要满足 300 kHz 的整数倍，这是为了

兼容 Release 8 的 100 kHz 频点间隔，并保证子载波的 15 kHz 间隔，从而取最小公倍数。

FDD1 800 带内 CA 常见组合见表 9.3。

表 9.3　FDD 1 800 带内 CA 常见组合

ID	组合模式	下行使用频段（MHz）	中心频点间隔（MHz）	被 300 kHz 整除	辅载波频点
1	20 MHz + 20 MHz	1 840 ～ 1860/1 820.2 ～ 1 840.2	19.8	66	1 452
2	20 MHz + 15 MHz	1 840 ～ 1 860/1 825.4 ～ 1 840.4	17.1	57	1 479
3	20 MHz + 10 MHz	1 840 ～ 1 860/1 830.6 ～ 1 840.6	14.4	48	1 506
4	20 MHz + 5 MHz	1 840 ～ 1 860/1 835.8 ～ 1 840.8	11.7	39	1 533
5	20 MHz + 3 MHz	1 840 ～ 1 860/1 838 ～ 1 841	10.5	35	1 545
6	20 MHz + 1.4 MHz	1 840 ～ 1 860/1 839.7 ～ 1 841.1	9.6	32	1 554

TD-LTE 带内 CA 常见组合见表 9.4，带内已满足中心频点间隔为 300 kHz 整数倍。

表 9.4　TD-LTE 带内 CA 常见组合

关键参数	Band	上下行带宽（MHz）	中心频点（MHz）	中心载频（MHz）	中心频点频率带宽（MHz）	带内聚合	除以 300 kHz	相邻频点间隔（MHz）
F 频段（1 885 ～ 1 915 MHz）F1	Band 39	20	38 400	1 895	1 885 ～ 1 905	F2-F1	48	14.4
F 频段（1 885 ～ 1 915 MHz）F2	Band 39	10	38 544	1 909.4	1 904.4 ～ 1 914.4	—	—	—
D 频段（2 575 ～ 2 635 MHz）D1	Band 38	20	37 900	2 585	2 575 ～ 2 595	D2-D1	66	
D 频段（2 575 ～ 2 635 MHz）D2	Band 38	20	38 098	2 604.8	2 594.8 ～ 2 614.8	D3-D2	66	19.8
D 频段（2 575 ～ 2 635 MHz）D3	Band 41	20	40 936	2 624.6	2 614.6 ～ 2 634.6	D3-D1	132	19.8
E 频段（2 320 ～ 2 370 MHz）E1	Band 40	20	38 950	2 330	2 320 ～ 2 340	E2-E1	66	—
E 频段（2 320 ～ 2 370 MHz）E2	Band 40	20	39 148	2 349.8	2 339.8 ～ 2 359.8	E3-E2	48	19.8
E 频段（2 320 ～ 2 370 MHz）E3	Band 40	10	39 292	2 364.2	2 359.2 ～ 2 369.2	E3-E1	114	14.4

9.4.2　载波聚合状态迁移

（1）主载波优选门限 PccA4RsrpThd 要大于自身频点基于覆盖的 A2 门限，防止优选到某一个 PCC 之后由于触发了 A2 事件，无法添加 SCC：PccA4RsrpThd>A3In terFreqHoA2ThdRsrp, PccA4RsrpThd> InterFreqHoA2ThdRsrp。

（2）配置 SCC 的 A4 门限要大于删除 SCC 的 A2 门限，防止反复添加删除 SCC；同时添加 SCC A4 门限要尽量降低，以最大程度增加 CA 占比：CarrAggrA4ThdRsrp+SCellA4Offset > CarrAggrA2ThdRsrp+SCellA2Offset。

（3）基于 A2 删除 SCC 门限 CarrAggrA2ThdRsrp 应在合理范围内尽量降低，临界点为 UE 在主载波传输速率 ≥ UE 处于 CA 状态时对应的 SCC RSRP。

（4）SCC 业务缓存激活门限 ActiveBufferLenThd 要大于或等于业务速率去激活门限 DeactiveThroughputThd，极端情况下，ActiveBufferLenThd 可以设置为 0：ActiveBufferLenThd ≥ DeactiveThroughputThd；激活 SCC 的时延门限 ActiveBufferDelayThd 尽量设置为最小值，以增加 CA 占比。

（5）去激活 SCC、DeactiveThroughputThd、DeactiveBufferLenThd 尽量设置为最小值，以增加 CA 占比。

（6）CA 业务触发开关 CaAlgoSwitch.CaTrafficTriggerSwitch，为提高 CA 占比，建议关闭，即在 CA UE 发起 RRC 连接或业务量满足 SCell 激活条件时，均会触发 SCell 配置流程。

（7）辅载波配置间隔 SccCfgInterval 建议设置为最小值，以便在尽量短的时间内完成 SCC 的配置，以增加 CA 占比。

载波聚合相关事件定义如图 9.19 和表 9.5 所示。

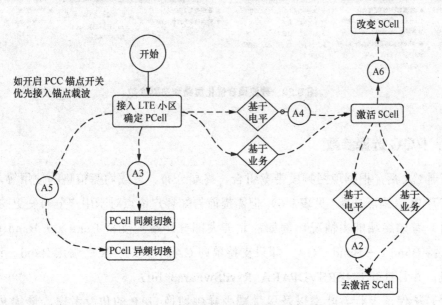

图 9.19　中国移动载波聚合频点调整示意

表 9.5 载波聚合相关事件定义

事件	含义	作用
A2	服务小区信号低于对应门限	删除 SCell
A3	PCell 邻区信号质量比 PCell 高一定门限	PCell 同频切换
A4	邻区信道质量变得高于对应门限	添加 SCell
A5	PCell 信号质量低于门限 1 并且邻区信号质量变得高于门限 2	PCell 异频切换
A6	SCell 的同频邻区比 SCell 高一定门限	变更 SCell

9.4.3 载波聚合优化思路和主要参数

载波聚合优化思路和主要参数如图 9.20 所示。

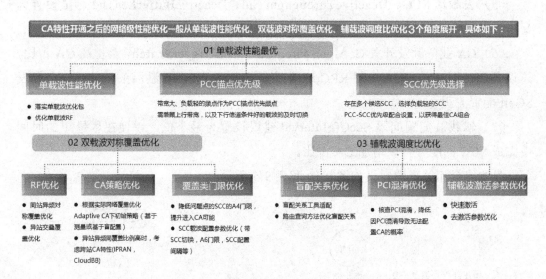

图 9.20 载波聚合优化思路和主要参数

1. PCC 选择参数

开通 CA 后，根据现网频段带宽组合、终端分布、负载均衡策略的使用等，可以考虑打开 PCC 锚点功能（见表 9.6），但需提前告知客户锚点对于用户分布变更的风险。

（1）考虑终端能力情况，例如，北美大部分终端只支持 Band x + Band y CA，而不支持 Band y + Band x CA，即只支持单向 CA，可以将 PCC 锚点 Band x 设为高优先级，并且打开 ENBRSVDPARA. RsvdSwPara3_bit3。

（2）从保证上行吞吐率以及尽量减少异频切换 GAP 的角度考虑，最优 PCC 的选择一般遵循如下原则：

① 优选带宽最大的频点作为 PCC。

② 若带宽一致，则优选覆盖好的频点作为 PCC。

③ 若带宽和覆盖一致，则优选负载轻的频点作为 PCC。

④ 当运营商配置的基于频率优先级切换的最高优先级频点与 PCC 锚点的最高优先级频点不一致时，建议打开 ENodeBAlgoSwitch.CaAlgoSwitch=FreqPriBasedHoCaFiltSwitch 的子开关。

⑤ 若现网打开 Idle 态 MLB，建议打开 EnodeBAlgoSwitch，打开 CaAlgoSwitch=IdleModePccAnchorSwitch 时，支持 CA 的用户不会被 IDLE MLB 选择，释放时，指定终端优先驻留到锚点优先级高的频点。

⑥ eRAN8.1 PCC 锚点仅在 UE 接入场景下（切换和重建场景不生效）生效；

⑦ 一般，现网初部署 CA 时不应改变现网双频或多频组网策略，考虑到使用锚点功能会改变现网用户分布，因此，在商用网中部署 CA 时不主动推荐使用锚点功能。

表 9.6　PCC 选择参数

MO	PARA & MO	版本	说明
MOD ENODEBALGOSWITCH	CaAlgoSwitch= PccAnchorSwitch	eRAN8.0	—
MOD CAGROUPCELL	PreferredPCellPriority		（CA Group）场景下设置
	PCellA4RsrpThd		
MOD PCCFREQCFG	PreferredPccPriority	eRAN8.0	（FCA 或 Adaptive CA）场景下设置
	PccA4RsrpThd		
MOD ENBRSVDPARA	RsvdSwPara3_bit3	eRAN8.1	PCC 锚点优化功能：当本小区不支持 CA 时，CA UE 还会尝试驻留到优先级小于或等于当前 PCC 的候选 PCC 时，需要打开 P.S.：该开关在释放时，还是按照原有策略释放，不考虑优先释放到 UE 能力支持的 PCC 上，可能会引起接入时一次 GAP 测量和异频切换，谨慎使用
MOD ENODEBALGOSWITCH: CaAlgoSwitch=	FreqPriBasedHoCaFiltSwitch	eRAN8.1	频率优先级切换不选 CA 用户，当 CA 用户的描点优先级和基于频率优先级矛盾时，需要打开
	IdleModePccAnchorSwitch		当空闲态主载波锚点开关打开时，支持 CA 的用户不会被 IDLE MLB 选择。释放时，指定终端优先驻留到锚点优先级高的频点

2. SCC 选择参数

如表 9.7 所示，SCC 的优先级选择一般遵循如下原则：

（1）优选带宽最大的频点作为 SCC 高优先级频点；

（2）若带宽一致则优选覆盖好的频点作为 SCC 高优先级频点；

（3）若带宽和覆盖一致的情况优选负载轻的频点作为 SCC 高优先级频点。

表 9.7　SCC 选择参数

MO	PARA & MO	建议
MOD SCCFREQCFG	SccPriority	多个频点组网的网络，按需配置，基于测量的优先下发 SCell 优先级高的 SCell 小区测量控制
	SccA2Offset (7.0 之后新增)	
	SccA4Offset (7.0 之后新增)	删除 SCC：低于（CarrAggrA2ThdRsrp+SccA2Offset-InterFreqHoA1A2Hyst）
MOD CAMGTCFG	CarrAggrA2ThdRsrp	
	CarrAggrA4ThdRsrp	配置 SCC：高于（CarrAggrA4ThdRsrp+QoffsetFreqConn+ SccA4Offset+InterFreqHoA4Hyst）
MOD EUTRANINTERNFREQ	QoffsetFreqConn	
MOD INTERFREQHOGROUP	InterFreqHoA1A2Hyst	
	InterFreqHoA4Hyst	
MOD INTRARATHOCOMM	InterFreqHoA1A2TrigQuan	RSRP
	InterFreqHoA4TrigQuan	RSRP

为了更快、更好地添加 SCell，表 9.8 和表 9.9 涉及对 SCell 添加的功能、参数进行优化。

表 9.8　涉及 SCell 添加的功能

场景	MO	PARA & MO	商用场景	基准	备注
带 SCC 切换	MOD ENODEBALGOSWITCH	CaAlgoSwitch=HoWithSccCfgSwitch	ON	ON	eRAN7.0 SPC182 之 后，eRAN8.0SPC175 之后版本可用，必须将 MIMO 模式改为固定 TM3/TM4，否则打开带 SCC 切换会出现负增益
两次 SCC 配置间隔	MOD CAMGTCFG	SccCfgInterval	30	10	两次尝试配置 SCC 的间隔 (1) 基于测量的 CA Group、Adaptive CA、FCA ； (2) CA Group 盲配置场景不生效
A6 门限	MOD CAMGTCFG	CarrAggrA6Offset	A3+2 （单位0.5）	A3+2 （单位0.5）	建议比同频 A3 提升 1 dB 即可，防止乒乓更换 SCell 带来 AMC 性能损失；Adaptive CA，FCA 场景生效
去激活下 SCC 测量周期	MOD CAMGTCFG	MeasCycleSCell	640	640	终端升级后有问题，需要修改默认值，7.0 保留参数，建议： 有支持 CA 的 mate7 的局点，设置为 640 ms(5) ； 没有支持 CA 的 mate7 的局点，设置为 320 ms(3)
解决 CA A4 时间迟滞不可配置导致不能快速添加 SCell 的问题	MOD eNBCellRsvdPara	RsvdU8Para1	0	2	DTS2015052510299 该参数设为 0，表示 640 ms ；设为 2，表示 40 ms

表 9.9　涉及 SCell 添加的参数

MO	参数	默认值	商用配置	基准值	影响
MOD CAMGTCFG	ActiveBufferLenThd	9 Kbyte	6 Kbyte	0	（1）商用网，建议将 buffer 和时延门限修改为 6 Kbyte & 10 ms
MOD CAMGTCFG	ActiveBufferDelayThd	50 ms	10 ms	—	（2）针对 Brust 业务（Speed Test），建议将 ActiveBufferLenThd 修改为 0，能够及时激活 SCell
MOD CAMGTCFG	SccDeactCqiThd	5	5	2	基于信道条件去激活或者激活停调度的门限
MOD CAMGTCFG	CarrierMgtSwitch	OFF	ON	ON	（1）商用网：组合策略为 CAMGTCFG.CarrierMgtSwitch=ON，ENODEBALGOSWITCH.CaAlgoSwitch=CaSccSuspendSwitch-0；
MOD ENODEBALGOSWITCH	CaAlgoSwitch=CaSccSuspendSwitch	OFF	OFF	ON	（2）比拼场景：组合策略为 CAMGTCFG.CarrierMgtSwitch=OFF，ENODEBALGOSWITCH.CaAlgoSwitch=CaSccSuspendSwitch-1
MOD ENODEBALGOSWITCH	GbrAmbrJudgeSwitch	ON	OFF	OFF	ON：不满足 AMBR 或 GBR 才激活 OFF：不判断 GBR 是否满足 建议关闭，否则会引入激活判决时延
MOD ENBCELLRSVDPARA	RsvdPara31	0	0	0	例如， 运营商为 LTE 和 CDMA 共网，且网络中存在能在 LTE 中做载波聚合的 L+C 多模终端，则根据终端对 CDMA 系统的检测时长设置该门限。CDMA 系统的检测时长一般为 200 ms。 运营商只有 LTE 网络时或现网无此类终端，则建议将本参数设置为 0 ms
MOD RLCPDCPPARAGROUP	AM reordering timer for UE	50	50	25	比拼场景： 2CC 场景：高通 /intel/SS 终端不建议修改； 海思芯片 TUE 建议修改；
MOD RLCPDCPPARAGROUP	Status prohibit timer for UE	50	50	35	3CC 视终端性能而定，演示建议修改为 20,20

9.5　优化案例

9.5.1　同步问题

vAG/OMM NTP 时钟同步失败排查

【问题描述】：外场虚拟网关搭建完成后，经常会出现 vAG 上报"服务器时钟同步失败"告警，如图 9.21 所示。本节主要描述 NTP 时钟同步失败的处理方法。

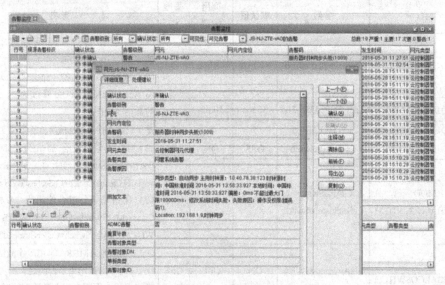

图 9.21　告警信息

【解决方案】

（1）ntp 服务器端问题排查。

① 排查 ntp 服务是否已启动并且设置为系统开机启动服务。

现场均以 OMM 服务器作为默认的 ntp 服务器。首先登录 OMM，输入 service ntpd status 命令查看 ntp 服务的状态，如果没有启动，输入 service ntpd start 命令启动 ntpd 服务，如图 9.34 所示。

停止状态：

[root@ommleft ～]# service ntpd status

ntpd 已停

开启状态：

[root@ommleft ～]# service ntpd status

ntpd (pid 3207) 正在运行……

用 chkconfig --list 命令查看 ntp 服务是否设置成了开机启动。

ntpd　0：关闭　1：关闭　2：启用　3：启用　4：启用　5：启用　6：关闭

如果不是以上的状态，可以用 chkconfig ntpd on 命令设置为开机启动。如果不这样做，系统复位后，ntp 服务可能就不是开启的状态了。

② 排查 ntp 的端口号是否被防火墙做了特殊的设置。

ntp 的端口号是 123，用 service iptables status 或者 iptables -t nat −L 命令查看 123 端口是否进行了映射。

网管之前的一个脚本会导致 123 端口被映射到 200123 端口。

去掉 ntp 端口映射的方法：

找到 /etc/sysconfig/iptables 文件，删除其中的 123 端口的设置，然后执行 service iptables restart（重启防火墙设置）。

③ 排查配置文件设置是否正确。

修改系统 ntp 服务配置文件 /etc/ntp.conf，按如下要求配置对应的上级 ntp 地址，同时增加一个本地地址。当无法同步上级服务器时，可以自己同步自身时间。

server 10.30.1.105 prefer

server 127.127.1.0

只保留有 server 开头的配置，其他地址的配置都注释掉，将需要同步的上级服务器 IP 地址放置在后面。

（2）排查 vAG 前台 ntp 设置是否正确。

① 时钟同步源的选择是否正确？

② ntp 服务器 IP 设置是否正确？

同步周期和误差阈值（误差阈值为 0 时，不管是否有时间误差，都进行同步）。

正确的配置方式如图 9.22 所示，ntp 服务器地址根据具体规划填写。

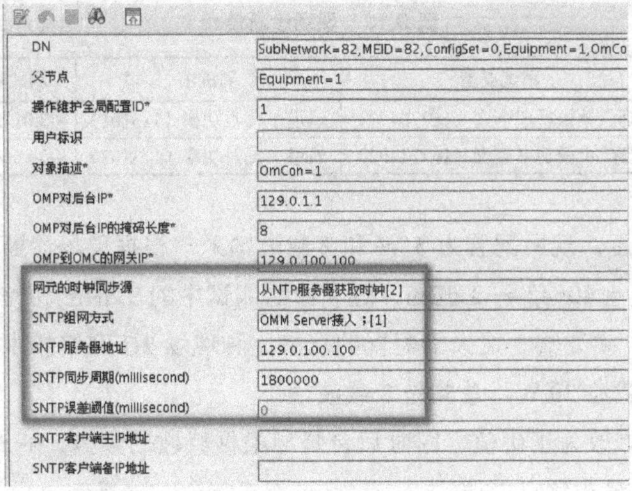

图 9.22　参数配置

9.5.2　覆盖问题

异厂家 GSM 信号馈入 Qcell 站点后 GSM 信号弱问题

【问题描述】：现场开通 Qcell2.0 的站点，馈入异厂家 2G 信号进行覆盖，后来据客户反馈 2G 信号很弱，有时无法通话或者掉话，4G 信号正常。

【问题分析】

（1）由于 2G 信号馈入属于异厂家，2G 信号和 4G 无关联。需要排查 2G 网络是否有系统故障或者进行网络操作。

（2）Qcell2.0 有多项关于 GSM 馈入的配置项，需要检查这些配置项的配置是否正确合理。

（3）需要排查现场硬件故障，比如硬件告警、线缆告警或者质量问题等。

（4）需要现场根据 2G 信源小区的 TX 配置信息，确认馈入连接方案是否匹配对应。要求信源小区配置了几路 TX，馈入链接就必须要馈入几路。

【解决方案】

（1）据多方了解，2G 信源网络最近都没有进行任何操作，而且馈入小区是正常的，小区下的业务也都无异常。所以排除 2G 信源侧网络的问题。

（2）Qcell2.0 的配置问题。

首先需要了解 2G 信源网络馈入小区的具体参数，如 "BCCH 载波天线发射功率（W）" 和 "RFC 馈入的载波总数"，要确认好具体参数值和使用单位。

现场诊断信息见表 9.10。

表 9.10　现场诊断信息

测试对象	测试类型	测试项	测试结果	状态
RFC1（2，1，5）	RFC 单板功率查询（16778402）	通道 1 接收功率（113101）	3.01 dBm	—
RFC1（2，1，5）	RFC 单板功率查询（16778402）	通道 1 发射功率（113102）	–36.00 dBm	—

如图 9.23 所示，现网配置为 5 W 和 2 载波馈入。根据现场诊断信息得出配置的 GSM 功率 - 插损 = 40-43= -3 dBm，这和诊断测试中的 3 dBm 相差太大，说明实际的 BCCH 功率 × 载波数一定大于配置的功率，和现场 2G 网络技术人员确认后，目前馈入小区为单载波 20 W，总共是 3 载波。

再通过核对修改为正确值，同时后台督导根据载波的频点，修改了 "GSM 最大频点" 和 "GSM 最小频点" 值。

但修改后同步，再进行诊断发现 RFC 的接收功率变化很大，从 -12 dBm 到 2 dBm 都有，PRRU 诊断的输出功率变化也很大。从现象上看，这已经超过了 2 载波正常的波动值，需要确认 BCCH 是否包含进来。

通过再次确认，督导修改了最大频点和最小频点是按照局方提供的无误，但估计是对方数字有误，导致没有包含频点。

经过修改后诊断如下（保持较稳定值）。

GSM射频馈入配置ID *:	1
对象描述:	GsmRFInfeedConfig=1
设备描述信息:	
小区带宽(兆赫兹) *:	20M[0]
频段号 *:	1800M(3GPP Band3)[3]
GSM小区最大频点 *:	640
GSM小区最小频点 *:	580
MAU关联的RFC子卡端口 *:	RFC1(2.1.5),RfcDeviceSet=1,Port=1
BCCH载波天线发射功率(瓦) *:	5
RFC单板馈入载波总数 *:	2
总插损(分贝) *:	43
MAU关联的pRRU *:	53;54;55;56;57;58;59;60;61;62;63
pRRU下行单载波允许配置最大发射功率(毫瓦):	25
pRRU BCCH载波发射功率(毫瓦) *:	25

图 9.23　现网参数配置

从图 9.24 可以看出，PRRU 输出已经稳定在 10 dBm 以上，功率输出问题已经正常，接下来就需要现场实际验证和观察了。

R8119 M182023(53,1,1)	PRRU诊断测试(16778301)	通道组6接收终止频率(110114)	1785000 kHz
R8119 M182023(53,1,1)	PRRU诊断测试(16778301)	通道组6接收带宽(110112)	20000 kHz
R8119 M182023(53,1,1)	PRRU诊断测试(16778301)	LTE_TDD TX-ANT1基带处第0载波...	11.74 dBm
R8119 M182023(53,1,1)	PRRU诊断测试(16778301)	LTE_TDD TX-ANT2基带处第0载波...	11.69 dBm
R8119 M182023(53,1,1)	PRRU诊断测试(16778301)	TX-ANT5基带处第0载波数字功率(...	-1.17 dBm
R8119 M182023(53,1,1)	PRRU诊断测试(16778301)	TX-ANT6基带处第0载波数字功率(...	-30.00 dBm
R8119 M182023(53,1,1)	PRRU诊断测试(16778301)	LTE_TDD RX-ANT1基带处第0载波...	-95.05 dBm
R8119 M182023(53,1,1)	PRRU诊断测试(16778301)	LTE_TDD RX-ANT2基带处第0载波...	-94.01 dBm
R8119 M182023(53,1,1)	PRRU诊断测试(16778301)	RX-ANT5基带处第0载波Rssi(110...	-92.45 dBm
R8119 M182023(53,1,1)	PRRU诊断测试(16778301)	RX-ANT6基带处第0载波Rssi(110...	-91.10 dBm

图 9.24　经过修改后的诊断

【经验总结】

（1）Qcell 的 2G 馈入问题，由于配置项比较少，如果出现故障，需要熟悉各配置项的影响内容，以便较快地排查故障。

（2）现场配置时一定要与 2G 网络核对好各项参数，特别是异厂家馈入，排查问题也比较麻烦，需要再三核对。

（3）由于目前馈入 2G 后，一般优化测试不会测试 2G 信号，处理问题时，现象也只能靠客户描述，存在一定的理解差异。这是处理此类问题的一大难点。

9.5.3　接入类问题

1. 某一计算节点上所有应用的浮动地址无法 PING 通问题处理案例

【问题描述】：某地 Nanocell 虚拟化网关项目中，出现了计算节点 2 上的所有应用浮动地址无法 PING 通的问题，而计算节点 1 上的浮动地址可以 PING 通。

【问题分析】

（1）检查 VEG 的工作状态。

通过故障现象来看，计算节点 1 的浮动地址可以 PING 通，而计算节点 2 上的浮动地址无法 PING 通，说明 VEG 应该没有问题。进一步确认，登录 VEG 后 show running-config 查看 NAT 映射配置没有问题，SCSShowMcmInfo() 查看 VEG 的各进程状态都为工作状态，说明 VEG 工作正常。

（2）查看虚拟化平台 tap 端口状态。

登录计算节点 2，使用"virsh domiflist 1 | grep 网元 OMC 的 MAC 地址"命令，查看 tap 端口是 up 的。操作方法详见《vSeGW 虚拟机重启后浮动地址无法 PING 通问题解决方法》维护经验。

（3）查看计算节点 2 上各服务运行状态。

登录计算节点 2，使用 openstack-status 命令查看各服务运行状态，如图 9.25 所示。

```
[root@host-10-20-5-6 ~]# openstack-status
== Nova services ==
openstack-nova-api              inactive  (disabled on boot)
openstack-nova-compute          inactive
openstack-nova-monitor          inactive  (disabled on boot)
openstack-nova-cells            inactive  (disabled on boot)
openstack-nova-network          inactive  (disabled on boot)
openstack-nova-scheduler        inactive  (disabled on boot)
openstack-nova-storage          active
== neutron services ==
neutron-server                  inactive  (disabled on boot)
neutron-openvswitch-agent       active
neutron-pci-nic-switch-agent    active
== Ceilometer services ==
openstack-ceilometer-api        inactive  (disabled on boot)
openstack-ceilometer-central    inactive  (disabled on boot)
openstack-ceilometer-compute    active
openstack-ceilometer-collector  inactive  (disabled on boot)
openstack-ceilometer-mend       inactive  (disabled on boot)
== Support services ==
libvirtd                        active
openvswitch                     active
dbus                            active
memcached                       inactive  (disabled on boot)
Warning novarc not sourced
```

图 9.25　各服务运行状态

从查询结果来看，openstack-nova-compute 服务没有启用。

【解决方案】

（1）使用 systemctl start openstack-nova-compute.service 命令启用该服务。

[root@host-10-20-5-6 ~]# systemctl start openstack-nova-compute.service

虚拟化网络正常运行的前提条件是要求不带 disabled on boot 后缀的服务必须是 active 状态。

（2）使用 openstack-status 命令重新查看计算节点的服务状态，确认各服务都是 active 状态，如图 9.26 所示。

```
[root@host-10-20-5-6 ~]# openstack-status
== Nova services ==
openstack-nova-api                      inactive  (disabled on boot)
openstack-nova-compute                  active
openstack-nova-monitor                  inactive  (disabled on boot)
openstack-nova-cells                    inactive  (disabled on boot)
openstack-nova-network                  inactive  (disabled on boot)
openstack-nova-scheduler                inactive  (disabled on boot)
openstack-nova-storage                  active
== neutron services ==
neutron-server                          inactive  (disabled on boot)
neutron-openvswitch-agent               active


neutron-pci-nic-switch-agent            active
== Ceilometer services ==
openstack-ceilometer-api                inactive  (disabled on boot)
openstack-ceilometer-central            inactive  (disabled on boot)
openstack-ceilometer-compute            active
openstack-ceilometer-collector          inactive  (disabled on boot)
openstack-ceilometer-mend               inactive  (disabled on boot)
== Support services ==
libvirtd                                active
openvswitch                             active
dbus                                    active
memcached                               inactive  (disabled on boot)
Warning novarc not sourced
```

图 9.26　计算节点服务状态查询

（3）完成上述操作后计算节点 2 上的浮动地址仍然无法 PING 通。此时，使用"systemtcl restart XXX.service"命令重启 neutron-openvswitch-agent 和 neutron-pci-nic-switch-agent 这两个服务，如下。

[root@host-10-20-5-6 ~]# systemctl restart neutron-openvswitch-agent.service

因为 neutron 为 openstack 提供网络连接服务，所以需要重启这两个服务，使虚拟化网络恢复正常。

通过调试 PC 测试可以 PING 通计算节点 2 上的 OMM 和 SG 的浮动地址，问题解决。

2. 小基站小区正常建立，但终端注册失败

【问题描述】：BS8102 小基站通过网关设备认证和汇聚后接入 EPC 核心网，小区建立成功，但终端接入小区后注册网络失败。

【组网结构】：组网架构如图 9.27 所示。

【问题分析】

（1）终端无法注册网络问题，首先需要排查小基站"加密算法列表"和"完整性保护算法列表"配置是否正确。

（2）需要结合小基站的信令跟踪以及 AG 侧的抓包进行注册信令流程的分析。小基站通过网关接入核心网信令分析重点在以下两方面：

第一排查网关侧有无分组丢失，即小基站发往核心网的消息，网关是否正确转发；同样核心网下来的消息，网关是否转发给小基站；

第二通过信令查看注册失败的原因，根据拒绝原因进一步排查。

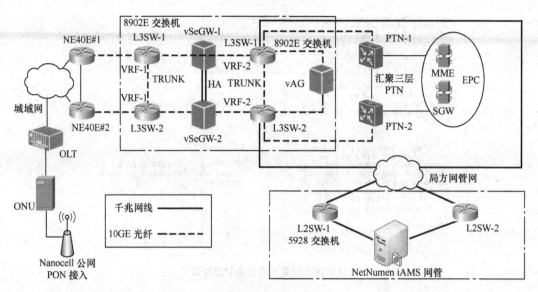

图 9.27　组网架构

【解决方案】

（1）登录小基站网管查看基站加密和完整性保护算法，参数配置正确，如图 9.28 所示。

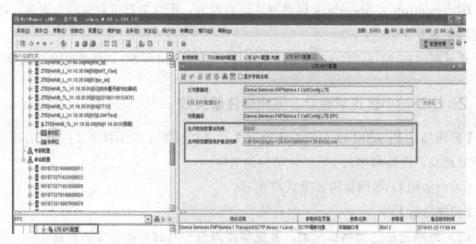

图 9.28　参数配置

（2）AG 侧 wireshark 抓包进行分析，通过报文发现，小基站发起"initial UE Message"请求后，AG 侧没有向核心网方向转发，如图 9.29 所示。

继续排查后发现，新搭建的 AG 环境，在数据配置完成后需要进行整表同步，并且整表后要硬重启网关设备，相关进程重新上电后，数据才能生效。硬重启设备后，AG 对小基站上来的报文转发成功。但是终端注册依旧失败。

（3）进一步抓包分析，发现核心网下发"Initial Context Setup Requst"后 AG

并未将此消息转发给基站，直接给核心网回初始上下文建立失败，如图 9.30 所示。

```
__ 10:39:16.259062  20.5.0.1      10.127.63.1   S1AP         id-Paging
__ 10:39:16.268785  20.5.0.1      10.127.63.1   S1AP         id-Paging
__ 10:39:16.287186  10.127.63.1   20.5.0.1      S1AP/NAS-EPS id-initialUEMessage, Attach request, PDN connectivity request
__ 10:39:16.318898  20.5.0.1      10.127.63.1   S1AP         SACK id-Pagingid-Paging
__ 10:39:16.329025  20.5.0.1      10.127.63.1   S1AP         id-Paging
__ 10:39:16.339634  20.5.0.1      10.127.63.1   S1AP         id-Paging
__ 10:39:16.389992  20.5.0.1      10.127.63.1   S1AP         id-Paging
__ 10:39:16.459011  20.5.0.1      10.127.63.1   S1AP         id-Paging
__ 10:39:16.508754  20.5.0.1      10.127.63.1   S1AP         id-Paging
__ 10:39:16.628970  20.5.0.1      10.127.63.1   S1AP         id-Paging
__ 10:39:16.678912  20.5.0.1      10.127.63.1   S1AP         id-Paging
__ 10:39:16.687945  20.5.0.1      10.127.63.1   S1AP         id-Paging
__ 10:39:16.698805  20.5.0.1      10.127.63.1   S1AP         id-Paging
__ 10:39:16.898830  20.5.0.1      10.127.63.1   S1AP         id-Paging
__ 10:39:16.908935  20.5.0.1      10.127.63.1   S1AP         id-Paging
__ 10:39:16.928756  20.5.0.1      10.127.63.1   S1AP         id-Paging
__ 10:39:16.948691  20.5.0.1      10.127.63.1   S1AP         id-Paging
__ 10:39:16.998962  20.5.0.1      10.127.63.1   S1AP         id-Paging
```

图 9.29　AG 未转发"initial Message"消息信令截图

```
__ 08:43:52.703558  100.76.255.123 100.101.58.1  S1AP         id-Paging
__ 08:43:52.719393  100.76.255.123 100.101.58.1  S1AP         id-Paging
__ 08:43:52.768988  100.76.255.125 100.101.58.1  S1AP         id-Paging
__ 08:43:52.784303  100.76.255.131 100.101.58.1  S1AP/NAS-EPS id-InitialContextSetup, InitialContextSetupRequest , Attach accept, Acti..
__ 08:43:52.795068  100.101.58.4  100.76.255.131 S1AP         SACK id-InitialContextSetup, InitialContextSetupFailure [RadioNetwork-c..
__ 08:43:52.804377  100.76.255.131 100.101.58.4  S1AP         SACK id-downlinkNASTransport, Detach request (Re-attach required)id-UECo..
__ 08:43:52.814248  20.5.0.1      10.127.63.1   S1AP         id-downlinkNASTransport, Detach request (Re-attach required)id-UEContext..
__ 08:43:52.821331  100.76.255.125 100.101.58.1  S1AP         id-UEContextRelease, UEContextReleaseComplete
__ 08:43:52.823774  10.127.63.1   20.5.0.1      S1AP         id-UEContextRelease, UEContextReleaseComplete
__ 08:43:52.834261  100.101.58.4  100.76.255.131 S1AP         SACK id-UEContextRelease, UEContextReleaseComplete
__ 08:43:52.845247  100.76.255.121 100.101.58.1  S1AP         id-Paging
__ 08:43:52.868196  100.76.255.123 100.101.58.1  S1AP         id-Paging
__ 08:43:52.901726  100.76.255.125 100.101.58.1  S1AP         id-Paging
__ 08:43:52.934044  100.76.255.123 100.101.58.1  S1AP         id-Paging
```

图 9.30　AG 直接回"Initial Context Setup Failure"信令截图

AG 对小基站数据的转发已经正常，其他消息都能正常收发，为什么这条消息下发失败？

此消息用于进行专用承载的建立，因此，重点排查 AG 用户面的配置，发现 AG-AP 方向的 PS 承载接续未配置，增加配置后，问题解决，终端注册正常，如图 9.31 所示。

图 9.31　参数配置

9.5.4 重选及切换问题

1. 微基站（BS8912）异常重选分析

【问题描述】：客户反应，苹果手机在食堂车库附近信号在较好的情况下突然衰减到很差，严重影响客户感知。

【组网结构】：经核查问题发生区域是由市公司食堂微基站进行覆盖，对问题区域覆盖站点进行运行状态监测、核查覆盖小区的各项指标，并未发现任何异常。在核查该站点运行、正常各项指标也正常的情况下，现场使用多款终端对问题区域进行反复测试发现，苹果、华为手机在该区域发生异常重选的概率很大，中兴手机偶尔会出现重选异常。

在测试中发现，在微基站小区 RSRP 为 -60 dBm 左右时，服务小区重选到 RSRP 为 -104 dBm 的室分小区丰泽 - 移动大楼 SSE-ZLS_1（PCI=441）。图 9.32 为测试重选前后信令及事件截图。

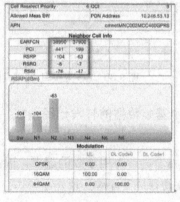

重选前　　　　　　　　　　　重选后

图 9.32　重选前后服务小区图

【问题分析】：通过后台网管核查异频小区重选参数配置，发现两个小区为不同优先级，室分小区优先级为 7，高于微基站小区 6，且低优先级小区向高优先级小区重选门限设置为 28。

根据小区重选准则，如果异频 /RAT 目标小区优先级高于服务小区在 TreselectionRAT 时间内目标小区满足：SnonServingCell,x > ThreshX, HighP，触发重选。

【解决方案】：根据重选原则，当重选到高优先级小区时，目标小区的电平值（SnonServingCell,x）应该高于目标频点的高门限（ThreshX, HighP）28（-100 dBm），但是实际测试中目标小区的电平值并未达到该目标值，由此可知并非 SnonServing

Cell,x 与 ThreshX, HighP 的原因导致终端重选异常。

继续对测试信令进行分析，发现 SIB3 消息中携带了 threshServingLowQ 字段且为 3。根据协议规定，当 SIB3 消息中携带该字段时重选执行的规则应该按照如下公式：Squal > ThreshX, HighQ

其中，Squal = Qqualmeas − (Qqualmin + Qqualminoffset)

即只要 Qqualmeas 值大于 (Qqualmin + Qqualminoffset)+ ThreshX, HighQ 就可以了。

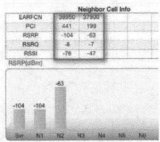

从图 9.33 测试 LOG 截图可以发现，重选到室分时，室分信号的 RSRP 为 −104 dBm，但是 RSRQ 已经达到 −8。

依照上面公式，根据该微基站当前参数配置可以计算出只要 Qqualmeas>−9 就满足条件进行重选。

【经验总结】：通过问题 LOG 分析，最终确定是由于在重选过程中，微基站小区开启了基于 RSRQ 的重选判决，导致在测试过程中室分小区的 RSRP 还未达到异频

图 9.33　测试 LOG 截图

重选门限，但是 RSRQ 已经达到门限，因为当双测量开关都打开时，异频小区间的重选是哪个先达到就执行哪种测量，但是这种基于 RSRQ 的重选判决在实际中并不是很准确的，因此，建议不要选择这种重选判决方式。

为避免此类问题的发生，建议关闭重选到低优先级频点服务小区的 RSRQ 判决门限配置开关。

2．微基站到宏基站切换失败故障

【问题描述】：进行 BS8102 站点切换测试，D 频段宏基站可以成功切换到 E 频段微基站，但 E 频段微基站到 D 频段宏基站切换失败。

【问题分析】：宏基站可以切换到微基站，说明宏基站邻区及异频载频测量配置没有问题。微基站切换不到宏基站，需要根据切换配置指导书并结合前台信令检查微基站邻区及异频载频测量配置。

【解决方案】

（1）在 [服务 >>FAP 服务 >> 小区配置 >> 无线接入网 >> 邻区列表 >>LTE 邻区列表] 页面检查 D 频段宏基站邻区已添加。

（2）分析前台信令发现终端没有上报测量报告。

在 [服务 >>FAP 服务 >> 小区配置 >> 无线接入网 >> 移动性 >> 连接态移动性（切换）配置（ZTE）] 页面检查异频载频测量配置。

从图 9.34 可以看到"EUTRA 下行载频所在的频段指示""EUTRA 异频载频列表"参数配置的是"40""38 950"，是 E 频段，频点为 2 330 MHz，BS8102 也是工作在 E 频段，这样配置终端不会启动异频测量。要与 D 频段中心频点为 2 585 MHz 的宏基站切换，需要启动 D 频段异频测量，故这两个参数应改为"38""37 900"。

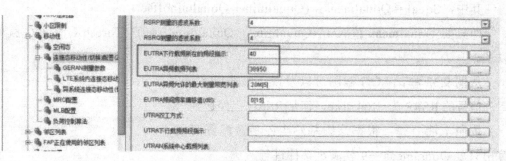

图 9.34　异频载频测量配置页面

修改后 E 频段微基站就可以成功切换到 D 频段宏基站了。

3. 华为宏基站切换至 ZTE nanocell 小区全部失败

【问题描述】：XX 市新建 nanocell 小基站，三方测试人员对移动性进行测试，发现 UE 从华为宏基站接入之后，再切换到 ZTE nanocell 小区，全部失败。从抓取的空口 log 分析出，宏基站 RSRP 已经为 -106 dBm，SINR 为 14，目标小区 RSRP 为 -90dBm，一直上报测量报告，但未切换。

【原因分析】：解码失败的原因为 HO-failure-in-target-EPC-ENB-or-target-system（失败原因为目标 EPC 或者目标 ENB 问题）。根据 S1AP_HANDOVER_PREPARATON_ FAIL 目标小区无法完成切换准备而导致切换失败。

（1）可能是数据配置存在问题。

（2）可能是干扰造成的。

（3）可能是基站运行的版本问题。

【解决方法】：查询网管配置参数发现，华为对该小区配的小区标识是 84，网管中，通过该小区对应的 ECGI 计算，得到这个小区的小区标识是 86，显然是华为配置错误。

对现网其他站点进行跟踪信令消息，发现其他站点的切出切入流程均无问题。进而，一次性排除版本问题和模板数据的问题。

【经验总结】

（1）遇到此类问题，首先，核实数据配置是否会存在问题。从数据配置上，先逐一排除可能因素。

（2）其次，横向对比，观察其他站点是否也会出现同样的现象？如果其他站点无此现象，则说明版本等核心数据及网元均无问题。

9.5.5　速率问题

1. 公网接入 Nanocell 后下载速率无法到达正常值

【问题描述】：某地一套 Nanocell 网关接入设备，包含安全接入网关 SeGW（SG9000）以及接入网关 AG9050。开通后从公网接入 Nanocell 基站，经过测试峰值下载速率一直无法达到标准值，最多只能达到 20 ～ 30 Mbit/s，远低于正常标准值 70 Mbit/s。

【组网结构】：组网配置如图 9.35 所示。

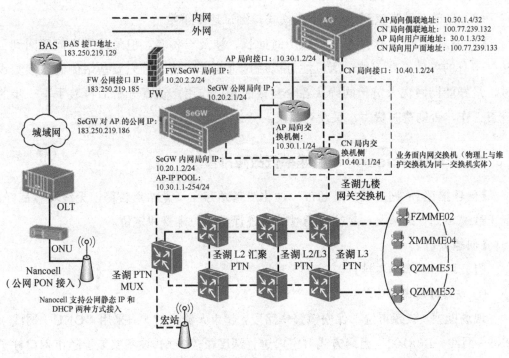

图 9.35　组网配置

【问题分析】：由于更换过 Nanocell 设备，以及各种带宽类型的传输资源，均无法达到理想值。故初步怀疑安全网关或者接入等环节故障导致。

【解决方案】

（1）更换 Nanocell 设备，排查 Nanocell 设备问题，消除告警信息。无改善。

（2）检查 Nanocell 设备参数设置，暂没有发现问题。

（3）初步怀疑网关环节问题，首先排查 PTN 的接入带宽问题，把 Nanocell 直接接到机房网关所接的 PTN 传输处，测试网速能达到 70 ~ 80 Mbit/s。故排除 PTN 传输问题。

（4）把基站直接接到 AG9050 上，绕过安全网关及交换机设备。测试网速达到 70 Mbit/s。排除了 AG 端问题。

（5）将基站接到交换机侧，绕过安全网关，网速测试能达到正常值。故排除交换机端口问题。

（6）将基站接到安全网关侧，测试网速最多只能达到 40 Mbit/s，怀疑安全网关问题。经过安全网关侧排查，但一直无法确认问题，无进展。

（7）问题再次回到基站侧，后来发现基站的空口带宽设置成了 10 M 小区模式而非 20 M 小区模式。之前接入到各个节点测试正常时由于不是公网接入模式，下发的模板是正常的 20 M 带宽，所以能测试到正常值。

（8）修改基站带宽到 20 M 小区模式，测试速率正常。

【经验总结】：本次排查过程经历时间长、涉及设备多。但最终排查问题回到了基站本身的参数设置问题，所以注意以后排查速率问题，首先要基站侧确认参数设置，最好能同网优人员一同确认各个参数的具体作用，认真分析后再着手下一步的排查工作，否则费时费力，又没有效果。

2. LTE Nanocell 设备速率低故障排查

【问题描述】：据反馈，某超市一体化皮基站存在"无站点告警，无线环境良好，但下载速率低"的情况，赶往现场对故障进行详细的排查和定位。

【问题分析】

（1）现场环境基本排查。

① 安装环境勘察。

现场勘察，该超市位于保安镇繁华路段，超市人流量较大，采用"ONU—网线—PSE—网线—BS8102"组网方式对室内进行深度覆盖，AP 设备安装于超市入口柱子较高处，视野较为开阔，不存在遮挡情况，选址较为合理。

② 前台测试。

通过现场测试，室内覆盖情况良好，但下载平均速率及峰值速率均未达标。

现场占用保安镇国德兴邦一体化 1 小区信号（PCI=498），RSRP 在 -75 dBm 左右，平均 SINR 在 28 dB 左右。

【小结】：通过前台测试发现，现场无线环境良好，下载速率不高与无线环境无关。

③ 与传输核对对接参数。

针对故障点情况，产品工程师通过修改站点配置参数：

● 与传输GPON确认，该站点ONU没有进行限速。选取无用户时，测试峰值只有31Mbit/s。距离室分基站下载验收标准（60 M）仍有较大差距；

● 与传输ONU侧，尝试进行多种速率模式匹配，双方分别配置"吉比特光口自适应"和"1 000 M全双工模式"进行验证，下载速率仍然没有改观；

● 现场AP初始状态为通过PoE供电模块供电，为排除PoE供电不稳因素，采用PSE（交流适配器接入方式）供电，现场测试速率仍然不达标。

④ 与（下载速率达标站点）黄金山东贝食堂 2 站点进行对比。

"黄金山东贝食堂 2"基站测试下载速率正常，PING 1 500 字节分组无分组丢失现象。

（2）SG 到 AP 传输通排查。

在 IAMS 网管上 PING 故障 AP 内层 IP 地址。

在 IAMS 网管上 PING AP 内层 IP 地址，发现：

PING 正常站点——黄金山东贝食堂，PING 分组大小为 1 500，未出现分组丢失情况；

PING 故障点保安镇国德兴邦超市，PING 分组大小为 1 500，出现56%分组丢失率，PING 分组大小为 1 300 时，未出现分组丢失情况，最终将 PING 分组大小临界值定位 1 394，高于这个值，出现分组丢失情况，低于这个值不会出现分组丢失现象。

正常 ftp 数据下载流程：

① 3 次 TCP 握手，协商 MSS 等参数；

② 握手成功后服务端开始以 MSS 为数据净荷大小向客户端发送 ftp 数据。

数据分组从 SG（安全网关）到 AP 传递的过程中需要进行 IPSec 加密处理。净荷为 1 400 的分组经过加密后再加上分组头等信息，分组的大小就超过了 1 500（对应 SG 和 AP 的 MTU 值），这时 SG 就会将加密后的数据分组分片后发送给 AP（抓包显示长度为 1 514），AP 收到后会重组并解密。

通过对故障 AP PING 分组检测并与正常站点对比，发现故障 AP 存在 PING 大包时存在分组丢失情况（分组大小在 1 394 以下时，无分组丢失情况；在 1 394 以上时，存在分组丢失情况），进一步怀疑是"SG 到 AP 的中间某个传输节点分片重组功能异常"导致下载速率低。

【解决方案】：针对存在分组丢失情况，为进一步确认故障原因，再次赶往现场修改终端 MTU 值进行业务验证测试。现场测试场景：在故障 AP 下，一台电脑连接

Debug口打开Wireshark进行抓包，另一台电脑连接MiFi完成下载业务并同时进行抓包。

现场使用笔记本电脑连接 MiFi 测试，设置（笔记本电脑无线网卡）本地连接 MTU 值为 1 500。

测试占用故障 AP 小区时，PCI=498，$RSRP$=−78 dBm，$SINR$=30 dB 覆盖良好的条件下，下载速率只能达到 22 Mbit/s 左右，测试情况如图 9.36 所示。

图 9.36　测试下载速率

现场使用笔记本电脑连接 MiFi 测试，设置（笔记本电脑无线网卡）本地连接 MTU 值为 1 300。

发现在占用故障 AP 小区时，PCI=498，$RSRP$= −81 dBm，$SINR$=28 dB 覆盖良好的条件下，在同一地点下载速率骤升至 70 Mbit/s 左右，测试情况如图 9.37 所示。

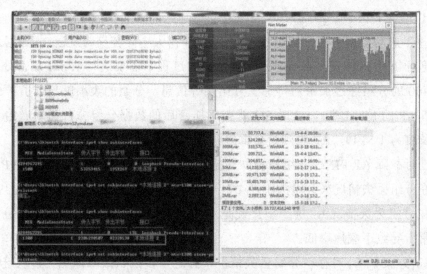

图 9.37　测试速率

将电脑的 MTU 值设置为 1 300 后，ftp 服务器和客户端协商的 MSS 值就会小于 1 300，再加上数据分组头一定小于 SG 的 MTU 值 1 500（实际测试报文大小为 1 408Byte，不分片），确保了 ftp 服务器的每一分组数据在 SG 都不会进行分片，发现测试速率明显提升，再次确认"SG 到 AP 的中间某个传输节点分片重组功能异常"导致下载速率低。

【经验总结】：在省网优中心的协助下，部分 AP 速率不达标问题，确认是"SG 到 AP 的中间某个传输节点分片重组功能异常"原因导致下载速率低。排查全省（中兴）区域，该问题也在其他地市复现。由于从 AP 至 SG 侧传输节点很多，希望协调传输部门联合排查。

后续建议如下：

（1）排查"AP 至 SG"中间所有传输节点，分片重组是否存在隐患（丢重分片报文的现象）；

（2）通过在 SeGW 或 PGW 侧减小 MSS 值（1 394 以下），规避报文分片重组隐患，从而提高下载速率。

3. UE 接入某厂家小基站低速率故障排查

【问题描述】：外场 Nanocell 接入 ZTE 的网关设备（安全网关和接入网关），UE 终端出现下载速率低的问题，最低仅为 2 Mbit/s 左右。

而在同一现场，以同种方式接入的华为 Nanocell（同样经过我司网关接入核心网），UE 终端测试下载速率可达 50 Mbit/s 左右。

【组网结构】：如图 9.38 所示，Nanocell 在移动办公大楼内，通过公用交换机设备，接入城域网，再经过网关设备，最终达到核心网侧。

【问题分析】：引起 UE 接入 Nanocell 速率低的常见原因有如下几种。

（1）由于当前使用版本为成熟商用版本，多地已商用验证正常，排除版本漏洞问题。

（2）由于同样部署的其他厂家 Nanocell，不存在率速低的问题，基本可以排除上级网元参数配置。

（3）检查现场接入带宽，发现为共享百兆接入。现场接入宽带的拓扑发现为：PON—华为 S3300 系列交换机（开启 DHCP 功能）—无线路由器。初始接入方式是接入无线路由器，且多个用户共享，无法保证速率稳定性。通过现场申请，局方同意接入 S3300 设备，减少中间级联设备。测试时间安排在局方下班之后，避开宽带使用高峰期进行，减少共享用户数，最大地保证传输带宽。

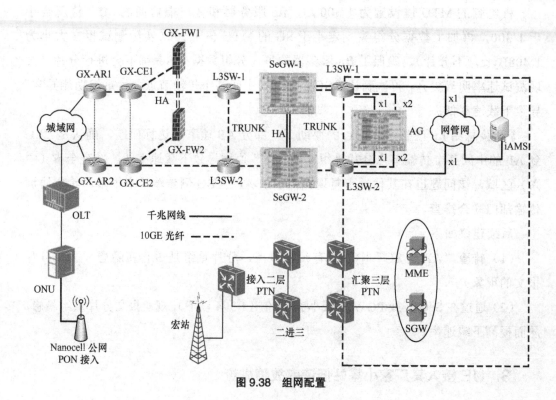

图 9.38　组网配置

（4）优化无线参数配置。现场办公区域存在双载波室分覆盖，不同层的办公区域的 PCI 不同。配置 PCI 自配置去使能，PCI 默认为 498，现场室分 PCI 为 0，导致存在模 3 干扰，更改 PCI 为 497，避开模 3。

（5）优化测试方法。调整 FTP 测试软件最大并发传输数为 10。（FTP 并发传输数的区间为 1 ～ 10）现场初始配置默认为 1，无法最大程度调用 RB 资源，导致 FTP 整体下行速率低。

（6）检查现场干扰情况，除第（4）步中的模 3 干扰外，未发现其他干扰。

【解决方案】：经过上文中的第 3、4、5 步优化后，测试速率基本正常。

测试下行速率均值可以达到 25 Mbit/s 左右，峰值可以达到 50 Mbit/s+。和其他厂家 Nanocell 设备的测试结果基本相同，下行欠佳，百兆接入理想下载均值速率为 70 Mbit/s 左右，判断受接入带宽影响较大。后期建议，部署演示场景，建议申请专用 PON 资源。

4. 某省 NANO 基站测试速率不达标故障排查案例

【问题描述】：某省某 NANO 基站开通后，采用 4 类 MiFi 终端，开启 10 线程进行 FTP 下载，速率只有 10 Mbit/s 左右。

【组网结构】：某省 NANO 是采用公网接入。安全网关、AG 设备为第三方（京信）厂家。

网络拓扑如图 9.39 所示。

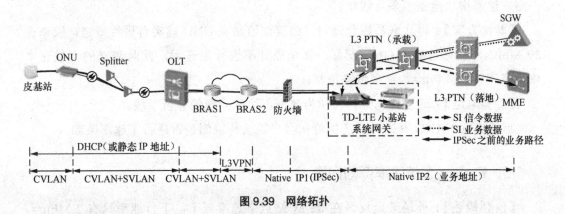

图 9.39　网络拓扑

【问题分析】

（1）前台环境对比测试：终端空口侧显示 $SINR > 25$ dB，无同频邻小区，空口很干净，无干扰，如图 9.40 所示。

（2）电脑 1 通过 MiFi 接入互联网，连接 FTP 服务器进行多线程下载业务，在电脑 1 抓取空口侧的数据分组，电脑 1 抓取的数据分组分析如下：通过过滤 FTP 的下行分组，统计 FTP 下载总分组数为 82 525 个。

（3）统计 FTP 下载重传分组数为 858 个，计算重传率为：858/82 525=1%，可见网络重传不是此次下载速率低的原因。

（4）通过 IO GRAPHS 插件分析下载数据流发现，瞬时速率几乎维持在 2 Mbit/s 左右。从图 9.41 中可看出，下载速率很稳定，但只有 2 Mbit/s 下载速率。

图 9.40　DT 测试

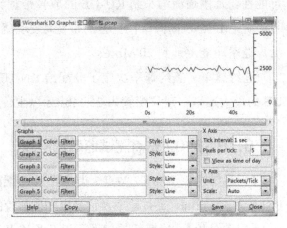

图 9.41　空口抓包

（5）从以上排查结果看，已排查无线侧原因，将重点放在传输侧。但和传输侧初步沟通时，对方没有发现告警，表示传输侧无问题。后通过电脑配置基站 IP，绕过基站，直连 ONU 下联口，通过 FTP 下载进行测试发现速率也是维持在 20 Mbit/s 左右，速率很稳定呈一条直线状。

【解决方案】：再次联系后台询问，经查询该站点 ONU 确实有进行限速，限速在 20 Mbit/s，后通过更改 ONU 配置，完全放开不进行限速后，此时测试的下载速率峰值可达到 90 Mbit/s。速率恢复正常。

【经验总结】：通过抓包分析可作为速率不达标问题的分析手段。

后续进行 NANO 开通时，需提前和客户确认传输侧是否进行了速率限制。

5. Relay 系统速率低的问题

【问题描述】：外场某局反馈在 Relay 站点下速率低下，下行速率只有 2 Mbit/s。现场反馈终端的信号强度及信号质量都很好。

【问题分析】：Relay 实际就是一个中继，是宏基站覆盖的延伸。Relay 站点的传输就是 RN-UE 作为终端接入到宿主宏基站形成的无线链路。所以针对 Relay 站点下的普通用户速率低下问题，除了常规传输带宽、放号带宽及 Uu 口信号质量外，还需要考虑 RN-UE 接入到宿主宏基站部分的空口（为 Un 口）。RN-UE 其实也相当于宿主宏基站下的用户，所以也需要考虑 RU-UE 的放号带宽、Un 口的信号质量等。

【解决方案】：根据现场反馈的信息，普通终端接入到 Relay 站点，Un 口信号质量是好的。那么影响传输的因素还有：传输带宽、放号带宽、RU-UE 的放号带宽、Un 口的信号质量。针对这些可能因素，让现场逐一排查。确诊信息为同一终端在宿主宏基站下速率能达到 70 Mbit/s。这样就可以进一步排除了传输带宽、放号带宽的可能性。范围逐渐缩小到 RU-UE 的放号带宽、Un 口的信号质量。针对 RU-UE 的放号带宽，让 RNS 侧同事检查签约带宽，发现就是配置了 2 Mbit/s。修改成 256 Mbit/s 后，速率即能上升到 20 Mbit/s。

签约速率：签约速率决定了分配给 RN-UE 的带宽，同时也决定了 RN 下的普通 UE 的最大速率。建议配置为 25 Mbit/s 以上。

6. BS8102 站点测试速率低问题

【问题描述】：BS8102 站点 3 类终端 2、7 配比天线下 FTP 下载均值速率为 49 Mbit/s，RSRP 为 -73 dBm，测试速率及信号电平值都较低。

【问题分析】：速率低的问题可以从传输及无线干扰方面着手排查。

【解决方案】

（1）通过 WEB UI 传输诊断功能对核心网对端地址进行 PING 包测试，PING 1 400 字节大分组 10 min 无分组丢失，排除传输问题。

（2）对 BS8102 站点进行单站测试，关闭周边 E 频段站点，测试 SINR 为 30，但平均速率仍为 49 Mbit/s，排除无线干扰问题。

（3）在天线下测试 RSRP 为 -73 dBm，低于正常值，怀疑设备发射功率过低。根据 BS8102 开通调试手册检查设备发射功率参数设置。

在管理网元树中选择 [管理网元→服务→ FAP 服务→小区配置→无线接入网→射频参数]，打开射频参数配置界面，目前参考信号功率为 -20 dBm，增大参考信号功率。

根据 BS8102 开通调试手册建议的各种带宽情况下参考信号功率最大设置值，见表 9.11。

表 9.11　RS 最大功率建议值

机型	最大功率（dBm/Ant）	带宽（MHz）	RS 最大功率（dBm）
T2300　2×125 mW	21	20	-10
		10	-7
		5	-4

将本站参考信号发射功率增大为 -10 dBm。

（4）修改 A1、A2 事件门限值。

在 [服务 >>FAP 服务 >> 小区配置 >> 无线接入网 >> 移动性 >> 连接态移动性（切换）配置（ZTE）>>LTE 系统内连接态移动性（切换）配置（ZTE）] 中，修改测量配置功能为关闭 Inter Frequent Measure 的 A1 门限，打开 Inter Frequent Measure 的 A2 门限。

将关闭 Inter Frequent Measure 的 "A1 事件判决的 RSRP 绝对门限（X-140）" 修改为 "48"。

将打开 Inter Frequent Measure 的 "A2 事件判决的 RSRP 绝对门限（X-140）" 修改为 "45"。

（5）同步后再进行测试，3 类终端 2、7 配比天线下 FTP 下载均值速率上升到 75 Mbit/s，RSRP 增大到 -56 dBm，SINR 为 30，达到预期测试目标。

9.5.6　语音业务问题

1. Nanocell CSFB 回落失败

【问题描述】：某 Nanocell 项目多个站点出现短信、呼叫故障，现场使用 iPhone

5S A1518 手机复测，发现了无法拨打和接听电话的故障。

【问题分析】

（1）从故障现象看，判断为 CSFB 回落 2G 失败，抓取基站侧信令，如图 9.42 所示，证明的确是 CSFB 失败。

图 9.42　CSFB 网络 2G 失败信令

（2）失败原因有可能是 2G 的回落频点配置错误或者漏配。

（3）失败原因还有可能是 2G 回落的"频段指示"配置与 UE 支持的能力不匹配。

【解决方案】

（1）检查 Nanocell 基站的 2G 测量频点配置，发现只配置了一个频点，存在配置不全的现象。

（2）检查 Nanocell 基站的 2G 测量频点配置，发现配置的"频段指示"为 GSM900，其对应到协议中的字段为 GSM900P。

（3）基站侧抓取 iPhone 5S A1518 接入的信令，解析 UE CAPABILITY INFORMATION 信令。

从解析结果中可以看到，其支持的 GSM 频段指示只有 4 个，分别对应协议中的 5、7、9、10，协议定义如下：

SupportedBandGERAN ::= ENUMERATED { gsm450, gsm480, gsm710, gsm750, gsm810, gsm850, gsm900P, gsm900E, gsm900R, gsm1800, gsm1900,spare5, spare4, spare3, spare2, spare1, ...}

协议中的字段从 0 开始编号，因此，可以计算出 iPhone 5S A1518 支持的频段指示是 gsm850、gsm900E、gsm1800、gsm1900，并不支持 gsm900P，因此，与基站配置的频段指示不匹配。

（4）定位到原因后，增加了 Nanocell 基站 2G 测量频点配置，并配置频段指示为 EXT900（对应协议 GSM900E）。随后测试验证，iPhone 5S A1518 的语音主叫、被叫均正常。

【经验总结】：该版本中，基站会引用基站配置的 2G "频段指示"与 UE 支持的

"频段指示"进行匹配,如果基站配置的"频段指示"与 UE 支持的能力不一致,即会导致 CSFB 回落失败。 因此,类似问题的解决方案可以分为两个方面:一方面加强基站配置的规范性,覆盖到主流终端支持的频段指示;另一方面,在 1.10.30.01 及后续版本中已优化了基站与 UE 支持能力匹配的机制,基站统一配置为 DCS1800,即可与所有 UE 进行适配。

2.　由于网关分组丢失导致 Nanocell VoLTE 业务无法正常发起

【问题描述】:终端接入 Nanocell 基站后,VoLTE 业务无法发起,IMS 注册流程已经完成,但是业务无法发起,主叫无法呼通被叫。

【组网结构】:组网配置如图 9.43 所示。

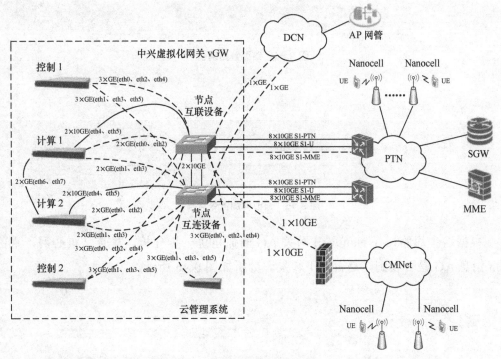

图 9.43　组网配置

【问题分析】:通过终端的信令分析,QCI1 的专用承载已经建立完成。按照正常流程,主叫终端应该会收到被叫发过来的 INVITE 183 消息,但是终端并未收到此消息,20 s 后删除了专用承载,如图 9.44 所示。

终端侧未收到被叫的 183 消息,是否因为被叫的 183 消息没有发出或者核心网收到了未曾转发?在核心网侧进行信令跟踪、排查,发现被叫方对主叫已经回复了 183 消息,通知主叫方,自己所支持的媒体类型和编码,核心网也已向下转发,如图 9.45 所示。

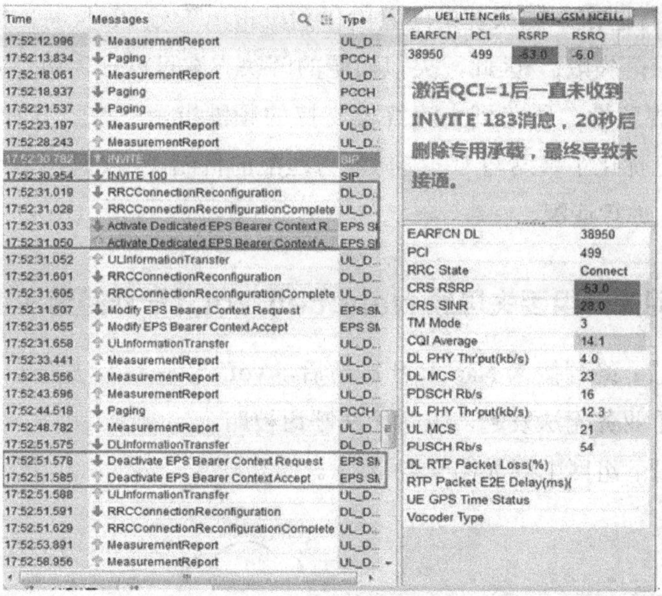

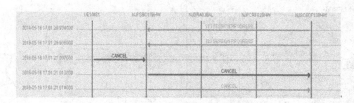

图 9.44　路测数据解析

图 9.45　核心网侧信令流程

　　根据这个思路，在 Nanocell 网关 AG 侧抓包进一步分析，排查从核心网下来的 183 消息 AG 是否收到，是否向下转发。分析如图 9.46 所示。

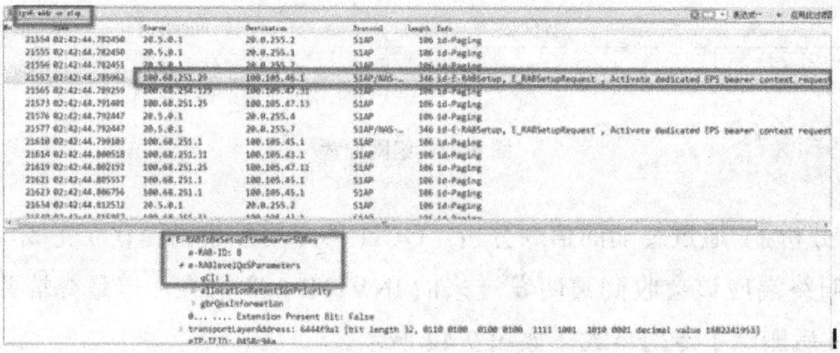

图 9.46　AG 侧信令截图 1

　　QCI1 的专用承载建立请求 AP 已经接受。

　　在核心网下发 modify 专用承载后，正常流程应该是核心网下发 183 Session Progress

的 SIP 消息，如图 9.47 所示从核心网侧（100.68.251.29）确实给 AG 下发了一条加密报文，但是这条报文，AG 没有向基站（20.0.255.7）转发。

从图 9.47 可以看出核心网一直在给 AG 下发分片的、加密的 SIP 报文，但 AG 并没有向下转发。

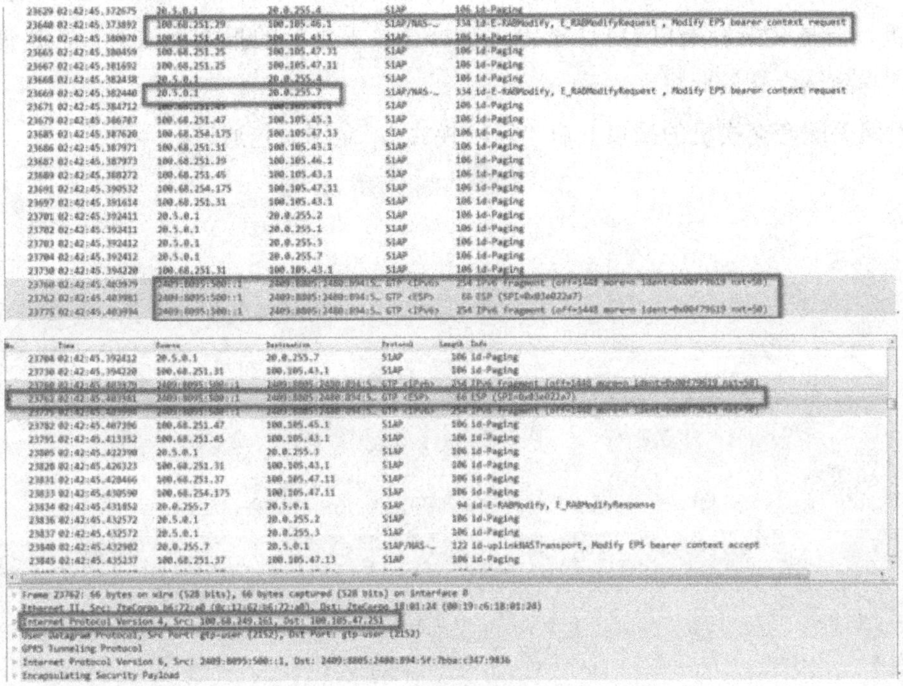

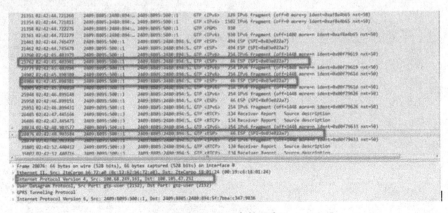

图 9.47　AG 侧信令截图 2

通过 AG 的内部日志进一步分析，确认是由于核心网下发到网关的分片 SIP 报文，在网关 AG 接口板上重组后，没有向基站转发，导致主叫在发出 INVITE 100 后收不到被叫的响应，VoLTE 流程中断，业务失败，如图 9.48 所示。

图 9.48　AG 内部日志

【解决方案】：经过进一步分析，AG 分组丢失原因如下。

由于 INVITE 183 消息这条报文超过了设定的 MTU 值，因此到达 AG 接口时是分片的报文，而 AG 对报文的重组是由专门的接口板进行，因此分片报文需要通过 AG 内部媒体面到达负责重组的接口板，重组后，再发回到报文之前进来的接口板，再向下进行转发。但是重组后的报文通过内部媒体面进行回传时要经过网关配套的交换机，但是交换机端口 MTU 设置太小，导致重组后的报文无法通过，进而报文丢弃，导致 AG 转发此报文失败。

对网关配套交换机的端口开启"巨帧模式"，允许大包通过。

第10章
Chapter 10

典型案例

随着无线通信技术的发展，无线网络覆盖已由传统的室外宏基站与室内分布系统相结合的阶段发展到异构网阶段。异构网可实现无线网络覆盖、容量、质量和单用户体验等关键性能的良好均衡。

在目前的 4G 后时代，传统室外标准化宏基站建设方式明显存在短板：站点规划相对宏观和粗放，难以精准、高效地解决局部高业务量热点区域容量、局部弱覆盖区域的深度覆盖问题，导致小区吞吐率受限于干扰和覆盖，频谱利用率相对较低，难以满足通信业务爆发式增长需求。在引入小基站后，其灵活多变的设备形态和应用部署方式，可很好地满足传统标准宏基站难以解决的局部区域的热点容量吸收和深度补盲问题。

异构网一般划分为宏基站覆盖层、小基站补盲层、小基站补热层和室内深度覆盖层等几部分，其规划应遵循"宏微结合、宏基站为主、微基站为辅、室内外协同"的原则，具体如图 10.1 所示。

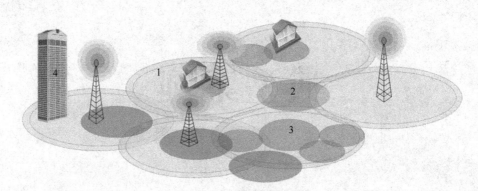

图 10.1　异构网结构示意

（1）宏基站覆盖层：基于传统宏蜂窝的无线网络的覆盖基本层。

（2）小基站补盲层：针对宏基站覆盖边缘和覆盖盲区，通过中继、一体化微基站等方式实现深度覆盖。

（3）小基站补热层：针对业务热点区域，通过一体化微基站组网方案，实现热点区容量增强，实现覆盖和容量的均衡。

（4）室内深度覆盖层：针对重要的业务发生场景、小基站系列化设备和室外覆盖室内等多种手段部署，全面提升室内深度覆盖。

10.1 室内外综合覆盖网络规划案例

随着 4G 后时代的到来，各运营商在城区的无线网络覆盖均已相对完善，深度覆盖问题成为主要问题，形成的主要原因有物业协调困难、协调费用过高、居民闹事阻工、因投诉或城区改造导致的拆站等。通过梳理南方某市某运营商的 84 个深度覆盖问题区域，结合异构网的规划设计思路进行专项分析后，提炼出 7 个典型的室内外综合覆盖规划案例，详见表 10.1。

表 10.1 典型室内外综合覆盖规划案例

序号	弱覆盖区域名称	原规划方案	疑难原因分类	面积（m²）	楼宇类型	规划方案 1	规划方案 2	规划方案 3	规划方案 4	建议选取方案	解决方案分类
1	央央春天	室分	协调费用过高	58 065	高层住宅楼	新建 2 个点位，共计 4 个 Easy Macro 楼间对打	新建传统室分	新建 8 个点位 Book RRU 楼间对打	新建 2 个宏基站	规划方案 3	室外小站
2	香域桥郡	室分	居民闹事	100 000	住宅楼	新建 1 个景观塔宏基站、1 个 Easy Macro 站	新建 1 个点位、2 个 Easy Macro 站	新建 2 个点位，共计 3 个 Easy Macro 站	新建 4 个点位，共计 4 个 Easy Macro 站	规划方案 2	室外小站
3	XXX 大道	宏基站	居民阻工	60 000	低层连片住宅 + 幼儿园	新建 15 个点位，共计 15 台 Book RRU 楼间对打	新建 1 个宏基站	新建 4 个点位，共计 5 个 Easy Macro 站，1 个 Book RRU 站	新建 1 个宏基站，4 个点位，共计 4 个 Easy Macro 站，1 个 Book RRU 站	规划方案 4	宏基站 / 美化天线 + 室外小站
4	苑中园	宏基站	居民阻工	10 000	住宅楼	新建 1 个宏基站	新建 5 个点位 Book RRU 站	新建 1 个宏基站、1 个 Book RRU 站	新建 3 个点位，共计 3 个 Easy Macro 站，1 个 Book RRU 站	规划方案 1	宏基站 / 美化天线
5	梨园一区	宏基站	居民闹事	280 000	住宅楼	新建 24 个点位，共计 24 台 Book RRU 楼间对打	新建 1 个宏基站	新建 3 个点位，共计 3 个 Easy Macro 站	—	规划方案 1	室外小站
6	湿地公园东	宏基站	物业原因	300 000	住宅楼 + 公共建筑	新建 1 个宏基站、1 个 Easy Macro 站	新建 1 个美化树宏基站、1 个楼面宏基站	新建 1 个宏基站、6 套有源室分 Lampsite	—	规划方案 2	宏基站 / 美化天线
7	洪都四区	宏基站	居民闹事后拆站	100 000	宿舍楼	新建 11 个点位，共计 11 台 Book RRU 楼间对打	新建 1 个点位，共计 2 个 Easy Macro 站	新建 2 个点位，共计 4 个 Easy Macro 站，2 个点位，3 个 Book RRU 站	—	规划方案 3	室外小站

下面以苑中园和洪都四区两个方案为例，阐述室内外综合覆盖方案的规划流程。

10.1.1 苑中园综合覆盖规划案例

苑中园位于某区老城区，总面积约为 100 000m²，主要由苑中园小区和福田花园小区构成，区域内楼宇分布密集，且楼宇较高、楼间距较小、人流量较大。因最佳宏基站建站位置遭业主强烈反对，无法建设，造成区域现网深度覆盖质量较差。

1. 苑中园现网覆盖情况分析

为全面摸清苑中园网络覆盖现状，本次专门调取了该区域近半年的投诉情况，并针对弱覆盖区所有人行道路进行了细致的步测，对于典型楼宇进行了室内 CQT 测试。

（1）投诉信息。

苑中园投诉信息见表 10.2。

表 10.2 苑中园投诉信息

投诉时间	具体故障点	投诉类型	投诉内容
XXXX/2/21	福田花园	2G	2G 信号弱，影响正常打电话
XXXX/3/13	福田花园	2G	2G 信号弱，影响正常打电话
XXXX/3/23	苑中园小区	2G	2G 信号弱，影响正常打电话
XXXX/6/6	苑中园小区	2G	2G 信号弱，影响正常打电话
XXXX/6/18	苑中园小区	2G	2G 信号弱，影响正常打电话
XXXX/7/21	福田花园	4G	4G 信号弱，影响正常打电话

（2）室外步测情况。

苑中园室外测试 KPI 汇总见表 10.3。室外测试覆盖如图 10.2 所示。

表 10.3 苑中园室外测试 KPI 汇总

分类	KPI	测试值
信号覆盖	$RSRP \geq -95$ dBm	88.50%
	$RSRP \geq -110$ dBm	100%
	覆盖率（$RSRP \geq -110$ dBm & $SINR \geq -3$ dB）	97.56%
	平均 $RSRP$（dBm）	−84.29
	$SINR \geq -3$ dB 比例	97.97%
	平均 $SINR$（dB）	12.76

（3）室内 CQT 测试情况。

苑中园室内测试汇总见表 10.4，室内测试点位图如图 10.3 所示。

表 10.4　苑中园室内测试汇总

测试位置	位置描述	RSRP 平均值（dBm）	SINR 平均值（dB）
测试点 1	2 号楼	−97	7.01
测试点 2	13 号楼	−100.21	0.72
测试点 3	高层 9 号楼电梯	−104.91	−3.06
测试点 4	高层 9 号楼楼梯	−105.51	−0.04

图 10.2　苑中园室外测试覆盖图　　　　图 10.3　苑中园室内测试点位图

根据测试数据分析可知，苑中园小区和福田花园小区没有稳定的主服务小区，该区域主要占用周边 9 个站址的信号，小区内道路 RSRP 为 -104 ～ -40 dBm，在苑中园小区内和福田花园小区道路都存在着弱覆盖。

2．苑中园环境勘查

苑中园主要由苑中园小区和福田花园小区组成，区域建筑情况分析如下：

苑中园小区，共有 15 栋建筑，均为 8 层，楼龄 20 年，房间南北通透，楼间距约 25 m；

福田花园小区，共有 11 栋，1# 楼、2# 楼、5# 楼均为 20 层，3# 和 6# 为 18 层，其余楼宇均为 8 层，16 年楼龄，房间南北通透，楼间距约 25 m。苑中园平面楼宇分布图如图 10.4 所示。

周边高层建筑分布：图 10.5 中 1# 楼宇 18 层，2#、3#、4#、5# 楼宇均为 20 层。

3．苑中园资源可用性勘查

如图 10.6 ～ 图 10.8 所示，无线网工程建设一般包含天线及设备架设物、传输电源配套、机房配套等方面，所以相应的资源可用性勘查涵盖：物业准入，周边自有基站、室分系统，周边可共址友商基站，传输资源，市电资源，灯杆资源，楼面资源 7 个方面。

图10.4 苑中园平面楼宇分布图

图10.5 苑中园高层楼宇分布图

图10.6 苑中园友商基站分布图

经过翔实勘查可知：

（1）本区域两个小区物业同意进场实施；

（2）本区域周边自有基站4个、室分0处；

（3）本区域附近可共址友商基站1个；

（4）本区域内自有光交箱已到位，具备传输接入条件；

图10.7 苑中园传输光交分布图

（5）本区域市电接引方便，具备市电接入条件；

（6）本区域内可利用的灯杆资源共有5处，分别为3根6 m高的路灯杆和2根

3 m 高的监控杆；

（7）本区域共有楼宇 26 栋，具体楼面资源勘查情况见表 10.5。

图 10.8　苑中园可用灯杆资源分布图

4. 苑中园规划方案及覆盖效果预测

根据苑中园现网覆盖情况，结合本区域楼宇结构特点和分布情况，及全面的资源可用性勘查情况，初步制定出 4 套解决方案，以下分别进行说明和验证。

（1）覆盖现状仿真。

RSRP 仿真效果图及分段指标统计如图 10.9 所示。

表 10.5　楼面资源勘查情况统计

区域名	楼宇	楼高（m）	平顶／斜顶	备注
苑中园小区	15 栋	25	斜顶	楼顶有私有平台
福田花园	1#、2#、5#	20	平顶	—
福田花园	3#、6#	18	平顶	—
福田花园	7#、8#、9#、10#、11#、12#	8	平顶	—

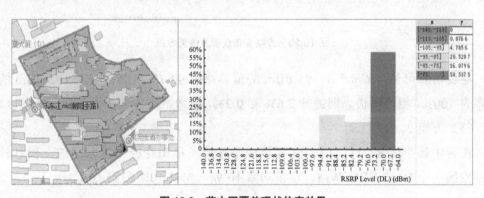

图 10.9　苑中园覆盖现状仿真效果

通过仿真可见，$RSRP \geqslant -95$ dBm 的覆盖率为 95.1%，$RSRP \geqslant -105$ dBm 的覆盖率为 99.8%，弱覆盖区域主要分布于苑中园小区和福田花园小区中心附近等区域，与测试结果基本相符。

（2）方案 1

在福田花园小区 5 号楼顶建设 2 扇区大下倾角天线的宏基站，设备功率 20 W，如表 10.6 和图 10.10 所示。

表 10.6　苑中园方案 1 站点表

规划站点	经度	纬度	高度（m）	天线类型	频段（MHz）	方位角	下倾角
方案 1 站点 1	XXX.XX265°	XX.XX779°	65	板状天线	2 600	70°/270°	10°

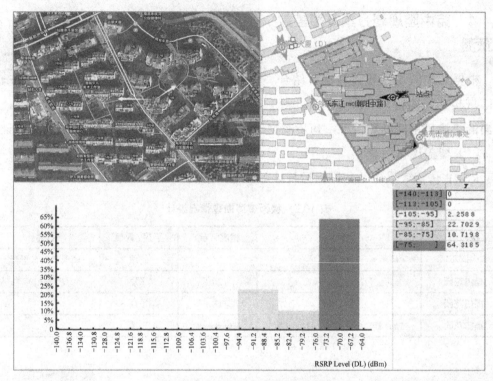

图 10.10　方案 1 布点图及仿真效果

通过仿真可见，$RSRP \geqslant -95$ dBm 的覆盖率为 97.7%，$RSRP \geqslant -105$ dBm 的覆盖率为 100%，相比现状分别提升 2.6% 和 0.2%，新增站点能解决大部分弱覆盖区域。

（3）方案 2。

在苑中园小区 8、11、12、13 号楼的小平台及福田花园小区东部的一根灯杆上分别安装 1 个 Book RRU 基站，设备功率 10 W，如表 10.7 和图 10.11 所示。

表 10.7　苑中园方案 2 站点表

规划站点	经度	纬度	高度（m）	天线类型	频段（MHz）	方位角	下倾角
方案 2 站点 1	XXX.XX162°	XX.XX805°	3	RRU 集成天线	2 600	45°	-3°
方案 2 站点 2	XXX.XX168°	XX.XX779°	3	RRU 集成天线	2 600	80°	-3°
方案 2 站点 3	XXX.XX105°	XX.XX786°	3	RRU 集成天线	2 600	50°	-3°
方案 2 站点 4	XXX.XX19°	XX.XX732°	3	RRU 集成天线	2 600	10°	-3°
方案 2 站点 5	XXX.XX403°	XX.XX792°	3	RRU 集成天线	2 600	280°	-3°

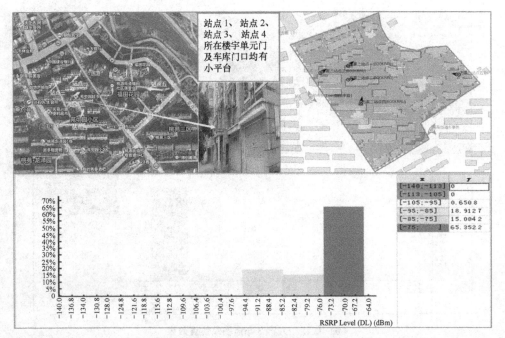

图 10.11　方案 2 布点图及仿真效果

通过仿真可见，$RSRP \geqslant -95$ dBm 的覆盖率为 99.4%，$RSRP \geqslant -105$ dBm 的覆盖率为 100%，相比现状分别提升 4.3% 和 0.2%，新增站点能解决大部分弱覆盖区域。

（4）方案 3。

① 在苑中园小区 10# 楼顶东侧建设 2 扇区宏基站。

② 在福田花园 12 号楼北侧监控杆位置安装 1 个 Book RRU 站。

方案 3 布点图及仿真效果如表 10.8 和图 10.12 所示。

表 10.8　苑中园方案 3 站点表

规划站点	经度	纬度	高度（m）	天线类型	设备功率（W）	频段（MHz）	方位角	下倾角
方案 3 站点 1（D）	XXX.XX139°	XX.XX771°	25	板状天线	20	2 600	39°/120°	3°
方案 3 灯杆 4	XXX.XX407°	XX.XX807°	3	RRU 集成天线	10	2 600	270°	-3°

通过仿真可见，$RSRP \geqslant -95$ dBm 的覆盖率为 97.5%，$RSRP \geqslant -105$ dBm 的覆盖率为 99.8%，相比现状分别提升 2.5% 和 0.0%，解决周边弱覆盖问题效果一般。

（5）方案 4。

① 苑中园小区东侧道路的路灯上安装 3 个 Easy Macro 小基站。

② 在福田花园 12# 楼北侧监控杆上建设 1 个 Book RRU 小基站。

方案 4 布点图及仿真效果如表 10.9 和图 10.13 所示。

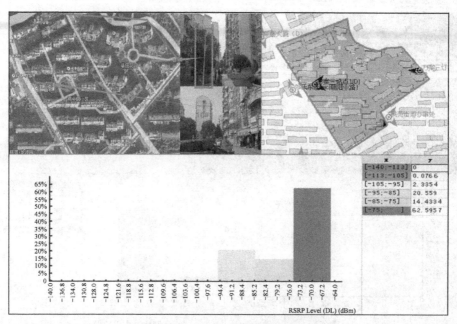

图 10.12　方案 3 布点图及仿真效果

表 10.9　苑中园方案 4 站点表

规划站点	经度	纬度	高度（m）	基站类型	设备功率（W）	频段（MHz）	方位角	下倾角
方案 4 灯杆 1	XXX.XX198°	XX.XX839°	6	Easy Macro	15	2 600	220°	−3°
方案 4 灯杆 2	XXX.XX223°	XX.XX802°	6	Easy Macro	15	2 600	250°	−3°
方案 4 灯杆 3	XXX.XX241°	XX.XX778°	6	Easy Macro	15	2 600	270°	−3°
方案 4 灯杆 4	XXX.XX407°	XX.XX807°	3	Book RRU	10	2 600	270°	−3°

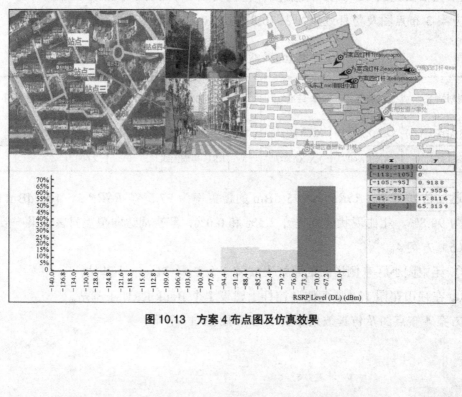

图 10.13　方案 4 布点图及仿真效果

通过仿真可见，$RSRP \geqslant -95$ dBm 的覆盖率为 99.1%，$RSRP \geqslant -105$ dBm 的覆盖率为 100.0%，相比现状分别提升 4.0% 和 0.2%。能够很好地解决弱覆盖问题。

（6）方案选取。

微网格内各方案覆盖指标提升情况如表 10.10 所示。

表 10.10　苑中园各方案仿真指标对比

分类	计算区域				
	现状	方案 1	方案 2	方案 3	方案 4
RSRP Level (DL) (dBm) $\geqslant -75$	58.50%	64.30%	65.30%	62.60%	65.30%
RSRP Level (DL) (dBm) $\geqslant -85$	74.60%	75.00%	80.40%	77.00%	81.10%
RSRP Level (DL) (dBm) $\geqslant -95$	95.10%	97.70%	99.40%	97.50%	99.10%
RSRP Level (DL) (dBm) $\geqslant -105$	99.80%	100.00%	100.00%	99.80%	100.00%
RSRP Level (DL) (dBm) $\geqslant -113$	100.00%	100.00%	100.00%	100.00%	100.00%
RSRP Level (DL) (dBm) $\geqslant -140$	100.00%	100.00%	100.00%	100.00%	100.00%

方案 1：新建 1 个宏基站（2 扇区），位于微网格中心，该方案相对于现状覆盖率指标提升情况最好，安装设备最少，施工最简单。

方案 2：新增 5 个 Book RRU 站，位于小区内部弱覆盖区域，该方案相对于现状覆盖率指标提升情况最好，但是站点过多，施工复杂。

方案 3：新建 1 个宏基站和 1 个 Book RRU 站，位于微网格西侧和东侧，该方案相对于现状覆盖率指标提升情况最差。

方案 4：新增 4 个 Easy Macro 站，位于弱覆盖区域旁边，该方案相对于现状覆盖率指标提升情况最好，但是站点过多，施工复杂。

经过对微网格区域和现状弱覆盖区域仿真指标提升情况、建设方案及可行性的对比，方案 1 优于其他方案，建议选用方案 1。

10.1.2　洪都四区综合覆盖规划案例

洪都四区总面积约为 100 000 m²，主要由洪都四区和洪都雅苑小区构成，洪都四区为 45 栋老式单位宿舍住宅小区，楼高 4～13 层不等；洪都雅苑为 4 栋 11 层楼宇，区域内楼宇分布密集，人流量较大。前期基站开通后，遭周边居民闹事拆站，造成区域现网深度覆盖质量较差。

1. 洪都四区现网覆盖情况分析

为全面摸清洪都四区网络覆盖现状，本次调取了该区域近半年的投诉情况，并针对弱覆盖区所有人行道路进行了细致的步测，对于典型楼宇进行了室内 CQT 测试。

（1）投诉信息。

洪都四区投诉信息见表10.11。

表 10.11　洪都四区投诉信息

投诉时间	具体故障点	投诉类型	投诉内容
XXXX0608	洪都老五区	4G	手机无信号，其他手机一样
XXXX0609	洪都五区 27 栋	4G	信号不好

（2）室外步测情况。

洪都四区室外测试 KPI 汇总见表10.12，室外测试覆盖图如图 10.14 所示。

表 10.12　洪都四区室外测试 KPI 汇总

分类	KPI	测试值
信号覆盖	$RSRP \geq -95$ dBm	79.28%
	$RSRP \geq -110$ dBm	98.49%
	覆盖率（$RSRP \geq -110$ dBm & $SINR \geq -3$ dB）	96.00%
	平均 RSRP（dBm）	−87.63
	$SINR \geq -3$ dB 比例	98.39%
	平均 SINR（dB）	15.55

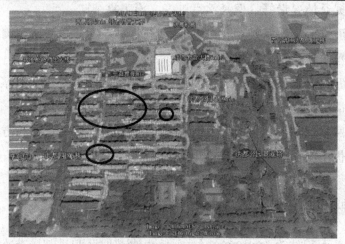

图 10.14　洪都四区室外测试覆盖图

（3）室内 CQT 测试情况。

洪都四区室内测试汇总见表10.13，室内测试点位图如图 10.15 所示。

表 10.13　洪都四区室内测试汇总

测试位置	位置描述	RSRP 平均值（dBm）	SINR 平均值（dB）
测试点 1	3 号楼	−103.99	8
测试点 2	1 号楼	−91.7	30.68
测试点 3	1 号楼电梯	−99.8	19.85

续表

测试位置	位置描述	RSRP 平均值（dBm）	SINR 平均值（dB）
测试点 4	46 号楼	−55.54	36.68
测试点 5	46 号楼电梯	−79.08	36.22
测试点 6	19 号楼	−118.47	−1.67
测试点 7	13 号楼	−107.19	1.07
测试点 8	27 号楼	−90.92	14.64
测试点 9	24 号楼	−107.86	7.68

根据测试数据分析可知，洪都四区内部没有稳定的主服务小区，小区部分道路存在着弱覆盖，部分楼宇内部信号覆盖较差。

2. 洪都四区环境勘查

洪都四区主要由洪都四区和洪都雅苑组成，区域建筑情况分析如下。

洪都四区小区，共有 45 栋，1 ～ 15 号楼高 4 层，16 ～ 38 号楼高 6 层，40 ～ 46 号楼高 11 ～ 13 层，均为老式单位宿舍住宅小区，建筑密集，南北通透，楼间距约为 15 ～ 30 m。

洪都雅苑小区，共有 4 栋，楼高 11 层，南北通透，楼间距约 30 m。

楼宇分布图如图 10.16 所示。

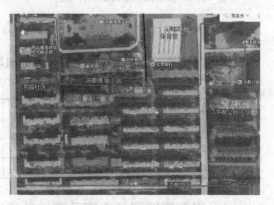

图 10.15　洪都四区室内测试点位图　　　　图 10.16　洪都四区平面楼宇分布图

3. 洪都四区资源可用性勘查

如图 10.17 ～图 10.19 所示。无线网工程建设资源可用性勘查涵盖：物业准入，周边自有基站、室分系统，周边可共址友商基站，传输资源，市电资源，灯杆资源，楼面资源 7 个方面，本区域经过翔实勘查可知：

（1）本区域两个小区物业同意进场实施；

（2）本区域周边自有基站3个、室分2处；

（3）本区域附近可共址友商基站2个；

（4）本区域内自有光交箱已到位，具备传输接入条件；

（5）本区域市电接引方便，具备市电接入条件；

（6）本区域内可利用的灯杆资源共有3处，均为3 m高的监控杆；

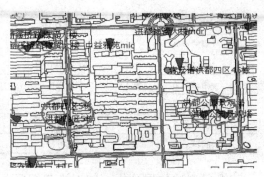

图10.17 洪都四区自有站址分布图

图10.18 洪都四区友商站址分布图

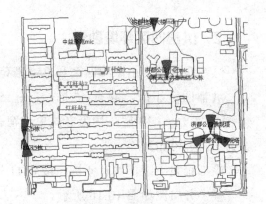

图10.19 洪都四区可用灯杆资源分布图

（7）本区域共有楼宇49栋，具体楼面资源勘查情况见表10.14。

表10.14 楼面资源勘查情况统计表

区域名	楼宇	楼高（m）	平顶/斜顶
洪都四区	1～15栋	12	平顶
洪都四区	16～38栋	18	平顶
洪都四区	40～46栋	33～39	平顶
洪都雅苑	1～4栋	33	平顶

4. 洪都四区规划方案及覆盖效果预测

根据洪都四区现网覆盖情况，结合本区域楼宇的结构特点和分布情况，及全面的资源可用性勘查情况，初步制定出3个解决方案，以下分别进行说明和验证。

（1）覆盖现状仿真。

RSRP仿真效果图及分段指标统计如图10.20所示。

通过仿真可见，$RSRP \geqslant -95$ dBm的覆盖率为93.5%，$RSRP \geqslant -105$ dBm的覆盖率为98.7%，弱覆盖区域主要分布于洪都四期和洪都雅苑小区中心附近等区域，与测试结果基本相符。

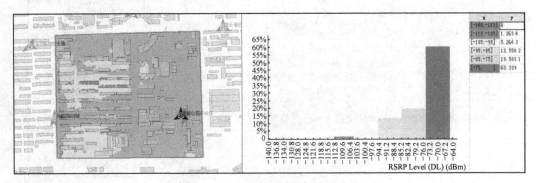

图 10.20　洪都四区覆盖现状仿真效果

（2）方案 1。

在洪都四区规划 11 个站址，共安装 11 台 Book RRU 设备，如表 10.15 和图 10.21
所示。

表 10.15　洪都四区方案 1 站点表

规划站点	经度	纬度	高度（m）	设备功率（W）	频段（MHz）	方位角	下倾角
方案 1 规划站点 1	XXX.XX282°	XX.XX245°	3	10	2 600	0°	−5°
方案 1 规划站点 2	XXX.XX6592°	XX.XX778°	3	10	2 600	0°	−5°
方案 1 规划站点 3	XXX.XX656°	XX.XX803°	3	10	2 600	0°	−5°
方案 1 规划站点 4	XXX.XX658°	XX.XX835°	3	10	2 600	0°	−5°
方案 1 规划站点 5	XXX.XX654°	XX.XX861°	3	10	2 600	0°	−5°
方案 1 规划站点 6	XXX.XX728°	XX.XX823°	3	10	2 600	180°	−5°
方案 1 规划站点 7	XXX.XX735°	XX.XX791°	3	10	2 600	180°	−5°
方案 1 规划站点 8	XXX.XX737°	XX.XX769°	3	10	2 600	180°	−5°
方案 1 规划站点 9	XXX.XX778°	XX.XX800°	3	10	2 600	90°	−5°
方案 1 规划站点 10	XXX.XX778°	XX.XX778°	3	10	2 600	90°	−5°
方案 1 规划站点 11	XXX.XX777°	XX.XX748°	3	10	2 600	90°	−5°

通过仿真可见，$RSRP \geqslant -95$ dBm 的覆盖率为 96.6%，$RSRP \geqslant -105$ dBm 的覆
盖率为 99.9%，相比现状分别提升 3.2% 和 1.1%，新增站点能解决小区北部大部分
弱覆盖区域，但小区南部仍有部分弱覆盖。

（3）方案 2。

在洪都雅苑小区选取 1 个点位、安装 2 台 Easy Macro 设备，如表 10.16 和图 10.22
所示。

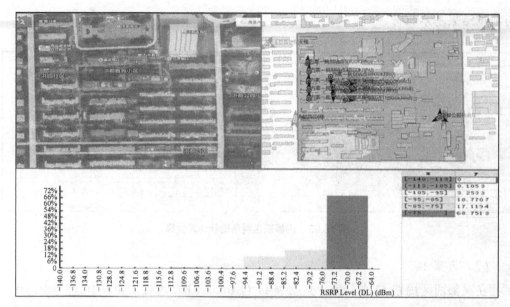

图 10.21　方案 1 布点图及仿真效果

表 10.16　洪都四区方案 2 站点表

规划站点	经度	纬度	高度（m）	设备功率（W）	频段（MHz）	方位角	下倾角
洪都雅苑 1	XXX.XX734°	XX.XX833°	35	20	1 800	130°	6°
洪都雅苑 2	XXX.XX734°	XX.XX833°	35	20	1 800	210°	6°

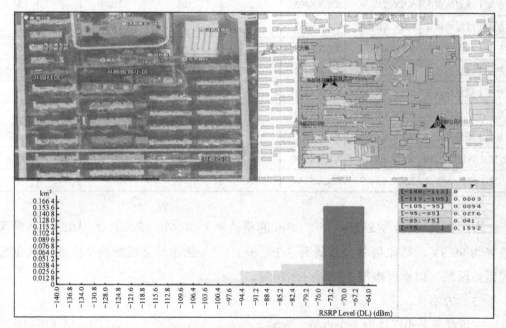

图 10.22　方案 2 布点图及仿真效果

通过仿真可见，$RSRP \geqslant -95$ dBm 的覆盖率为 95.9%，$RSRP \geqslant -105$ dBm 的覆

盖率为 99.9%，相比现状分别提升 2.4% 和 1.1%，新增站点能解决小区北部大部分弱覆盖区域，但小区南部仍有部分弱覆盖。

（4）方案 3。

① 在洪都雅苑小区新建 4 个 Easy Macro 小基站。

② 在洪都四区小区选取 2 个点位，安装 3 台 Book RRU 设备，如表 10.17 和图 10.23 所示。

表 10.17　洪都四区方案 3 站点表

规划站点	经度	纬度	高度（m）	基站类型	设备功率（W）	频段（MHz）	方位角	下倾角
洪都雅苑 1	XXX.XX734°	XXX.XX833°	35	Easy Macro	20	1 800	60°	6°
洪都雅苑 2	XXX.XX734°	XXX.XX833°	35	Easy Macro	20	1 800	150°	6°
洪都雅苑 3	XXX.XX734°	XXX.XX833°	35	Easy Macro	20	1 800	210°	6°
洪都雅苑 4	XXX.XX734°	XXX.XX833°	35	Easy Macro	20	1 800	300°	6°
方案 3-1	XXX.XX745°	XXX.XX644°	3	Book RRU	10	2 600	210°	−5°
方案 3-2	XXX.XX745°	XXX.XX644°	3	Book RRU	10	2 600	120°	−5°
方案 3-3	XXX.XX2827°	XXX.XX2451°	3	Book RRU	10	2 600	220°	−5°

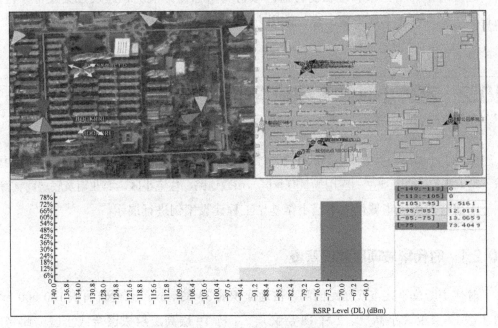

图 10.23　方案 3 布点图及仿真效果

通过仿真可见，$RSRP \geqslant -95$ dBm 的覆盖率为 98.5%，$RSRP \geqslant -105$ dBm 的覆盖率为 100.0%，相比现状分别提升 5.0% 和 1.3%，能解决小区内大部分弱覆盖区域。

（5）方案选取。

微网格内各方案覆盖指标提升情况如表 10.18 所示。

表 10.18　洪都四区各方案仿真指标对比

分类	计算区域			
	现状	方案 1	方案 2	方案 3
RSRP Level (DL) (dBm) ≥ -75	60.30%	68.80%	67.00%	73.40%
RSRP Level (DL) (dBm) ≥ -85	79.90%	85.90%	84.30%	86.50%
RSRP Level (DL) (dBm) ≥ -95	93.50%	96.60%	95.90%	98.50%
RSRP Level (DL) (dBm) ≥ -105	98.70%	99.90%	99.90%	100.00%
RSRP Level (DL) (dBm) ≥ -113	100.00%	100.00%	100.00%	100.00%
RSRP Level (DL) (dBm) ≥ -140	100.00%	100.00%	100.00%	100.00%

方案 1：新增 11 个 Book RRU 站，位于微网格中心，该方案相对于现状覆盖率指标提升情况较好，但仍有小部分弱覆盖区域未解决。

方案 2：新增 2 个 Easy Macro 站，位于微网格中心，该方案相对于现状覆盖率指标提升情况较好，但仍有小部分弱覆盖区域未解决。

方案 3：新建 4 个 Easy Macro 站和 3 台 Book RRU 设备，位于小区北部和南部，该方案相对于现状覆盖率指标提升情况最好，能解决大部分的弱覆盖区域。

经过对微网格区域和现状弱覆盖区域仿真指标提升情况、建设方案及可行性的对比，方案 3 优于其他方案，建议选用方案 3。

10.2　室外小基站工程建设案例

室外型小基站因其美观小巧的外形，经常用于宏基站无法建设，或对单站覆盖能力要求不是太高的场合，典型的应用场景有景区、市政道路、住宅小区、商业街及底层商铺等。

下面选取时代华城住宅小区小微基站工程建设案例进行展示。

10.2.1　时代华城项目建设背景

时代华城位于某市双拥路西侧，占地面积约 33 334 m^2，总建筑面积 100 000 m^2，由 4 栋 12 层板式小高层、2 栋 18 层高层、1 栋 19 层高层组成围合式小区。此物业是安置回迁楼，前期物业协调难度大，村民多次阻挡通信建设，为多年积累无法攻克的疑难站点。本次通过多样化小基站建设方案，及新式施工方式，消除了物业的疑虑，顺利进行了无线信号的全覆盖建设。

结合现场测试发现，时代华城 4 ～ 7# 楼宇内 4G 部分区域弱覆盖，需要改善信号覆盖情况。图 10.24 所示为小区的室内、室外测试情况。

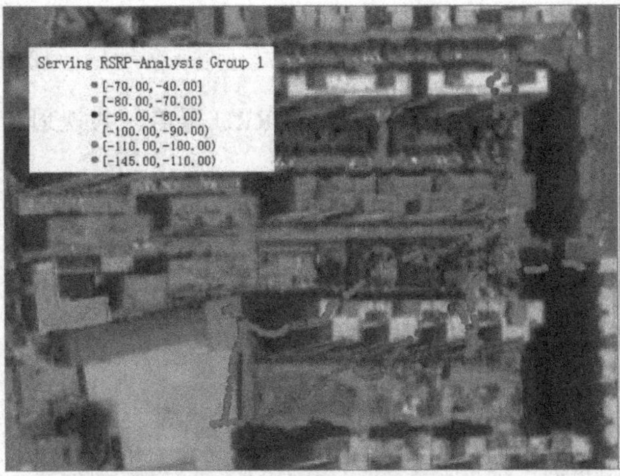

楼宇名称	测试楼宇名称	测试位置	RSRP (dBm)	有无室分4G室分
三桥时代华城4-7#	4#	1层	-119	无
		9层	-101	无
		19层	-101	无
		电梯	-106	无
	6#	1层	-109	无
		9层	-104	无
		18层	-99	无
		电梯	无信号	无
	7#	1层	-101	无
		12层	-97	无
		电梯	-117	无

图 10.24　时代华城室外、室内无线信号测试情况

目前，外围站点调整对网格指标影响较大，且站点较低，调整对时代华城 4 ～ 7# 室内覆盖增益不大，不能解决其室内弱覆盖问题。故本次采用多样化的建设方式来解决该物业的覆盖难题，如图 10.25 所示。

图 10.25　时代华城周边基站分布图

10.2.2　时代华城项目建设方案

因时代华城小区为中高层居民区，4 ～ 7# 楼内比较封闭，信号衰减大导致覆盖较差，且楼体结构为板式楼，综合考虑容量、成本等原因，采用小基站对打即可解决该物业点的室内弱覆盖问题。

该小区每栋楼宇 4 个单元，楼宇较宽，考虑到设备信号辐射波形与楼体结构特点，现场选用 Easy Macro 设备，采取横装的方式建设，每栋楼宇由 2 个 Easy Macro 覆盖。

4 栋楼宇共规划了 10 个点位挂装 10 个 Easy Macro。图 10.26 所示为具体的室外小基站点位分布及设备安装图。

该小区地下停车场相对空旷，人流量不大，采用了 Book RRU 覆盖，共规划了 3 个 Book RRU，如图 10.27 所示。

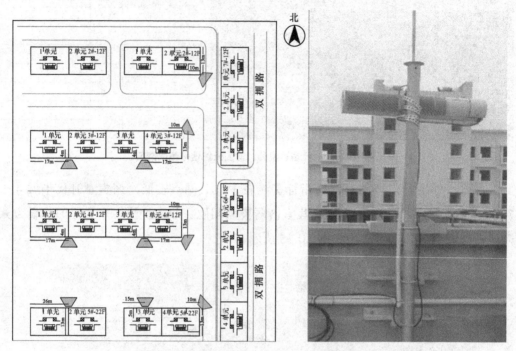

图 10.26　室外小基站点位分布及设备安装示意

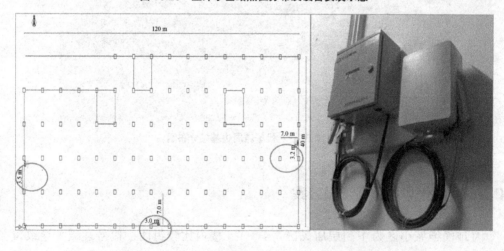

图 10.27　地下停车场小基站点位分布及安设备装示意

10.2.3　时代华城项目覆盖效果对比

时代华城多样化小基站设备开通后，室外整体覆盖明显改善，平均 RSRP 从 -105.57 dBm

提升到 -72.05 dBm；室内整体覆盖明显改善，测试的 4# 室内平均 RSRP 从 -106.75 dBm 提升到 -87.06 dBm，6# 室内平均 RSRP 从 -104 dBm 提升到 -99.5 dBm，7# 室内平均 RSRP 从 -105 dBm 提升到 -91.1 dBm，如图 10.28 所示。

图 10.28 时代华城项目开通前后测试对比

由此可见，在传统宏基站因物业原因无法实施的情况下，小基站通过其多样化的解决方案及新式的实施方法，逐步成为解决日益严重的城区深度覆盖问题的有效手段。

10.3 室内小基站工程建设案例

伴随着 4G 网络的普及，各种新型移动互联网应用如雨后春笋般涌现并飞速发展，其对于无线网络容量的需求也不断提升。作为高流量业务发生在密集的室内场景，网络覆盖和容量的良好结合显得尤为重要。

无源室内分布系统一般包含传统射频同轴电缆分布系统（DAS 系统）、光纤室内分布系统和中频移频分布系统等，信源功率一般在 20 W 左右，单信源根据分布系统布放路由和覆盖场景的不同，一般可满足几十到上百面室分天线的信号覆盖，后续网络扩容分区调整相对困难。

新型有源室分系统也称为毫瓦级分布式小基站，一般由基带单元（BBU）、扩展单元（RHUB 或 Pbridge 或 IRU）和远端单元（pRRU 或 DOT）组成，基带单元与扩展单元通过光纤连接，扩展单元与远端单元通过网线连接，远端单元通过 PoE 供电。

4G 后时代，各主流设备厂家均聚焦有源室分设备的开发，新型有源室分系统如华为的 Lampsite、中兴的 Qcell 和爱立信的 Radio Dot System 等产品便应运而生，这些新型室分设备安装灵活、容量可调、兼容性极强，逐渐成为主流的室分解决方案，国内各大运营商均发力，重点推进有源室分系统的建设。

经管系教学楼案例背景

如图 10.29 所示，经管系教学楼位于校园南部，是一栋两侧为 6 层回字形、中间为 10 层的新式建筑。大楼全长 182 m，最宽处 45 m，总建筑面积 40 000 m²。

大楼在几年前跟随全校一起建设了传统室内分布系统，当时能满足网络覆盖的需求，但随着 LTE 网络的不断发展，催生出众多 4G 新的应用，致使用户手机使用习惯明显改变，网络负荷压力日趋严重，尤其是新事物接受能力最强的高校学生用户，网络容量需求缺口更为明显，传统室分已远远不能满足其需求。

图 10.29　经管系教学楼示意

为此，在传统无源室分系统容量提升受限的情况下，对该楼宇进行了有源分布系统的建设，并同步进行信号强度、信号质量及网络容量的对比。

1. 经管系教学楼室分覆盖方案对比

经管系教学大楼 DAS 系统建设于几年前，当时综合考虑了方案的造价及与校方物业协调的问题，天线布放在楼道内，没有进教室，能满足基本的覆盖要求。以下选取大楼中最典型的两个楼层，对大楼覆盖方案进行简单介绍。

教学楼 2 ～ 4 层为大教室，DAS 系统在每间大教室门口放置一面天线，Lampsite 系统设备点位与传统室分相同，即每间大教室门口放置一个 pRRU，图 10.30 以 2F 为例。

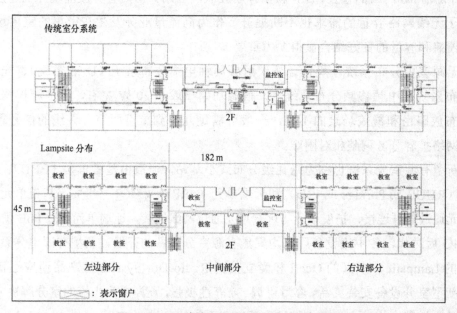

图 10.30　2F 传统室分和有源分布天线布点图

教学楼 5～6 层为小教室，DAS 系统在每两间小教室门口放置一面天线，Lampsite 系统设备点位与传统室分相同，图 10.31 以 6F 为例。

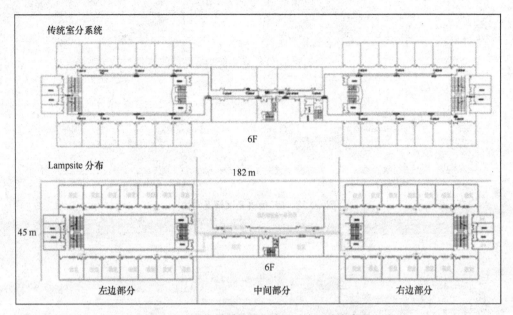

图 10.31　6F 传统室分和有源分布天线布点图

由图 10.31 可知，现有的 DAS 系统和新建的 Lampsite 系统两个方案的覆盖目标一致，天线点位选取基本相同，这为两个方案的性能测试对比提供了良好的条件。

2．经管系教学楼测试指标对比

在 Lampsite 系统施工完成后，为准确了解其与原有 DAS 系统的覆盖性能差异，特组织人员对本栋楼宇所有覆盖区域信号进行同等条件下测试。图 10.32 和图 10.33 是大楼 2F 和 6F 的信号测试对比情况。

由图 10.32 可知，2 楼 Lampsite 系统的 RSRP 和 SINR 指标均优于 DAS 系统。

由图 10.33 可知，6 楼的 Lampsite 系统的 RSRP 和 SINR 指标也优于 DAS 系统。（注：受校方管理影响，部分教室的门被锁，无法进入，导致测试路径稍有差异。）

根据测试情况可知，2F、6F 相同的教室内 Lampsite 的室分信号覆盖良好，测试终端都占用室分信号，信号在 -80～-99 dBm 之间；传统室分信号覆盖略弱，信号在 -85～-106 dBm 之间，部分区域测试终端会占用宏基站信号，表 10.19 为具体楼层的信号测试统计表。

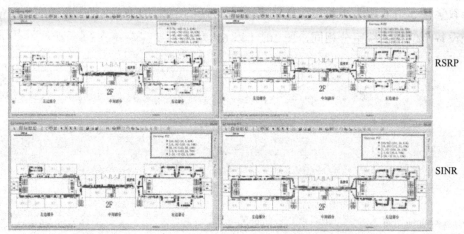

传统室分 -2F Lampsite 分布 -2F

图 10.32　2F 信号测试情况对比

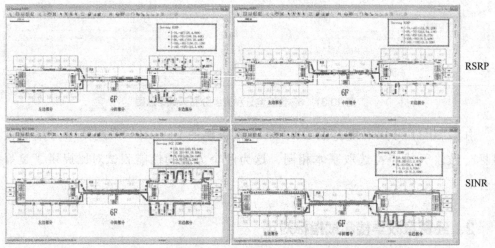

传统室分 -6F Lampsite 分布 -6F

图 10.33　6F 信号测试情况对比

表 10.19　经管系教学楼室分系统测试情况对比

站点属性	楼层	RSRP 最大（dBm）	RSRP 最小（dBm）	RSRP 平均（dBm）	SINR 最大（dB）	SINR 最小（dB）	SINR 平均（dB）
Lampsite	2 层	−60.38	−104	−81.81	41	−8	18.28
传统室分	2 层	−66.25	−109.63	−88.32	34	−9	8.65
Lampsite	3 层	−57.75	−104.13	−79.49	41	−8	21.92
传统室分	3 层	−55.75	−103	−78.32	42	2	23.24
Lampsite	4 层	−55.88	−107.25	−76.38	42	−9	22.1
传统室分	4 层	−59.25	−100.38	−76.97	36	−7	13.89
Lampsite	5 层	−55.63	−96.5	−73.87	42	−1	29.14
传统室分	5 层	−57.88	−101.38	−78.08	40	−2	22.73

站点属性	楼层	RSRP 最大（dBm）	RSRP 最小（dBm）	RSRP 平均（dBm）	SINR 最大（dB）	SINR 最小（dB）	SINR 平均（dB）
Lampsite	6 层	−54.38	−100.25	−73.97	42	0	29.84
传统室分	6 层	−63	−109	−86.8	42	−10	21.69
Lampsite	整体	−56.8	−102.42	−77.1	41.6	−5.2	24.25
传统室分	整体	−60.42	−104.67	−81.69	38.8	−5.2	18.04

通过对 Lampsite 站点进行测试发现，Lampsite 系统的 pRRU 设备设计安装在走廊位置，现场测试基本满足覆盖需求。

3. 经管系教学楼室分测试情况小结

在相同的测试情况下，Lampsite 系统平均电平为 −76.97 dBm，DAS 系统平均电平为 −81.69 dBm，在深度覆盖方面 Lampsite 系统优于 DAS 系统。

在容量方面，经管系教学楼 DAS 系统为 9 块载频（高、中、低 3 个扇区 E1/E2/E3 共 9 块载频），现在 Lampsite 系统分裂为 22 个小区，能很好地满足现有业务的开展。网络容量方面，后期需重点关注 Lampsite 小区和周边宏基站业务吸收情况。如果后期业务有进一步拓展，Lampsite 系统还可灵活分裂出更多小区以满足业务发展。

所以，在现今的 4G 后时代，通信技术发展即将迎来全新的 5G 时代，室分系统建设也需重点考虑网络容量和网络技术的持续演进，有源分布系统作为新时期室内网络覆盖的新技术，可以满足网络容量的灵活扩容，并支持平滑升级到 5G 系统，逐步成为无线网室内覆盖建设的主力军。

缩略语

AF	Amplify and Forward	放大转发
AAU	Active Antenna Unit	有源天线单元
ABS	Almost Blank Subframe	几乎空白子帧
ACI	Adjacent Channel Interference	邻道干扰
ACIR	Adjacent Channel Interference Ration	邻道干扰比
ACLR	Adjacent Channel Leakage Ration	邻道泄漏比
ACS	Adjacent Channel Selectivity	邻道选择性
AG	Access Gateway	接入网关
AMBR	Aggregate Maximum Bit Rate	聚合最大比特率
AMC	Adaptive Modulation and Coding	自适应调制编码
AuC	Authentication Center	认证中心
BBERF	Bearer Binding and Event Reporting Function	承载绑定和事件报告功能
BBU	BaseBand Unit	基带单元
CA	Carrier Aggregation	载波聚合
CO	Central Office	中心局
CoMP	Coordinated Multi-Point	协同多点传输
CPRI	Common Public Radio Interface	通用公共无线接口
CQI	Channel Quality Indicator	信道质量指示
CQT	Call Quality Test	拨打质量测试
CSFB	CS Fall Back	电路交换业务回落
CSG	Closed Subscriber Group	封闭用户组
D2D	Device to Device	设备间（通信）
DAS	Distributed Antenna System	分布式天线系统
DF	Decode and Forward	解码转发
DHCP	Dynamic Host Configuration Protocol	动态主机配置协议
DoS	Denial of Service	拒绝服务
DRS	Discovery Reference Signal	（小区）发现参考信号
DT	Drive Test	路测
DWDM	Dense Wavelength Division Multiplexing	密集波分复用
EHF	Extremely High Frequency	极高频
eICIC	enhanced Inter Cell Interference Coordination	增强的小区间干扰协调
ELF	Extremely Low Frequency	极低频
EPC	Evolved Packet Core	分组核心网演进
EPDCCH	Enhanced Physical Downlink Common Control Channel	增强物理下行公共控制信道
FTP	File Transfer Protocol	文件传输协议
GBR	Guaranteed Bit Rate	保证比特速率
GO	Geometrical Optics	几何光学
GTD	Geometry Theory of Diffraction	几何绕射理论
GTP	GPRS Tunnelling Protocol	GPRS隧道协议

GUTI	Globally Unique Temporary Identity	全球唯一临时标识
HARQ	Hybrid Automatic Repeat reQuest	混合自动重传请求
HeNB	Home eNodeB	增强型家庭基站
HF	High Frequency	高频
HII	High Interference Indicator	高干扰指示
HNB	Home NodeB	家庭基站
HSS	Home Subscriber Server	归属用户服务器
ICNIRP	International Commission on Non-Ionizing Radiation Protection	国际非电离辐射保护委员会
LF	Low Frequency	低频
LIPA	Local IP Access	本地IP访问
LNA	Low Noise Amplifier	低噪声放大器
LTE	Long Term Evolution	长期演进
MAC	Media Access Control	媒体接入控制
MBR	Maximum Bit Rate	最大比特率
MeNB	Master eNB	主服务eNB
MF	Medium Frequency	中频
MIMO	Multiple Input Multiple Output	多输入多输出
MME	Mobility Management Entity	移动性管理实体
MMSE-IRC	Minimum Mean Square Error-Interference Rejection Combining	基于最小均方误差的干扰抑制合并
MR	Measurement Report	测量报告
MTU	Maximum Transmission Unit	最大传输单元
MUE	Macro UE	宏基站用户
NAICS	Network Assistance Interference Cancellation and Suppression	网络辅助的干扰消除和抑制
NAS	Non-Access Stratum	非接入层
NCT	Non Continuous Transmission	不连续发射
NNSF	NAS Node Selection Function	非接入层节点选择功能
NTP	Network Time Protocol	网络时间协议
OAM	Operation Administration and Maintenance	操作管理维护
OI	Overload Indicator	过载指示
OMM	Operation & Maintenance Manager	操作维护管理
ONU	Optical Network Unit	光网络单元
OTN	Optical Transport Network	光传送网
PCC	Policy and Charging Control	策略和计费控制
PCC	Primary Carrier Component	主载波
PCEF	Policy and Charging Enforcement Fucntion	策略和计费执行功能
PCI	Physical Cell Identifier	物理小区标识
PCRF	Policy and Charging Rules Function	策略与计费规则功能单元
PDSCH	Physical Downlink Shared Channel	物理下行共享信道
PDU	Packet Data Unit	分组数据单元
PGW	PDN GateWay	PDN网关
PMIP	Proxy Mobile IP	代理移动IP

PoE	Power over Ethernet	以太网供电
PON	Passive Optical Network	无源光网络
PRB	Physical Resource Block	物理资源块
PRS	Positioning Reference Signal	定位参考信号
PTN	Packet Transport Network	分组传送网
QAM	Quadrature Amplitude Modulation	正交幅度调制
RFU	Radio Frequency Unit	射频单元
RLC	Radio Link Control	无线链路层控制
RN	Relay Node	中继节点
RNS	Radio Network Subsystem	无线网络子系统
RNTP	Relative Narrowband TX Power restrictions	相对窄带发射功率限制
RRC	Radio Resource Control	无线资源控制
RRM	Radio Resource Management	无线资源管理
RRU	Radio Remote Unit	射频拉远单元
RSRP	Reference Signal Receiving Power	RS信号接收功率
RSRQ	Reference Signal Receiving Quality	RS信号接收质量
SAR	Specific Absorption Rate	比吸收率
SCC	Secondary Carrier Component	副载波
SCE	Small Cell Enhancement	小基站增强
SCTP	Stream Control Transmission Protocol	流控制传输协议
SDR	Software Design Radio	软件无线电
SeGW	Security Gateway	安全网关
SeNB	Secondary eNB	辅eNB
S-GW	Serving GateWay	服务网关
SHF	Super High Frequency	超高频
SIB	System Information Block	系统信息块
SINR	Signal to Interference plus Noise Ratio	信干噪比
SIP	Session Initiation Protocol	会话发起协议
SIPTO	Selected IP Traffic Offload	IP业务分流
SLF	Super Low Frequency	超低频
SLIC	Symbol-Level Interference Cancellation	符号级干扰消除
SUE	Small cell UE	小基站用户
TA	Tracking Area	跟踪区
TM	Transmission Mode	传输模式
TNL	Transport Network Layer	传送网络层
UDP	User Datagram Protocol	用户数据报协议
UHF	Ultra High Frequency	特高频
ULF	Ultra Low Frequency	特低频
UTD	Uniform Theory of Diffraction	一致性几何绕射理论
VHF	Very High Frequency	甚高频
VLF	Very Low Frequency	甚低频
VRRP	Virtual Router Redundancy Protocol	虚拟冗余路由协议
WDM	Wavelength Division Multiplexing	波分复用